职业教育示范性规划教材

电子装配工艺实训
——项目教程

主　编　张　越　刘海燕

副主编　唐国忠　张　超　岳　毅　吴荣祥

主　审　陈　晖

電子工業出版社

Publishing House of Electronics Industry

北京·BEIJING

内 容 简 介

本书以《电子设备装接工国家职业标准》（中级）为依据，以电子基本技能工作过程为基础，从电子产品生产企业的工作实际出发进行编写，全书分为八个项目：安全生产与岗位规范、电子元器件的识别与检测、焊接工艺、印制电路板制作工艺、整机装配与调试工艺，以及直流可调稳压电源、超外差收音机和数字万用表的组装与调试。本书既能使读者掌握生产操作中所涉及的基本知识与技能，又能让读者站在工艺工程师和工艺管理人员的角度认识电子产品生产的全过程。

全书采用项目式编排，突出教、学、做三位一体。为便于教学，本书配有电子教学参考资料包。

本书可作为职业学校相关专业的通用教材，也可作为相关企业人员和工程技术人员的培训教材及技术参考书，还可作为电子爱好者的自学读物。

图书在版编目（CIP）数据

电子装配工艺实训项目教程 / 张越，刘海燕主编．—北京：电子工业出版社，2013.1
职业教育示范性规划教材
ISBN 978-7-121-19361-3

Ⅰ. ①电… Ⅱ. ①张… ②刘… Ⅲ. ①电子设备－装配（机械）－高等职业教育－教材 Ⅳ. ①TN805

中国版本图书馆 CIP 数据核字（2012）第 311862 号

策划编辑：靳　平
责任编辑：张　京
印　　刷：北京虎彩文化传播有限公司
装　　订：北京虎彩文化传播有限公司
出版发行：电子工业出版社
　　　　　北京市海淀区万寿路 173 信箱　邮编 100036
开　　本：787×1 092　1/16　印张：14.75　字数：377.6 千字
版　　次：2013 年 1 月第 1 版
印　　次：2022 年 1 月第 6 次印刷
定　　价：28.60 元

凡所购买电子工业出版社图书有缺损问题，请向购买书店调换。若书店售缺，请与本社发行部联系，联系及邮购电话：（010）88254888，88258888。

质量投诉请发邮件至 zlts@phei.com.cn，盗版侵权举报请发邮件至 dbqq@phei.com.cn。

本书咨询联系方式：（010）88254592，bain@phei.com.cn。

职业教育示范性规划教材

出版说明

为进一步贯彻教育部《国家中长期教育改革和发展规划纲要（2010—2020）》的重要精神，确保职业教育教学改革顺利进行，全面提高教育教学质量，保证精品教材走进课堂，我们遵循职业教育的发展规律，本着“着力推进教育与产业、学校与企业、专业设置与职业岗位、课程教材与职业标准、教学过程与生产过程的深度对接”的出版理念，经过课程改革专家、行业企业专家、教研部门专家和教学一线骨干教师共同努力，开发了这套职业教育示范性规划教材。

本套教材采用项目教学和任务驱动教学法的编写模式，遵循真正项目教学的内涵，将基本知识和技能实训融合为一体，且具有如下鲜明特色。

（1）面向职业岗位，兼顾技能鉴定

本系列教材以就业为导向，根据行业专家对专业所涵盖职业岗位群的工作任务和职业能力进行分析，以本专业共同具备的岗位职业能力为依据，遵循学生的认知规律，紧密结合职业资格证书中的技能要求，确定课程的项目模块和教材内容。

（2）注重基础，贴近实际

在项目的选取和编制上充分考虑了技能要求和知识体系，从生活、生产实际引入相关知识，编排学习内容。项目模块下分解设计成若干任务，任务主要以工作岗位群中的典型实例提炼后进行设置，注重在技能训练过程中加深对专业知识、技能的理解和应用，培养学生的综合职业能力。

（3）形式生动，易于接受

充分利用实物照片、示意图、表格等代替枯燥的文字叙述，力求内容表达生动活泼、浅显易懂。丰富的栏目设计可加强理论知识与实际生活生产的联系，提高了学生学习的兴趣。

（4）强大的编写队伍

行业专家、职业教育专家、一线骨干教师，特别是“双师型”教师加入编写队伍，为教材的研发、编写奠定了坚实的基础，使本系列教材符合职业教育的培养目标和特点，具有很高的权威性。

（5）配套丰富的数字化资源

为方便教学过程，根据每门课程的内容特点，对教材配备相应的电子教学课件、习题答案与指导、教学素材资源、教学网站支持等立体化教学资源。

职业教育肩负着服务社会经济和促进学生全面发展的重任。职业教育改革与发展的过程，也是课程不断改革与发展的历程。每一次课程改革都推动着职业教育的进一步发展，从而使职业教育培养的人才规格更适应和贴近社会需求。相信本系列教材的出版对于职业教育教学改革与发展会起到积极的推动作用，也欢迎各位职教专家和老师对我们的教材提出宝贵的建议，联系邮箱：jinping@phei.com.cn。

电子工业出版社

前　言

“电子产品装配与调试技术”是电子产品制造与维修领域从业人员必备的一项基本技能，职业学校的电子信息类、机电类等相关专业均开设了以“电子装接工艺实训”为主要内容的课程。该课程作为一门实践性很强的通用技能课程，对培养学生的操作技能和综合职业能力具有举足轻重的作用。

为便于教学，我们依据《电子设备装接工国家职业标准》（中级），结合电子产品生产企业工作实际和多年来的教学实践，按照项目教学法的理念编写了《电子装配工艺实训——项目教程》一书。

本书围绕电子及相关专业的学生操作技能和综合职业能力的培养，按照“项目引领、任务驱动，技能先行、知识跟进”的思路展开编写工作，突出“做中学，做中教”的职业教育特色，力求实现教、学、做三位一体。对每个项目的选取和设计，都力求激发读者的学习兴趣，增强学习信心，使读者在完成项目的过程中不断感受到成功的快乐。每个项目的基本架构包括项目说明、项目要求、项目计划、项目实施和项目小结五部分。在“项目实施”中，根据项目的具体情况设计了若干任务，每个任务包括“操作”、“相关知识”、“任务评价”三个板块。

本书所选取的内容基本符合《电子设备装接工国家职业标准》（中级）的要求。主要内容包括安全生产与岗位规范、电子元器件的识别与检测、焊接工艺、印制电路板制作工艺、整机装配与调试工艺，以及组装直流可调稳压电源、超外差收音机和数字万用表等。读者通过学习和实际操作，既能掌握生产操作中所涉及的基本知识与技能，又能站在工艺工程师和工艺管理人员的角度认识电子产品生产的全过程。

本书由石家庄第二职业中专张越和江苏泰兴中等专业学校刘海燕老师担任主编，唐国忠、张超、岳毅、吴荣祥担任副主编。参加编写的还有石家庄第二职业中专李传波、李宇鹏、赵全红老师，以及江苏泰兴中等专业学校殷美老师。中国电子科技集团公司第五十四研究所副总工程师陈晖研究员担任主审。

在本书编写过程中，参考和借鉴了许多公开出版和发表的文献，还参考了电子制作套件生产企业的技术资料和网络文章，在此一并表示感谢。

由于编者水平有限，书中错误与不足在所难免，恳请读者批评指正。

编　者

目　录

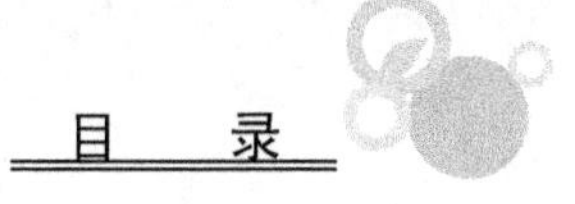

项目一

安全生产与岗位规范

【项目说明】

每个企业都希望拥有一支高素质的员工队伍，每个人都想通过自身努力得到别人的认可、实现自己的梦想。作为一名新入职的员工，接受岗前培训是必不可少的一个重要环节，是新员工职业生涯的起点，岗前培训意味着新员工必须放弃某些理念、价值观念和行为方式，适应新组织的要求和目标，学习新的工作准则和工作行为。通过岗前培训，使新员工了解企业的基本情况、业务范围、规章制度、企业文化，熟悉工作环境、操作规程、工艺流程和工艺标准，掌握必要的知识和技能。

本项目根据电子产品生产企业对从业人员的岗位要求，安排了安全生产、静电防护、5S 管理等方面的培训内容，关于知识与技能的培训将在后续项目中陆续展开。

【项目要求】

1. 了解引起触电伤害的主要因素。
2. 掌握安全用电操作方法和要求，以及触电急救措施。
3. 了解并掌握电子生产企业静电防护的基本要求和措施。
4. 能按照 5S 管理的要求规范日常工作。

【项目计划】

时间：8 课时。

地点：教室、实训室。

方法：在认真阅读本项目提供的相关素材的基础上，借助网络等方式搜集、查询资料，并分小组讨论、整理成 PPT 文件，以小组为单位展示成果，进行组间交流。教师点评、讲解、示范、归纳。之后安排学生到实训室或车间模拟训练。

【项目实施】

任务 1　安全生产培训

操作：按照表 1-1-1 所列的实施步骤和要求，完成安全用电及应急救援的相关任务。

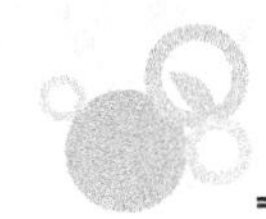

表 1-1-1 安全生产培训的步骤和要求

任务实施步骤	任务实施要求
1. 了解电子产品生产企业安全用电的有关规定和操作规程	以小组为单位采取多种方法熟悉安全用电的相关要求
2. 实地了解实训室和实习场地安全用电的防护措施	熟悉实训场地的用电防护措施，找出还有哪些不够完善的地方，提出改进办法
3. 掌握简单的触电急救方法	模拟演练触电急救的基本要领

相关知识

安全是人们从事各种工作、学习及生活的基本保障。《中华人民共和国安全生产法》中明确规定，我国的生产安全管理工作必须坚持“安全第一，预防为主，综合治理”的方针，所有生产经营单位在组织生产过程中，必须把保护人的生命安全放在第一位。同时规定，从业人员必须严格遵守安全生产规章制度和操作规程。安全生产的内容包括许多方面，就电子产品生产企业而言，安全用电是一项重要内容。加强安全用电教育，使员工掌握安全用电常识，是防止安全事故发生的有效措施。

电是生产、生活中不可缺少的二次能源。电也是无情的，一旦受其伤害，生存的概率非常小。因此，正确用电是企业安全生产工作中的重要环节。

一、触电伤害

人体是导体，当人体接触到具有不同电位的两点时，由于电位差的作用，就会在人体内形成电流。当有足够（大于 3mA）的电流流经人体时，就会对人造成伤害，这种现象就是触电。

1. 触电伤害的分类

触电事故分为两类，即电击和电伤。

① 电击：是指电流通过人体时所造成的内部伤害，是最危险的一种伤害，绝大多数（大约 85%以上）的触电死亡事故都是由电击造成的。它会破坏人的心脏、呼吸及神经系统的正常工作，甚至危及生命。在低压系统通电电流不大且时间不长的情况下，电流引起人的心室颤动，是电击致死的主要原因；在通过电流较小但通电时间较长的情况下，电流会造成人体窒息而导致死亡。日常所说的触电事故多指电击。

按照发生电击时电气设备的状态不同，电击可分为直接接触电击和间接接触电击。

- 直接接触电击：直接接触电击是触及设备和线路正常运行时的带电体发生的电击，也称为正常状态下的电击。直接接触电击多数发生在误触相线、刀闸或其他设备带电部分等情况下。
- 间接接触电击：间接接触电击是触及正常状态下不带电，而当设备或线路故障时意外带电的导体而发生的电击，也称为故障状态下的电击。间接接触电击大都发生在大风刮断架空线或接户线后，搭落在金属物或广播线上，相线和电杆拉线搭连，电动机等用电设备的线圈绝缘损坏而引起外壳带电等情况下。

② 电伤是电流的热效应、化学效应或机械效应对人体造成的局部伤害，包括电弧烧伤、烫伤、电烙印、皮肤金属化、电气机械性伤害、电光眼等不同形式的伤害。

由于事先根本无法预测触电伤害，因此，一旦发生触电伤害，后果将十分严重。从许多触电事故来看，电击和电伤这两种形式的伤害会同时存在。

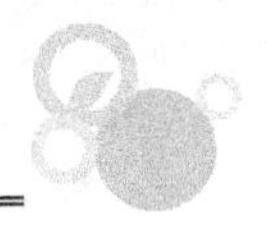

2. 影响触电伤害的主要因素

(1) 电流大小

流经人体的电流大小直接关系到生命的安全，当电流小于 3mA 时不会对人体造成伤害，人类利用安全电流的刺激作用制造医疗仪器就是最好的证明。电流对人体的作用见表 1-1-2。

表 1-1-2 电流对人体的作用

电流（mA）	对人体的作用
<0.7	无感觉
1	有轻微感觉
1～3	有刺激感，一般电疗仪器取此电流
3～10	有痛苦感，可自行摆脱
10～30	引起肌肉痉挛，短时间无危险，长时间有危险
30～50	强烈痉挛，时间超过 60s 即有生命危险
50～250	产生心脏室性纤颤，丧失知觉，严重危害生命
>250	短时间内（1s 以上）造成心脏骤停、体内电灼伤

(2) 人体电阻

人体电阻是一个不确定的电阻，它随皮肤的干燥程度不同而不同，皮肤干燥时电阻可呈 100kΩ以上，而一旦潮湿，电阻可降到 1kΩ以下。人体电阻还是一个非线性电阻，它随人体间的电压变化而变化。从表 1-1-3 中可以看出，人体电阻阻值随电压的升高而减小。

表 1-1-3 人体电阻与电压、电流的关系

电压（V）	12	31	62	125	220	380	1000
电阻（kΩ）	16.5	11	6.24	3.5	2.2	1.47	0.64
电流（mA）	0.8	2.8	10	35	100	268	1560

(3) 电流种类

电流的种类不同对人体造成的损伤也不同。交流电会造成电伤和电击同时发生，而直流电一般只引起电伤。频率在 40～100Hz 的交流电对人体最危险，日常使用的市电频率为 50Hz，就在这个危险频率范围内，因此特别要注意用电安全。当交流电频率为 20000Hz 时对人体危害很小，一般的理疗仪器采用的就是接近 20000Hz 而偏离 100Hz 较远的频率。

(4) 电流作用时间

电流对人体的伤害程度同其作用时间的长短密切相关。电流强度与时间的乘积称为电击强度，用来表示电流对人体的危害。触电保护器的一个重要技术参数就是额定断开时间与漏电电流的乘积应小于 30mA·s，实际使用的产品可以达到小于 3mA·s，因此能有效防止触电事故的发生。

二、触电事故的种类和规律

1. 触电事故的种类

按照人体触及带电体的方式和电流通过人体的途径，触电可分为以下三种情况。

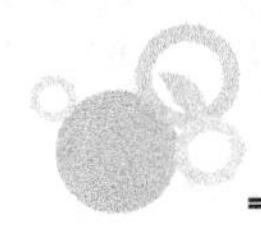

① 单相触电是指人体在地面或其他接地导体上，人的某一部位触及一相带电体的触电事故。是触电事故中发生最多的一种。

② 两相触电是指人体同时触及两相带电体的触电事故。其危险性一般比较大。

③ 跨步电压触电是指人在接地点附近，由两脚之间的跨步电压引起的触电事故。高压故障接地处，或者大电流流过的接地装置附近，都可能发生跨步电压触电。

2. 发生触电事故的规律

触电事故发生十分突然，而且在极短时间内造成不可挽回的后果。从其发生率来看，触电事故有以下规律。

① 6～9 月触电事故多。主要是天气炎热、多雨、潮湿、电气设备绝缘性能降低、人体衣单而多汗，触电危险性较大。

② 低压设备触电事故多。主要是低压设备多于高压设备，与之接触的人比较缺乏电气安全知识的缘故。

③ 中、青年触电事故多。主要是这些人往往是主要操作者，电气安全知识又不足的缘故。

④ 携带式设备和移动设备触电事故多。主要是这些设备经常移动，工作条件差，而且人经常在紧张状态下工作，容易发生事故。

⑤ 电气连接部位触电事故多。主要是插销、开关、接头等连接部位牢固性差，可靠性差，容易出现故障的缘故。

⑥ 受害者及他人错误操作引起的触电事故多。主要是教育不够、规章制度执行不好、违章蛮干及安全措施不完备的缘故。

三、预防触电

在电的安全使用中任何一种措施或保护器都不是万无一失的，要想预防触电，最保险的方法莫过于提高安全意识和警惕性。

1. 安全制度

在各种用电场所都制定有各种各样的安全使用电器的制度，这些制度是在工作实践中不断积累、总结出来的，从业人员必须严格遵守。

2. 安全措施

① 在所有使用市电的场所装设漏电保护器。

② 所有带金属外壳的电器及配电装置都应该装设保护接地或保护接零。

③ 对正常情况下的带电部分，一定要加绝缘保护，并置于人不容易碰到的地方，如输电线、电源板等。

④ 随时检查所用电器插头、电线有无破损老化并及时更换。

⑤ 手持电动工具应尽量使用安全电压工作，常用安全电压为 36V 或 24V，特别危险的场所应使用 12V 电压。

3. 安全操作

① 在任何情况下检修电路和电器都要确保断开电源，并将电源插头拔下。

② 遇到不明情况的电线，应先认为它是带电的。

③ 不要用湿手开关或插拔电器。

④ 尽量养成单手操作电工作业的习惯。

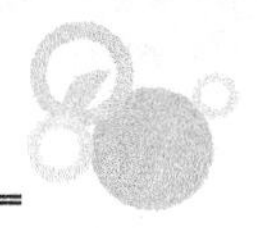

⑤ 遇到大容量的电容器要先行放电，方可进行检修。

⑥ 不在带病、疲倦等状态下从事电工作业。

四、电子装配安全操作

在电子产品的装配过程中“弱电”较多，但是也有不少器件带有“强电”，操作时切不可麻痹大意。

1. 安全用电基本措施

① 工作室内的电源应符合国家电气安全标准，总电源应装有漏电保护开关。

② 工作室或工作台上应有便于操作的电源开关。

③ 从事电力电子技术工作时，应设置隔离变压器。

④ 调试、检测较大功率电子装置时，工作人员不应少于两人。

⑤ 测试、装接电子线路应采用单手操作。

2. 预防烫伤

烫伤在电子装配操作中发生较为频繁，这种烫伤一般不会造成严重后果，但会给操作者带来痛苦和伤害，所以要注意以下几点操作规范。

① 工作中应将电烙铁放置在烙铁架上，并将烙铁架置于工作台右前方。

② 观察电烙铁的温度，应用电烙铁头去熔化松香，千万不要用手触摸电烙铁头。

③ 在焊接工作中要注意避免加热熔化的松香及焊锡溅落到皮肤上。

④ 通电调试、维修电子产品时，要注意电路中发热电子元器件（散热片、功率器件、功耗电阻）可能造成的烫伤。

3. 预防机械损伤

机械损伤在电子装配操作中较为少见，但违反安全操作规定仍会造成严重的伤害事故。例如，在钻床上给印制电路板钻孔，留长发或戴手套操作是严重违反钻床操作规程的；使用螺丝刀紧固螺钉时，可能打滑伤及手；剪断印制电路板上元器件引线时，可能被剪断的线段飞射溅伤眼睛；等等。这些事故只要严格遵守安全操作规定，是完全可以避免的。

五、电气消防与触电急救

1. 电气消防

① 发现电子装置、电缆等冒烟起火，要尽快切断电源。

② 灭火时不可将身体或灭火工具触及电子装置和电缆。

③ 发生电器火灾时，应使用沙土、二氧化碳或四氯化碳等不导电的灭火介质。绝对不能使用泡沫或水进行灭火。

2. 触电急救

① 发生触电事故时，千万不要惊慌失措，必须以最快的速度使触电者脱离电源。这时最有效的措施是切断电源。在一时无法或来不及找寻电源的情况下，可用绝缘物（竹竿、木棒或塑料制品等）移开带电体。

② 抢救中要记住：触电者未脱离电源前，其本身是带电体，抢救时会造成抢救者触电伤亡，所以要在保证自己不会触电的前提下做到尽可能地快。

③ 触电者脱离电源后，还有心跳、呼吸的应尽快送医院进行抢救。

④ 如果心跳已停止，应立即采用人工心脏按压方法，使患者维持血液循环。如果呼吸已停止，应立即进行人工呼吸。

⑤ 心跳、呼吸全停止时，应该同时采用上述两种方法，并且边急救边送医院做进一步的抢救。

任务评价

表 1-1-4　安全生产培训评价表

项　　目	考 核 内 容	配分	评 价 标 准	评分记录
触电伤害	了解触电伤害的种类和因素	10	每少一项或错误扣 1 分	
触电事故的种类和规律	知道发生触电事故的种类和规律	10	每少一项或错误扣 1 分	
预防触电	掌握预防触电的安全措施和操作要求	10	每少一项或错误扣 1 分	
电子装配安全操作	掌握电子装配过程中安全用电的基本措施和预防烫伤、机械损伤的操作规范	10	每少一项或错误扣 1 分	
电气消防与触电急救	掌握电气消防与触电急救的基本措施	10	每少一项或错误扣 1 分	

任务 2　静电防护培训

操作：按照表 1-2-1 所列的实施步骤和要求，做好静电防护工作。

表 1-2-1　静电防护培训步骤与要求

任务实施步骤	任务实施要求
1. 学习静电的概念，明确静电的危害； 2. 学会静电防护的方法； 3. 在实训室模拟演练静电防护操作	1. 以小组为单位进行讨论； 2. 将静电防护的方法等内容制成幻灯片在小组间进行展示交流； 3. 现场模拟布置电子产品维修工作台的防静电环境； 4. 各小组互相观摩评价并提出具体的改进措施

相关知识

在电子产品制造中，静电放电往往会损伤器件，甚至使器件失效，造成严重损失，因此生产中的静电防护非常重要。那么，静电到底是什么，它的产生机理及它有哪些危害，如何预防和消除这些危害，是必须考虑和解决的问题。

一、静电和静电的危害

1. 静电的含义

静电是一种电能，它存留于物体表面，是正、负电荷在局部范围内失去平衡的结果，是通过电子或离子的转换而形成的。静电现象是电荷在产生和消失过程中产生的电现象的总称。如摩擦起电、人体起电等现象。当带电体上电荷产生的电场的电场强度达到一定值时，带电体周围的介质就会发生电离（击穿），引起静电荷转移，这种现象叫做静电放电（Electro Static Discharge，ESD）。

随着科技的发展，静电现象已在静电喷涂、静电纺织、静电分选、静电成像等领域得到广泛的应用。但静电的产生在许多领域会带来重大危害和损失。例如，在第一个阿波罗载人宇宙飞船中，由于静电放电导致爆炸，使三名宇航员丧生；在火药制造过程中，由于静电放电（ESD），造成爆炸伤亡的事故时有发生。

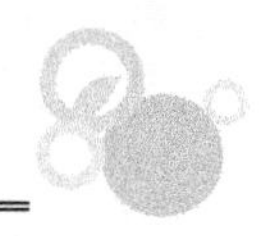

2. 静电敏感器件

对静电反应敏感的器件称为静电敏感元器件（SSD）。静电敏感器件主要指超大规模集成电路，特别是金属化膜半导体（MOS 电路）。可根据 SSD 分级表，针对不同的 SSD 器件，采取不同的静电防护措施。

3. 电子行业中的静电危害

电子行业中静电危害可分为两类：一是由静电引力引起的浮游尘埃的吸附；二是由静电放电引起的介质击穿。

（1）静电吸附

在半导体元器件的生产制造过程中，由于大量使用了石英及高分子物质制成的器具和材料，其绝缘度很高，在使用过程中一些不可避免的摩擦可造成其表面电荷不断积聚，且电位越来越高。由于静电的力学效应，很容易使工作场所的浮游尘埃吸附于芯片表面，而很小的尘埃吸附都有可能影响半导体器件的性能。所以电子产品的生产必须在清洁环境中操作，操作人员、器具及环境必须采取一系列的防静电措施，以防止和降低静电危害的形成。

（2）静电击穿

在强电场中，随着电场强度的增强，电荷不断积累，当达到一定程度时，电介质会失去极化特征而成为导体，最后产生介质的热损坏现象，这种现象称为电介质的击穿。由静电击穿引起的元器件击穿损坏是电子工业中（特别是电子产品制造中）最普遍、最严重的危害。

在电子工业中，集成度越来越高，集成电路的内绝缘层越来越薄，互连导线宽度与间距越来越小。例如，CMOS 器件绝缘层的典型厚度约为 0.1μm，其相应耐击穿电压在 80～100V；VMOS 器件的绝缘层更薄，击穿电压为 30V。而在电子产品制造及运输、存储等过程中，所产生的静电电压远远超过 MOS 器件的击穿电压，往往会使器件产生硬击穿或软击穿（器件局部损伤）现象，使其失效或严重影响产品的可靠性。

硬击穿是一次性造成器件的永久性失效，如器件的输出与输入开路或短路。软击穿则可使器件的性能劣化，并使其指标参数降低而造成故障隐患。由于软击穿可使电路时好时坏（指标参数降低所致），且不易被发现，给整机运行和查找故障造成很大麻烦。软击穿时设备仍能带“病”工作，性能未发生根本变化，很可能通过出厂检验，但随时可能造成再次失效。多次软击穿就能造成硬击穿，使设备运行不正常，既给用户造成损失，也影响厂家声誉和产品的销售。

为了控制和消除 ESD，美国、西欧和日本等发达国家均制定了国家、军用和企业标准或规定。从静电敏感元器件的设计、制造、购买、入库、检验、仓储、装配、调试到半成品与成品的包装、运输等均有相应的规定，对静电防护器材的制造使用和管理也有较严格的规章制度要求。我国也参照国际标准制定了军用标准和企业标准。

二、电子产品制造中的静电源

① 人体的活动，人与衣服、鞋、袜等物体之间的摩擦、接触和分离等产生的静电是电子产品制造中主要的静电源之一。人体静电是导致器件产生硬（软）击穿的主要原因。人体活动产生的静电电压为 0.5～2kV。另外，空气湿度对静电电压影响很大，在干燥环境中还要上升 1 个数量级。

② 化纤或棉制工作服与工作台面、坐椅摩擦时，可在服装表面产生 6000V 以上的静电电压，并使人体带电，此时与器件接触时，会导致放电，容易损坏器件。

③ 橡胶或塑料鞋底的绝缘电阻高达 $10^{13}\Omega$，与地面摩擦时产生静电，并使人体带电。

④ 树脂、漆膜、塑料膜封装的器件放入包装中运输时，器件表面与包装材料摩擦能产生几百伏的静电电压，对敏感器件放电。

⑤ 用 PP（聚丙烯）、PE（聚乙烯）、PS（聚内乙烯）、PVR（聚胺酯）、PVC 和聚酯、树脂等高分子材料制作的各种包装、料盒、周转箱、PCB 架等都可能因摩擦、冲击产生 1～3.5kV 的静电电压，对敏感器件放电。

⑥ 普通工作台面，受到摩擦产生静电。

⑦ 混凝土、打蜡抛光地板、橡胶板等绝缘地面的绝缘电阻高，人体上的静电荷不易泄漏。

⑧ 电子生产设备和工具方面，如电烙铁、波峰焊机、再流焊炉、贴装机、调试和检测等设备内的高压变压器、交/直流电路都会在设备上感应出静电。如果设备静电泄放措施不好，就会引起敏感器件在制造过程中失效。烘箱内热空气循环流动与箱体摩擦、CO_2 低温箱冷却箱内的 CO_2 蒸汽均可产生大量的静电荷。

一些常见动作的静电电压如表 1-2-2 所示。

表 1-2-2　一些常见动作的静电电压

动　　作	人体静电位（kV）	
	相对湿度 20%左右	相对湿度 80%左右
在聚乙烯地面行走	12	0.25
在合成纤维地毯上行走	3.5	1.5
坐在椅子上工作的人	6	0.1
坐在有泡沫垫的椅子上	18	1.5
拿起聚乙烯塑料袋	20	0.6
在普通工作台上滑动塑料盒	18	1.5
去除聚乙烯封套	7	0.6

三、静电防护

在人们生活、工作的任何时间、任何地点都有可能产生静电。要完全消除静电几乎不可能，但可以采取一些措施控制静电，使其不产生危害。

1. 静电防护基本原则

① 防：有效抑制或减少静电荷的产生，严格控制静电源。

② 泄：迅速、安全、有效地消除已经产生的静电荷，避免静电荷的积聚。

③ 控：对所有防静电措施的有效性进行实时监控，定期检测、维护和检验。

2. 绝缘体除电方法

常用的非导体（绝缘体）带静电荷消除方法有如下几种。

① 使用离子风机中和。

② 控制环境温度与湿度：增加湿度可减少静电荷的产生和聚积机会。

③ 用防静电导体制品取代非导体制品。

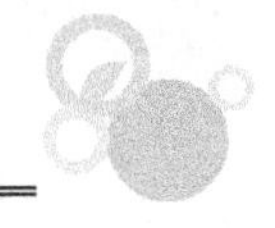

④ 采用静电消除剂：多为表面活性剂，依靠吸收水分在绝缘体的表面形成一层薄薄的导电层，像导体一样，将静电荷完全导走，达到防静电的效果。

⑤ 采用静电屏蔽：在储存和运输时采用，把产品放在屏蔽容器内，防止外静电场的干扰和影响，在容器内活动时，也不会产生静电荷。

3. 导体消除静电方法

导体可通过接地方法实现静电消除，接地可以将导体上的静电导走。

① 机器装置的除电：使机器接地就可简单除电。

② 工作台的除电：使用防静电垫，且导电垫接地。

4. 电子产品制造中防静电技术指标要求

① 防静电地极接地电阻＜10Ω。

② 地面或地垫：表面电阻值 10^5～10^{10}Ω；摩擦电压＜100V。

③ 墙壁：电阻值 5×10^4～10^9Ω。

④ 工作台面或垫：表面电阻值 10^6～10^9Ω；摩擦电压＜100V；对地系统电阻 10^6～10^8Ω。

⑤ 工作椅面对脚轮电阻值 10^6～10^8Ω。

⑥ 工作服、帽、手套摩擦电压＜300V；鞋底摩擦电压＜100V。

⑦ 腕带连接电缆电阻值 1MΩ；佩戴腕带时系统电阻 1～10MΩ。脚跟带（鞋束）系统电阻 0.5×10^5～10^8Ω。

⑧ 物流车台面对车轮系统电阻值 10^6～10^9Ω。

⑨ 料盒、周转箱、PCB 架等物流传递器具的表面电阻值 10^3～10^8Ω；摩擦电压＜100V。

⑩ 包装袋、盒的摩擦电压＜100V。

⑪ 人体综合电阻值 10^6～10^8Ω。

5. 人体静电防护

在工业生产中，引起元器件损坏和对电子设备的正常运行产生干扰的一个主要原因是人体静电放电。人体静电放电既可能造成人体遭电击而降低工作效率，又可能引发二次事故（即器件损坏）。一般情况下，几千伏的静电电压不易被人体感知，人体能感觉到静电电击时的静电电压一般在 3～4kV 以上，5kV 以上静电电压才能看到静电放电火花，然而一般器件可能早已损坏，因此人体静电应引起足够重视。人体带电电位与静电电击程度的关系如表 1-2-3 所示。

表 1-2-3　人体带电电位与静电电击程度的关系

电位（V）	电击程度	备　注
1000	完全无感觉	—
2000	手指外侧有感觉，但不疼	发出微弱的放电声
2500	有针触的感觉，有哆嗦感，但不疼	—
3000	有被针刺的感觉，微疼	—
4000	有被针深刺的感觉，手指微疼	见到放电的微光
5000	从手掌到前腕感到疼	指尖延伸出微光
6000	手指感到剧疼，后腕感到沉重	—

续表

电位（V）	电 击 程 度	备 注
7000	手指和手掌感到剧疼，稍有麻木感觉	—
8000	从手掌到前腕有麻木感觉	—
9000	手腕子感到剧疼，手感到麻木沉重	—
10000	整个手感到疼，有电流过的感觉	—
11000	手指剧麻，整个手感到被强烈电击	—
12000	整个手感到被强烈地电击	—

（1）人体静电的泄放途径

对进入防静电工作区（包括生产、仓储、运输过程）的人员均要进行静电防护，其中首要的是配备防静电服、防静电手腕带和防静电鞋。防静电标识如图 1-2-1 所示。

图 1-2-1　防静电标识

人体所携带的静电，一方面可以通过接地良好的防静电手腕带及时泄放；另一方面防静电鞋与防静电地面的配合使用，可以及时有效地泄放人员在运动中产生的静电，减少人体所携带的静电。

穿戴防静电服、防静电帽，一是可防止衣物产生静电场，二是通过与身体的接触，将静电通过人体-手腕带-防静电鞋泄放到大地。

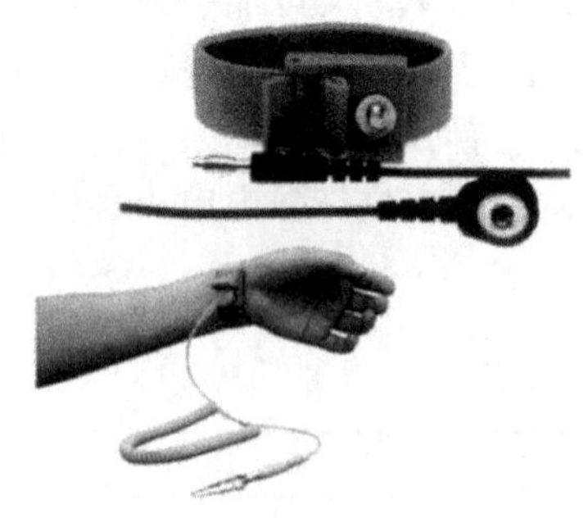

图 1-2-2　防静电手腕带

（2）防静电手腕带的佩戴

使用通过安全性检查的手腕带，将长度适当的松紧圈直接佩戴在手腕上，并与皮肤良好接触；接触集成电路或已贴装集成电路的 PCB（印制电路板）时将鳄鱼夹夹持在接地良好的接地端，鳄鱼夹、接地线等裸露部分不得与设备、线体、工作台等的金属件接触。防静电手腕带如图 1-2-1 所示。

在佩戴防静电手腕带时，不准将手腕带缠绕在手腕上，而不将其接地；不准将手腕带佩戴在衣服袖口上或将其藏在防静电工作服的松紧袖口内；不准将鳄鱼夹直接夹持在设备、线体外壳上或非专用静电接地端的其他点上。每天操作前要测量腕带是否有效。

6. 防静电工作区（EPA）

防静电工作区是一个配备各种防静电设备和器材、能限制静电电位、具有确定边界和专门标记的适于从事静电防护操作的工作区域。

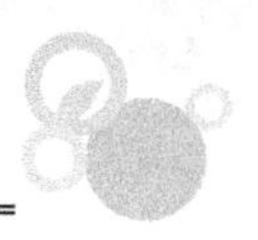

EPA 中的工作规范如下所述。

① 操作敏感器件之前一定要戴好防静电手腕带，并确保接好接地后再进行操作。

② 外来人员需工作区人员同意才能进入工作区。进行操作或检查前必须戴好手腕带，并接好地。

③ 使用离子风机的工作台，必须先开启离子风机再进行操作，工作完毕后再关闭离子风机。

④ 桌面保持清洁，不必要的物品一律移出工作区。

⑤ 不可避免的绝缘材料要放入屏蔽袋或远离敏感器件 30cm 以上。

⑥ 在填写记录区填写资料。

静电防护是一个系统工程，渗透到生产的全过程，每个环节都必须同样重视，万不可厚此薄彼。

任务评价

表 1-2-4　静电防护培训评价表

项　目	考 核 内 容	配分	评 价 标 准	评分记录
静电的危害	了解静电在电子行业中的危害	10	每少一项或错误扣 1 分	
电子产品制造中的静电源	知道生产过程中静电的来源	10	每少一项或错误扣 1 分	
静电防护	掌握绝缘体、导体消除静电的方法和人体静电防护措施，知道 EPA 中的工作规范	10	每少一项或错误扣 1 分	

任务 3　5S 管理培训

操作：按照表 1-3-1 所列步骤和要求，完成 5S 管理相关工作。

表 1-3-1　5S 管理培训步骤和要求

任务实施步骤	任务实施要求
1．了解电子产品生产企业 5S 的有关规定和操作规程； 2．实地了解电子产品生产企业的 5S 管理措施和要求； 3．在电子装接实训室按照 5S 管理的要求对实训场地及实验仪器仪表、工具等进行布置	1．以小组为单位熟悉 5S 管理的要求 2．制订到电子生产企业参观、学习的详细计划，明确考察的重点 3．考察结束后以小组为单位将考察结果进行汇总，制成幻灯片进行组间交流 4．各小组制定对实训室进行 5S 管理的规划及实施细则

相关知识

时代要求企业在激烈的竞争中具备强大的竞争力，而企业的竞争力其实来自两个方面：第一是品质，第二是成本。

5S 现场管理方法起源于 20 世纪末的日本企业，是日本企业一种独特的管理方法。日本企业将 5S 运动作为工厂管理的基础，进而推行各种质量管理手段。他们在追求效率的过程中，从基础做起，首先在生产现场中将人员、机器、材料、方法等生产要素进行有效的管理，针对企业中每位员工的日常行为提出要求，倡导从小事做起，力求使每位员工都养成事事“讲究”的习惯，从而达到提高整体工作质量的目的。

一、5S 管理的含义

所谓 5S，指的就是：Seiri（整理）、Seiton（整顿）、Seiso（清扫）、Seiketsu（清

洁）、Shitsuke（素养）这五项，统称为“5S”。前面 4 个“S”是手段，最后一个“S”是目的。我国企业在 5S 现场管理的基础上，结合安全生产活动，在 5S 基础上增加了安全（Safety）要素，形成 6S。

二、5S 管理的内容

1. 整理

把要与不要的人、事、物分开，再将不需要的人、事、物加以处理，这是开始改善生产现场的第一步。其要点是对生产现场的现实摆放和停滞的各种物品进行分类，区分什么是现场需要的，什么是现场不需要的；对于现场不需要的物品，如用剩下的材料、多余的半成品、切下的料头、切屑、垃圾、废品、多余的工具、报废的设备、工人的个人生活用品等，要坚决清理出生产现场，这项工作的重点在于坚决把现场不需要的东西清理掉。对于车间里各个工位或设备的前后、通道左右、厂房上下、工具箱内外，以及车间的各个死角，都要彻底搜寻和清理，达到现场无不用之物。坚决做好这一步，是树立良好作风的开始。

整理的目的是：

① 改善和增加作业面积；

② 现场无杂物，行道通畅，提高工作效率；

③ 减少磕碰的机会，保障安全，提高质量；

④ 消除管理上的混放、混料等差错事故；

⑤ 有利于减少库存量，节约资金；

⑥ 改变作风，提高工作情绪。

2. 整顿

把需要的人、事、物加以定量、定位。通过前一步的整理后，对生产现场需要留下的物品进行科学、合理的布置和摆放，以便用最快的速度取得所需之物，在最有效的规章制度和最简捷的流程下完成作业。

整顿活动的要点如下。

① 物品摆放要有固定的地点和区域，以便于寻找，消除因混放而造成的差错。

② 物品摆放地点要科学合理。例如，根据物品使用的频率摆放，经常使用的东西应放得近些（如放在作业区内），偶尔使用或不常使用的东西则应放得远些（如集中放在车间某处）。

③ 物品摆放目视化，定量装载的物品做到过目知数，摆放不同物品的区域采用不同的色彩和标记加以区别。

生产现场物品的合理摆放有利于提高工作效率和产品质量，保障生产安全。

3. 清扫

把工作场所打扫干净，设备异常时马上修理，使之恢复正常。生产现场在生产过程中会产生灰尘、油污、铁屑、垃圾等，从而使现场变脏。脏的现场会使设备精度降低，故障多发，影响产品质量，使安全事故防不胜防；脏的现场更会影响人们的工作情绪，使人不愿久留。因此，必须通过清扫活动来清除脏物，创建一个明快、舒畅的工作环境。

清扫活动的要点如下。

① 自己使用的物品，如设备、工具等，要自己清扫，而不要依赖他人，不增加专门的清扫工。

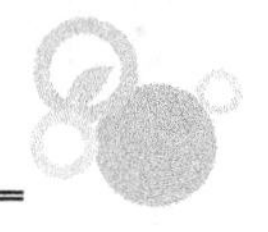

② 对设备的清扫，着眼于对设备的维护保养。清扫设备要同设备的点检结合起来，清扫即点检；清扫设备要同时做设备的润滑工作，清扫也是保养。

③ 清扫也是为了改善。当清扫地面发现有飞屑和油水泄漏时，要查明原因，并采取措施加以改进。

4. 清洁

整理、整顿、清扫之后要认真维护，使现场保持完美和最佳状态。清洁，是对前三项活动的坚持与深入，从而消除发生安全事故的根源，创造一个良好的工作环境，使职工能愉快地工作。

清洁活动的要点如下。

（1）车间环境不仅要整齐，而且要做到清洁卫生，保证工人身体健康，提高工人劳动热情。

（2）不仅物品要清洁，而且工人本身也要做到清洁，如工作服要清洁，仪表要整洁，及时理发、刮须、修指甲、洗澡等。

（3）工人不仅要做到形体上的清洁，而且要做到精神上的“清洁”，待人要讲礼貌、要尊重别人。

（4）要使环境不受污染，进一步消除浑浊的空气、粉尘、噪声和污染源，消灭职业病。

5. 素养

素养即努力提高人员的修养，养成严格遵守规章制度的习惯和作风，这是“5S”活动的核心。没有人员素质的提高，各项活动就不能顺利开展，开展了也坚持不了。所以，抓“5S”活动，要始终着眼于提高人的素质。

规范现场、现物，营造一目了然的工作环境，培养员工良好的工作习惯，其最终目的是提升人的品质：革除马虎之心，养成凡事认真的习惯、遵守规定的习惯、自觉维护工作环境整洁明了的习惯、文明礼貌的习惯。

三、5S 管理的原则

1. 自我管理的原则

良好的工作环境，不能单靠添置设备，也不能指望别人来创造。应当充分依靠现场人员，由现场的当事人员自己动手为自己创造一个整齐、清洁、方便、安全的工作环境，使他们在改造客观世界的同时，也改造自己的主观世界，产生“美”的意识，养成现代化大生产所要求的遵章守纪、严格要求的风气和习惯。因为是自己动手创造的成果，也就容易保持和坚持下去。

2. 勤俭节约的原则

开展“5S”活动，会从生产现场清理出很多无用之物，其中，有的只是在现场无用，但可用于其他的地方；有的虽然是废品，但应本着废物利用、变废为宝的精神，该利用的应千方百计地利用，需要报废的也应按报废手续办理并收回其“残值”，千万不可只图一时处理“痛快”，不分青红皂白地当做垃圾一扔了之。

3. 持之以恒的原则

“5S”活动开展起来比较容易，可以搞得轰轰烈烈，在短时间内取得明显的效果，但要坚持下去、持之以恒、不断优化就不太容易。不少企业发生过“一紧、二松、三垮台、

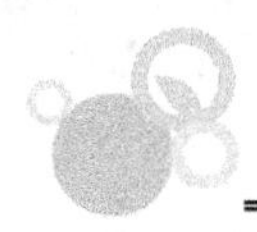

四重来”的现象。因此，开展“5S”活动，贵在坚持，为将这项活动坚持下去，企业首先应将“5S”活动纳入岗位责任制，使每一部门、每一人员都有明确的岗位责任和工作标准；其次，要严格、认真地搞好检查、评比和考核工作，将考核结果同各部门和每一人员的经济利益挂钩；最后，要通过检查，不断发现问题，不断解决问题。因此，在检查考核后，还必须针对问题，提出改进的措施和计划，使“5S”活动坚持不断地开展下去。

5S 对于塑造企业的形象、降低成本、准时交货、安全生产、高度的标准化、创造令人心旷神怡的工作场所、现场改善等方面发挥了巨大作用，使很多知名企业产品品质得以迅猛提高、行销全球的成功之处。

四、5S 管理的目标

① 工作变换时，寻找工具，物品能马上找到，寻找时间为 0。

② 整洁的现场，不良品为 0。

③ 努力降低成本，减少消耗，浪费为 0。

④ 工作顺畅进行，及时完成任务，延期为 0。

⑤ 无泄漏，无危害，安全，整齐，事故为 0。

⑥ 团结、友爱，处处为别人着想，积极干好本职工作，不良行为为 0。

五、5S 现场管理法的实施要领

1. 整理

① 自己的工作场所（范围）全面检查，包括看得到的和看不到的。

② 制定“要”和“不要”的判别基准。

③ 将不要的物品清除出工作场所。

④ 对需要的物品调查使用频度，决定日常用量及放置位置。

⑤ 制定废弃物处理方法。

⑥ 每日自我检查。

2. 整顿

① 前一步骤整理的工作要落实。

② 流程布置，确定放置场所。物品的放置场所原则上要 100%设定。

③ 规定放置方法、明确数量。物品的保管要定点（放在哪里合适，不超出所规定的范围，易取）、定容（用什么容器、颜色）、定量（规定合适的数量）。

④ 画线定位。生产线附近只能放真正需要的物品。

⑤ 场所、物品标识。放置场所和物品原则上一对一标识。

3. 清扫

① 建立清扫责任区（室内外）。

② 执行例行扫除，清理脏污。

③ 调查污染源，予以杜绝或隔离。

④ 清扫基准，作为规范。

4. 清洁

① 维持前面 3S 工作的成果。

② 考评方法。

③ 奖惩制度，加强执行。

④ 主管经常带头巡查，以表重视。

5. 素养

① 服装、仪容、识别证标准。

② 共同遵守的有关规则、规定。

③ 礼仪守则。

④ 训练（新进人员强化 5S 教育、实践）。

⑤ 各种精神提升活动（晨会、礼貌运动等）。

任务评价

表 1-3-2　5S 管理培训评价表

项　　目	考 核 内 容	配分	评 价 标 准	评分记录
5S 管理的含义	知道什么是 5S 管理	10	每少一项或错误扣 1 分	
5S 管理的内容	掌握 5S 管理的具体内容并付诸行动	10	每少一项或错误扣 1 分	
5S 管理的原则	了解 5S 管理的基本原则	10	每少一项或错误扣 1 分	
5S 管理的目标	掌握 5S 管理应达到的具体目标，逐步养成习惯	10	每少一项或错误扣 1 分	
实施要领	了解 5S 现场管理法的实施要领	10	每少一项或错误扣 1 分	

【项目小结】

1. 触电事故分为两类，即电击和电伤。影响触电伤害的主要因素包括电流大小、人体电阻、电流种类及电流作用时间。因此，在电的安全使用中，除了采取必要的防护措施及保护器外，最重要的是提高安全意识和警惕性。

2. 电子行业中静电危害可分为静电吸附和静电击穿两大类。静电防护的基本原则是“防”、“泄”、“控”。

3. “5S”是 Seiri（整理）、Seiton（整顿）、Seiso（清扫）、Seiketsu（清洁）、Shitsuke（素养）这五项的总称。5S 管理以提高人员素质为最终目的，在塑造企业的形象、降低成本、准时交货、安全生产、高度的标准化、创造令人心旷神怡的工作场所、现场改善等方面发挥了巨大作用。

项目二

电子元器件的识别与检测

【项目说明】

电子元器件是组成电子产品的基础，它包括通用的阻抗元件（电阻器、电容器、电感器）、半导体分立器件、集成电路、机电元件（开关、连接器、继电器等），还包括电声器件、显示器件、光电器件、压电器件、磁性器件等专用元器件。电子元器件的识别与检测是电子产品生产装配中的一个重要环节，也是电子电器维修人员的一项基本功。学习和掌握电子元器件的识别与检测方法，对提高电子产品的装配和维修质量及可靠性将起到重要的保障作用。本项目从应用角度出发介绍电子元器件。

【项目要求】

1．能识别常用电子元器件的外形和符号，熟练读出器件外壳标注的参数。
2．知道各类电子元器件的用途、使用方法、结构和基本原理。
3．了解万用表的结构，会正确、熟练地使用万用表。
4．会用万用表测量电子元器件的主要参数，检查元件性能和质量。

【项目计划】

时间：24 课时。
地点：电子工艺实训室或装配车间。
方法：实物展示、示范操作、讲练结合。

【项目实施】

任务 1　正确使用万用表

操作：对提供的指针式万用表和数字万用表进行观察和操作，将结果填入表 2-1-1 中。

表 2-1-1　对万用表的观察和操作记录表

万用表型号	挡位和量程	表笔插孔名称	所 用 电 池	测 量 电 阻	测量干电池电压

相关知识

万用表是电工、电子测量中最常用的工具之一，它具有测量电流、电压和电阻等多种功能。万用表分为指针式和数字式两类，各类又有多种型号，但基本结构和使用方法是相同的。在此，主要介绍 MF-47 型指针式万用表和 DT-830B 型数字万用表的正确使用方法。

一、MF-47 型指针式万用表

MF-47 型指针式万用表是磁电式多量程万用表，可供测量直流电流、交直流电压、电阻等，具有 26 个基本量程和电平、电容、电感、晶体管直流参数等 7 个附加参考量程。

1. MF-47 型指针式万用表的结构

MF-47 型指针式万用表的结构和外形如图 2-1-1 所示。万用表面板上主要有表头和选择开关，还有欧姆挡调零旋钮和表笔插孔。

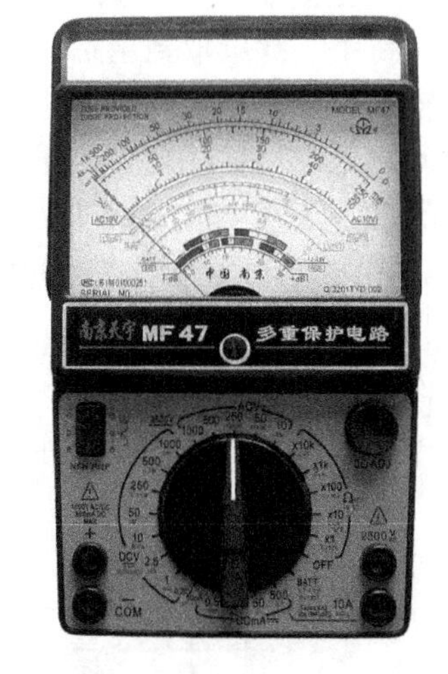

图 2-1-1　MF-47 型指针式万用表

（1）表头

万用表的表头是灵敏电流计。表头上的刻度盘印有多种符号、刻度线和数值。符号 A—V—Ω表示这只电表是可以测量电流、电压和电阻的多用表。刻度盘上印有六条刻度线，第一条专供测电阻用，右测标有“Ω”，其刻度线右端为零，左端为∞，刻度值分布是不均匀的；第二条供测交直流电压、直流电流之用；第三条供测晶体管放大倍数用；第四条供测电容之用；第五条供测电感之用；第六条供测音频电平之用。符号“－”或“DC”表示直流，“～”或“AC”表示交流，“$\simeq$”表示交流和直流共用的刻度线。刻度线下的几行数字是与选择开关的不同挡位相对应的刻度值。为了读数便捷，刻度线印制成红、绿、黑三色，分别与交流红色、晶体管绿色、其余黑色相对应。刻度盘上装有反光镜，以消除视差。

表头上还设有机械零位调整旋钮，用以校正指针在左端指零位。

（2）选择开关

万用表的选择开关是一个多挡位的旋转开关，用来选择测量项目和量程，每个测量项目又划分为几个不同的量程以供选择。挡位盘印制成红、绿、黑三色，表盘颜色分别按交流红色、晶体管绿色、其余黑色对应制成。

（3）表笔和表笔插孔

表笔分为红、黑二只。使用时应将红色表笔插进标有“+”号的插孔，黑色表笔插进标有“-”号的插孔。如测量交流直流 2500V 或直流 10A 时，红表笔则应分别插到标有“2500”或“10A”的插座中。另外，万用表内一般有两块电池，一块是低电压的 1.5V，

一块是高电压的9V，黑表笔接内部电池的正极。

2. 基本使用方法

（1）使用前

万用表水平放置。检查表针是否停在表盘左侧零位，若有偏离，可用小螺丝刀轻轻转动表头上的机械零位调整旋钮，使表针指零。将表笔按要求插进表笔插孔；将选择开关旋到相应的项目和量程上，就可以使用了。

（2）使用中

改变测量项目时，一定不要忘记换挡，切不可用测量电流或测量电阻的挡位去测量电压，以免把表烧坏，禁止带电切换量程。测未知量的电压或电流时，量程应先选择最高数，待第一次读取数值后，方可逐渐转至适当位置，使指针转到满刻度的2/3附近，以取得较准读数，并避免打坏指针、烧坏电路。测量电阻时量程的选择应使指针指在刻度盘的中间附近，这样才能使测量准确。测直流电压或直流电流时，一定要注意正、负极性；测电流时，表笔与电路串联；测电压时，表笔与电路并联，不能搞错。测量高压时，应把红、黑表笔分别插入“2500V”和“-”插孔内，把万用表放在绝缘支架上，然后用绝缘工具将表笔触及被测导体。当选取用直流电流的10A挡时，万用表红表笔应插在10A插孔内，量程开关可以置于直流电流挡的任意量程上。万用表有多条标尺，一定要认清对应的读数标尺，不能图省事而把交流和直流标尺任意混用，更不能看错。带电测量过程中应注意防止发生短路和触电事故。

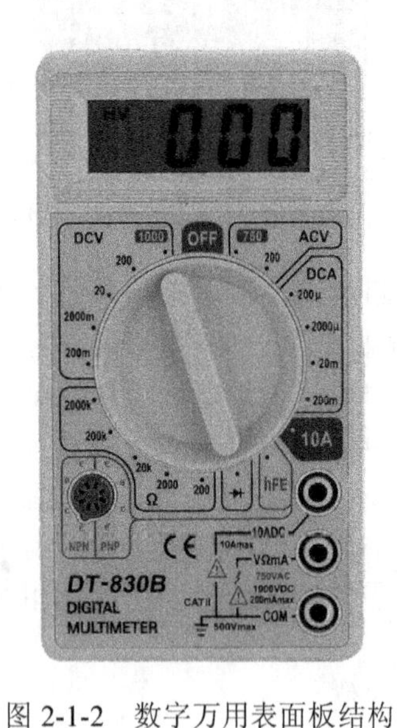

图 2-1-2 数字万用表面板结构

（3）使用后

拔出表笔，将选择开关旋至OFF挡或交流电压250V挡。若长期不用，应将表内电池取出，以防止电液溢出腐蚀而损坏其他零件。

二、DT830B型数字万用表

DT830B型数字万用表有测量直流电流、直流电压、交流电压、电阻、三极管放大倍数、二极管导通电压和电路短接等功能，采用LCD液晶显示。其面板结构如图2-1-2所示。

1. 面板功能

① 功能量程选择开关：所有功能量程的转换均通过该旋钮开关来完成。

② LCD显示屏：通过LCD显示屏显示测量数据。

③ 表笔插孔：“COM”为公共端，插入黑表笔；“VΩmA”为正极端，在测电阻、电压和小于200mA的直流电流时插入红表笔；“10ADC”在测200mA～10A的直流电流时插入红表笔。

④ 三极管测试插座：测量三极管的放大倍数，将三极管的集电极、基极和发射极分别插入“C”、“B”、“E”插孔，注意区分三极管是NPN型的还是PNP型的。

⑤ 功能量程挡位。

DCV：直流电压挡位，分为200mV、2000mV、20V、200V和1000V五挡。

ACV：交流电压挡位，分为200V、750V两挡。

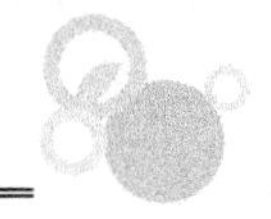

DCA：直流电流挡位，分为 200μA、2000μA、20mA、200mA 和 10A 五挡。

Ω：电阻挡位，分为 200Ω、2000Ω、20kΩ、200kΩ和 2000kΩ五挡。

h_{FE}：三极管放大倍数挡位。

→├：测量二极管正向压降和线路通断挡位。

OFF：测量完毕后转换开关放置处。

2．使用方法

（1）直流电压与交流电压的测量

将黑表笔插入“COM”插孔，红表笔插入“VΩmA”插孔中。将功能开关置于直流电压挡 DCV 量程范围（测量交流电压时应置于 ACV 挡位），并将测试表笔连接到待测电源（测开路电压）或负载上（测负载电压降），红表笔所接端的极性将同时显示于显示屏上（ACV 时无极性显示）。

如果待测电压范围未知，应将功能开关置于最大量程挡位，然后逐挡下拨，直到显示的数字适当为止。当显示屏显示“1”时，表示超过量程，应更换更大的量程。绝不允许测量 1000V 以上的直流电压或 750V 以上的交流电压，以免损坏仪表。

（2）直流电流的测量

将黑表笔插入“COM”插孔，当测量最大值为 200mA 的电流时，红表笔插入“VΩmA”插孔，并将功能开关置于直流电流挡 DCA 量程范围。当测量 200mA～10A 的电流时，红表笔插入“10ADC”插孔，功能开关应置于 10A 挡位。将测试表笔串联接入到待测负载上，便可读出显示值，红表笔所接端的极性将同时显示出来。

如果未知待测电流范围，应将功能开关置于最大量程挡位，然后逐挡下拨，直到显示的数字适当为止。当显示屏显示“1”时，表示超过量程，应更换更大的量程。10A 挡无熔丝保护，测量时应小心使用。

（3）电阻的测量

将黑表笔插入“COM”插孔，红表笔插入“VΩmA”插孔，将功能开关置于Ω挡适当量程。然后将测试表笔连接到待测电阻的两端，并读出显示值。如果被测电阻值超出所选择量程的最大值，将显示过量程“1”，应选择更高的量程；当没有连接好时，如开路情况下，仪表显示“1”。

（4）二极管的测量

将黑表笔插入“COM”插孔，红表笔插入“VΩmA”插孔（注意：红表笔极性为正“+”），将功能开关置于“→├”挡，并将表笔连接到待测二极管两端，即可读出数值。仪表显示值为二极管的正向压降，当二极管接反或开路时显示“1”。

另外，利用该挡位也可以测量电路的通断。方法是：将表笔连接到待测电路的两端，如果两端之间电阻值低于 70Ω，则内置蜂鸣器发声。

任务评价

表 2-1-2　正确使用万用表评价表

项　目	考 核 内 容	配分	评 价 标 准	评分记录
指针式万用表	1．认识挡位和量程； 2．观察刻度盘与挡位和量程的对应关系； 3．测量电阻阻值并试读数； 4．测量干电池电压并试读数	10 10 10 10	1．识别错误，一项扣 2 分； 2．识别错误，一项扣 2 分； 3．操作、读数错误，扣 5 分； 4．操作、读数错误，扣 5 分	

续表

项　目	考核内容	配分	评价标准	评分记录
数字万用表	1．认识挡位和量程； 2．测量电阻阻值并试读数； 3．测量干电池电压并试读数；	10 10 10	1．识别错误，一项扣2分； 2．操作、读数错误，扣5分； 3．操作、读数错误，扣5分	

 任务2　电阻器的识别与检测

操作1：从提供的各种普通电阻器中或电路板上，直观识别电阻器的类型、阻值大小、功率大小和允许误差，并将结果填入表2-2-1中。

表2-2-1　普通电阻器的识别记录表

序号	电阻器类型	阻值标注方法	标称阻值	误差表示方法	误差大小	功率大小

操作2：用万用表对普通电阻器的阻值进行测量，并与标称阻值进行比较，将结果填入表2-2-2中。

表2-2-2　普通电阻器阻值的测量记录表

序号	电阻器类型	万用表挡位	标称阻值	实际测量阻值	标称误差	实际误差

操作3：对提供的各种电位器和可变电阻器进行直观识别和测量，将结果填入表2-2-3中。

表2-2-3　电位器和可变电阻器的识别与测量记录表

序号	电位器和可变电阻器类型	万用表挡位	标称阻值	实际测量阻值	标称误差	实际误差

操作4：先对提供的敏感电阻器进行直观识别，再用万用表进行测量，将结果填入表2-2-4中。

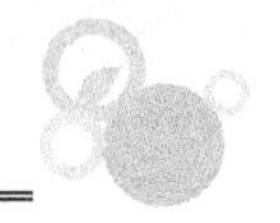

表 2-2-4　敏感电阻器的识别与测量记录表

序号	敏感电阻器类型	万用表挡位	标称参数	质量好坏
	热敏电阻器 1			
	热敏电阻器 2			
	光敏电阻器			
	压敏电阻器			
	湿敏电阻器			
	气敏电阻器			

相关知识

电阻器是电子电路中应用最为广泛的电子元件，在电子设备中约占元件总数的 30%以上，其质量的好坏对电路的性能有极大影响。电阻器的主要用途是稳定和调节电路中的电压和电流，其次还可以作为分流器、分压器和消耗电能的负载等。

一、电阻器的类型及特点

在电路和实际工作中，电阻器通常简称电阻。常用的电阻器分三大类：阻值固定的电阻器称为固定电阻器或普通电阻器；阻值连续可变的电阻器称为可变电阻器，包括微调电阻器和电位器；具有特殊作用的电阻器称为敏感电阻器或特种电阻器，如热敏电阻器、光敏电阻器及压敏电阻器等。

根据制作材料的不同，电阻器也分为碳膜电阻器、金属氧化膜电阻器、金属膜电阻器、线绕电阻器及水泥电阻器等；根据封装形式的不同，可分为穿孔安装电阻器和贴片电阻器。

1．普通电阻器的外形及特点

（1）碳膜电阻器

碳膜电阻器以碳膜作为基本材料，利用浸渍或真空蒸发形成结晶的电阻膜（碳膜），属于通用性电阻器。其实物如图 2-2-1 所示。

（2）金属氧化膜电阻器

金属氧化膜电阻器是在陶瓷机体上蒸发一层金属氧化膜，然后再涂一层硅树脂胶，使电阻器的表面坚硬而不易碎坏。其实物图如图 2-2-2 所示。

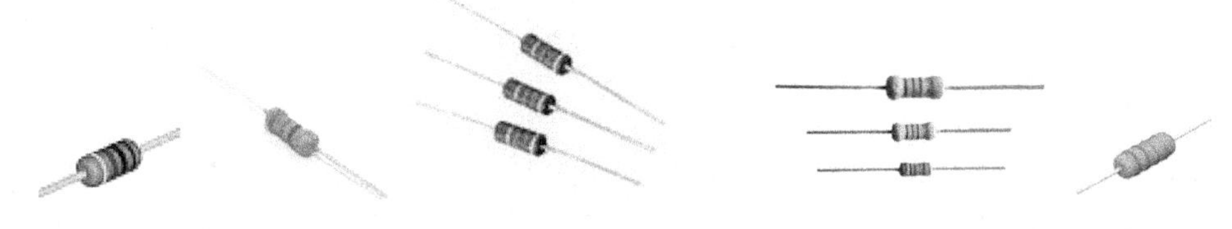

图 2-2-1　碳膜电阻器　　　　图 2-2-2　金属氧化膜电阻器

（3）金属膜电阻器

金属膜电阻器以特种稀有金属作为电阻器材料，在陶瓷基体上，利用厚膜技术进行涂层和焙烧的方法形成电阻膜。其实物图如图 2-2-3 所示。

（4）线绕电阻器

线绕电阻器是将电阻线绕在耐热瓷体上，表面涂以耐热、耐湿、耐腐蚀的不燃性涂料保护而成。线绕电阻器与额定功率相同的薄膜电阻器相比，具有体积小的优点，它的缺点是分布电感大。其实物图如图 2-2-4 所示。

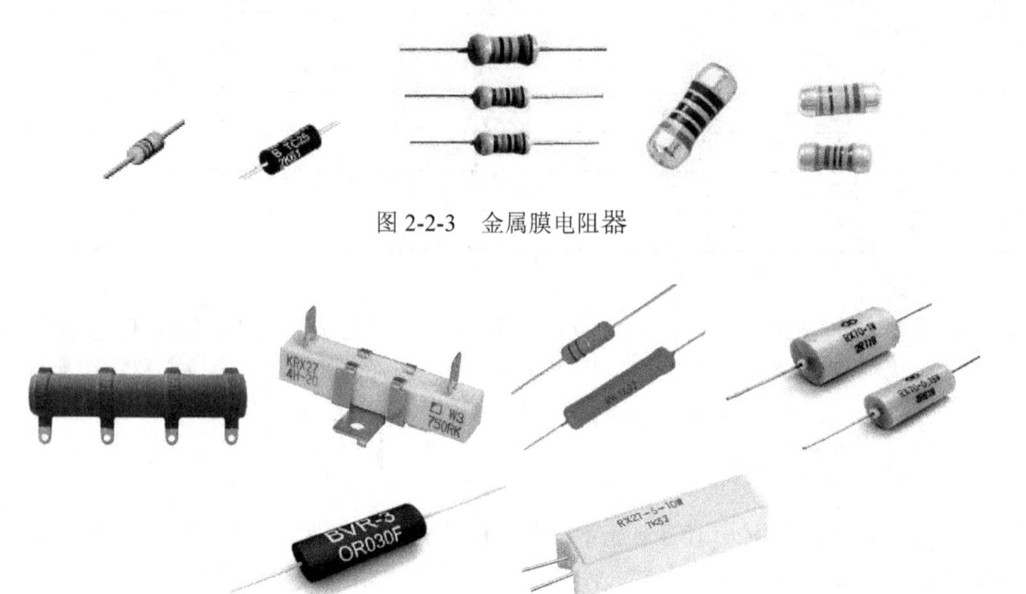

图 2-2-3　金属膜电阻器

图 2-2-4　线绕电阻器

（5）水泥电阻器

水泥电阻器也是一种线绕电阻器，它是将电阻线绕与无碱性耐热瓷体上，外面加上耐热、耐湿及耐腐蚀材料保护固定而成的。其实物图如图 2-2-5 所示。

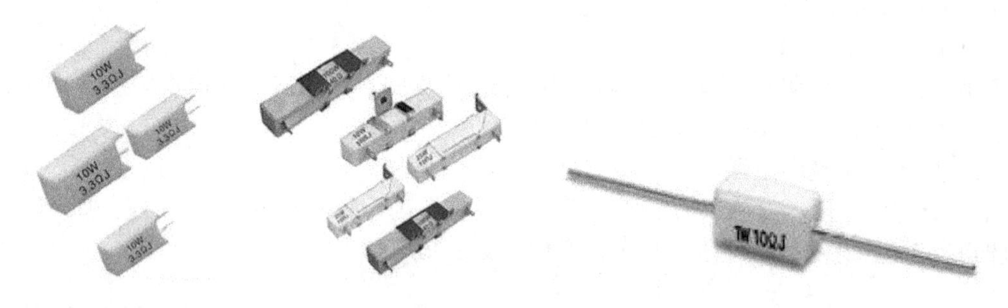

图 2-2-5　水泥电阻器

（6）贴片式电阻器

贴片式电阻器又称表面安装电阻器，是小型电子线路的理想元件。它把很薄的碳膜或金属合金涂覆到陶瓷基底上，电子元件和电路板的连接直接通过金属封装端面，不需要引脚，主要有矩形和圆柱形两种。其实物图如图 2-2-6 所示。

图 2-2-6　贴片式电阻器

（7）排阻

排阻又称电阻器网络。排阻是一种将多个电阻器按一定规律排列集中封装在一起，组合而制成的一种复合电阻器。常见的排阻有单列式（SIP）、双列直插式（DIP）和贴

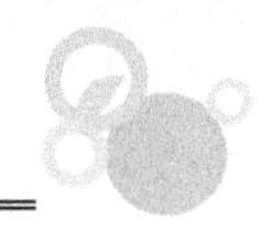

片式三种类型。其实物图如图 2-2-7 所示。

图 2-2-7　排阻

2. 可调电阻器的外形及特点

可调电阻器是在裸露的电阻体上，紧压着一至两个可移动金属触点（活动端），触点位置确定电阻体任意一端与触点间的阻值。活动端在固定电阻体上滑动即可获得与转角或位移成一定比例的电阻值，从而达到调节电路中的电压、电流值的目的。习惯上人们将带有手柄的可调电阻器称为电位器，将不带手柄的可调电阻器称为微调电阻器。

根据电位器的电阻体所用材料不同，可分为碳膜电位器、线绕电位器和导电塑料电位器等；根据电位器的结构不同，可分为单圈电位器、多圈电位器，单联、双联和多联电位器，带开关电位器、锁紧和非锁紧电位器；按照电位器调节方式的不同，还分为旋转式电位器和直滑式电位器等。广泛用于电子设备、仪器仪表中，在音响和接收机中做音量控制用。

（1）碳膜电位器

碳膜电位器是目前使用最多的一种电位器。其主要特点是分辨率高、阻值范围大，滑动噪声大、耐热耐湿性不好。其实物图如图 2-2-8 所示。

图 2-2-8　碳膜电位器

（2）线绕电位器

线绕电位器由电阻丝绕在圆柱形的绝缘体上构成，通过滑动滑柄或旋转转轴实现电阻值的调节。电阻丝的材料是根据电位器的结构、容纳电阻丝的空间、电阻值和温度系数来选择的。电阻丝越细，在给定空间内越能获得较大的电阻值和分辨率。但电阻丝太细，在使用过程中容易断开，影响传感器的寿命。线绕电位器广泛用于电子设备、电焊机、电动机等场合。其实物图如图 2-2-9 所示。

图 2-2-9　线绕电位器

（3）微调电位器

微调电位器一般用于阻值不需频繁调节的场合，如电子设备、家电、仪器、仪表做

内部调节电位，通常由专业人员完成调试，用户不可随便调节。其实物图如图 2-2-10 所示。

图 2-2-10　微调电位器

（4）带开关电位器

带开关电位器将开关与电位器合为一体，通常用在需要对电源进行开关控制及音量调节的电路中，主要用在收音机、随身听、电视机等电子产品中。其实物图如图 2-2-11 所示。

图 2-2-11　带开关电位器

（5）直滑式电位器

直滑式电位器是长条状的，视觉比较直观。在随身听，音响中比较常见。其实物图如图 2-2-12 所示。

图 2-2-12　直滑式电位器

（6）多圈电位器（精密电位器）

多圈电位器内部有线绕、玻璃釉等材料制成，一般多为十圈，主要用在仪器仪表、电子设备中做精密调节。其实物如图 2-2-13 所示。

（7）双联电位器

双联电位器是一种由两套电阻基片做成的同步调节电位器，如双声道音响，如果用两个普通电位器调节音量，那将是一件非常麻烦的事，而采用双联电位器调节音量则非常方便。其实物图如图 2-2-14 所示。

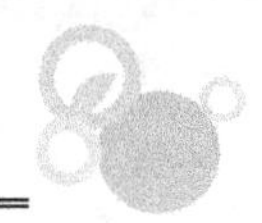

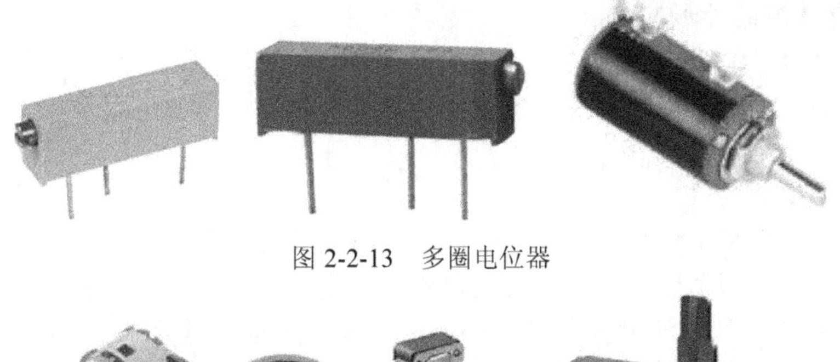

图 2-2-13　多圈电位器

图 2-2-14　双联电位器

（8）多联电位器

多联电位器也是一种同步调节电位器，可以做成任意路数的电位器，在音响、电子设备中多有应用，实现同步调节。其实物图如图 2-2-15 所示。

图 2-2-15　多联电位器

（9）滑动变阻器

滑动变阻器是实验室常用的电位器，这种电位器体积大，功率大，滑动视觉直观，也可做限流器使用。其实物图如图 2-2-16 所示。

图 2-2-16　滑动变阻器

（10）贴片式电位器

贴片式电位器是一种无手动旋转轴的超小型电位器，调节时需要借助工具。其实物图如图 2-2-17 所示。

图 2-2-17　贴片式电位器

3．敏感电阻器的外形及特点

敏感电阻器是指对温度、光照、电压、湿度、气体、磁场、压力等作用敏感的电阻器，在电子电路中应用较多的有热敏电阻器、光敏电阻器、压敏电阻器、气敏电阻器、湿敏电阻器、磁敏电阻器等。

（1）热敏电阻器

普通电阻器的电阻值都会随着温度的变化而略有改变。通常温度每变化 1℃所引起电阻值的变化值称为电阻器的温度系数。电阻器的温度系数越大，它的热稳定性就越不好。

热敏电阻器是一种对温度变化特别敏感的电阻器，它的电阻值随温度的高低变化而改变。电阻值随温度升高而增大的称为正温度系数（PTC）热敏电阻器，反之称为负温度系数（NTC）热敏电阻器。热敏电阻器大多用半导体材料制成，因此又称为半导体热敏电阻器。

PTC 热敏电阻器一旦超过一定的温度（居里温度），其电阻值就会随着温度的升高几乎呈阶跃式地增大。PTC 热敏电阻器本体温度的变化可以由流过 PTC 热敏电阻器的电流来获得，也可以由外界输入热量或两者的叠加来获得。

由于 PTC 热敏电阻器最基本的电阻温度特性及电压-电流特性和电流-时间特性，PTC 热敏电阻器已广泛应用于各种电子设备、汽车及家用电器等产品中，起到自动消磁、过热过流保护、恒温加热、温度补偿及延时等作用。

利用 NTC 热敏电阻器电阻值随温度的升高而降低的特性，既可制成测温、温度补偿和控温组件，又可制成功率型组件，抑制电路的浪涌电流。NTC 热敏电阻器主要应用于微波功率测量、温度控制、温度补偿及开关电源、UPS 电源、各类电加热器、电子节能灯、电源电路的保护、彩色显像管、白炽灯及其他照明灯具的灯丝保护电路中。

常见热敏电阻器的实物如图 2-2-18 所示。

（a）负温度系数 (NTC) 热敏电阻器　　（b）正温度系数 (PTC) 热敏电阻器

图 2-2-18　热敏电阻器

（2）光敏电阻器

光敏电阻器又称光感电阻器，是利用半导体的光电效应制成的一种电阻值随入射光的强弱而改变的电阻器。入射光强，电阻值减小；入射光弱，电阻值增大。

光敏电阻器有许多种类，它们的感光性（光敏性）、尺寸、阻值等各不相同。例如，用硫化镉制造的光敏电阻器，在黑暗中，电阻值约几兆欧姆，当受到光照射时，其阻值迅速减小到大约几百欧姆。

光敏电阻器的主要特点：灵敏度高、体积小、重量轻、电性能稳定，可以交、直流两用，而且工艺简单、价格便宜，因此，近年来被广泛应用于照相机闪光控制、室内光线控制、工业及光电控制、光控开关、光电耦合、光电自动检测、电子验钞机、电子光控玩具、自动灯开关及各类可见波段光电控制、测量场合。

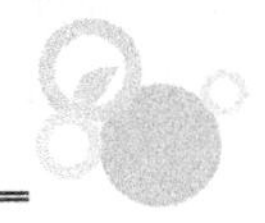

光敏电阻器的实物如图 2-2-19 所示。

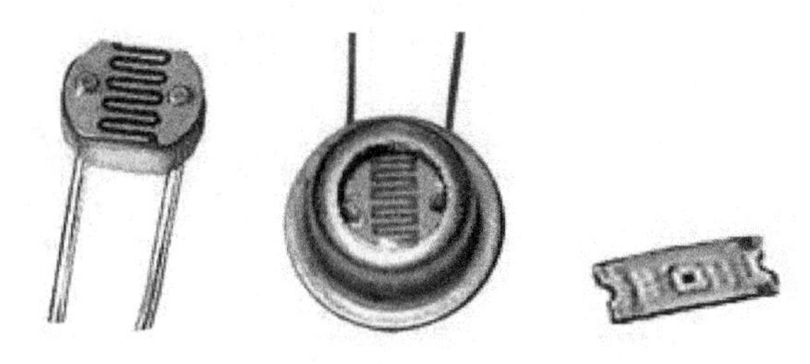

图 2-2-19　光敏电阻器

（3）压敏电阻器

压敏电阻器是利用半导体材料的非线性制成的一种特殊电阻器，是一种在某一特定电压范围内其电导随电压的增加而急剧增大的敏感元件。压敏电阻器主要用于程控电话交换机、各种半导体器件、家用电器的保护电路或作为大功率高频电路中的假负载或吸收电阻器。压敏电阻器的实物如图 2-2-20 所示。

图 2-2-20　压敏电阻器

（4）气敏电阻器

气敏电阻器是利用气体的吸附而使半导体本身的电导率发生变化这一原理将检测到的气体的成分和浓度转换为电信号的电阻器。气敏电阻器的实物如图 2-2-21 所示。

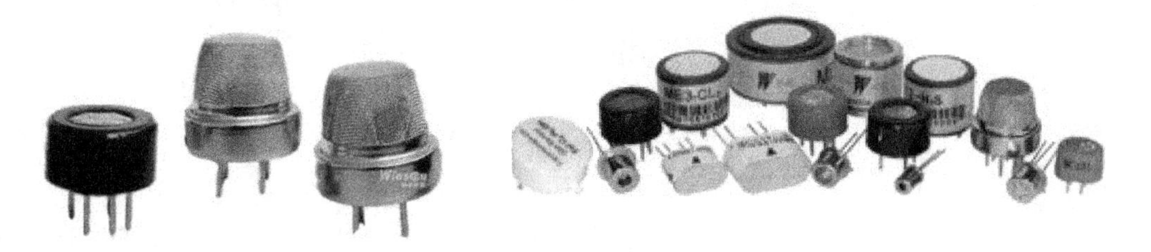

图 2-2-21　气敏电阻器

（5）湿敏电阻器

湿敏电阻器是利用湿敏材料吸收空气中的水分而导致本身电阻值发生变化这一原理而制成的电阻器。湿敏电阻器的实物如图 2-2-22 所示。

（6）磁敏电阻器

磁敏电阻器是利用半导体的磁阻效应制造的电阻器。其实物如图 2-2-23 所示。

（7）保险电阻器

保险电阻器又称为安全电阻器或熔断电阻器，是一种兼有电阻器和熔断器双重作用的功能元件。其实物如图 2-2-24 所示。

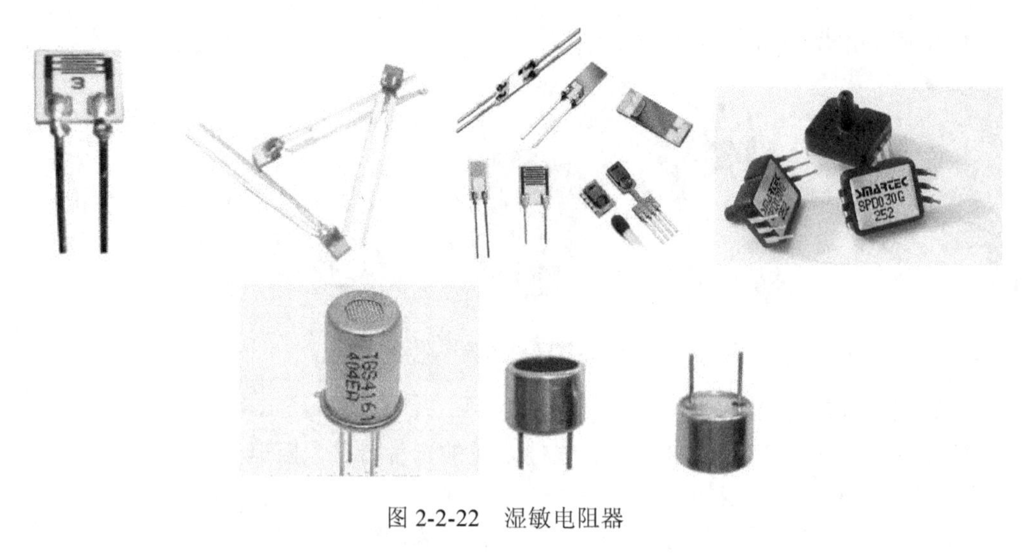

图 2-2-22　湿敏电阻器

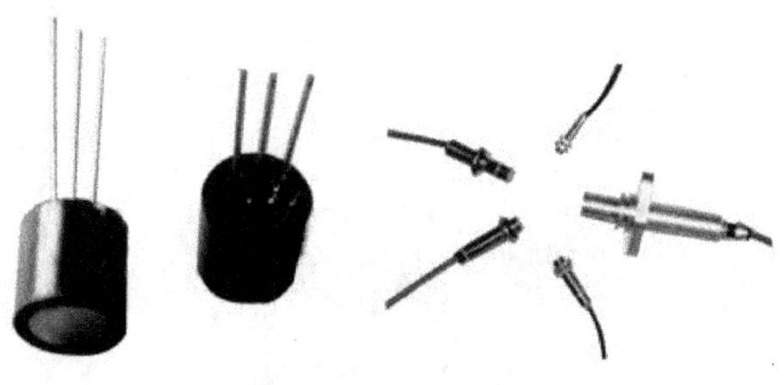

图 2-2-23　磁敏电阻器

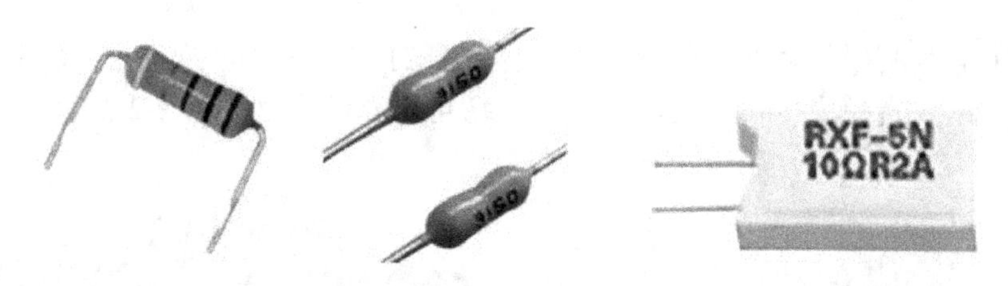

图 2-2-24　保险电阻器

（8）力敏电阻器

力敏电阻器是一种阻值随压力变化而变化的电阻器，国外称为压电电阻器。所谓压力电阻效应即半导体材料的电阻率随机械应力的变化而变化的效应。其实物如图 2-2-25 所示。

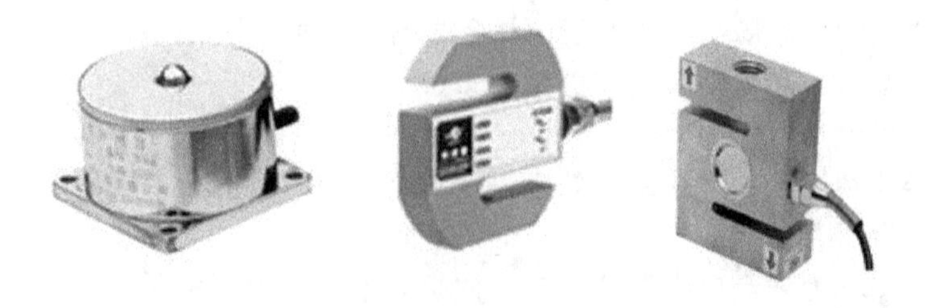

图 2-2-25　力敏电阻器

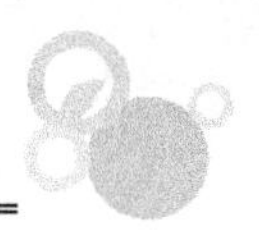

二、电阻器的识别

1. 电阻器的图形符号

在电路原理图中，固定电阻器通常用大写英文字母“R”表示，可变电阻器通常用大写英文字母“W”表示，排阻通常用大写英文字母“RN”表示。电阻器的图形符号如图 2-2-26 所示。

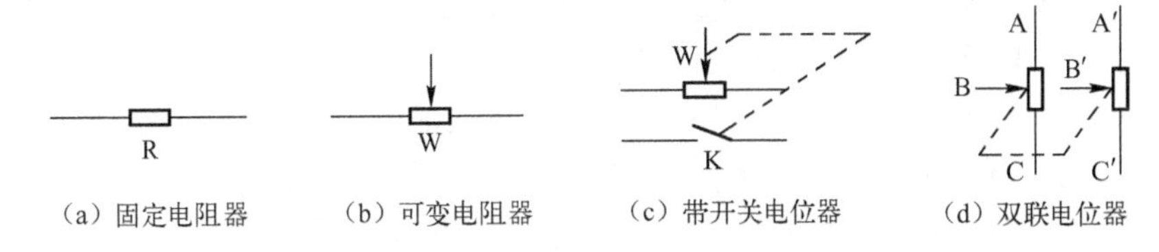

图 2-2-26 电阻器的图形符号

电阻值大小的基本单位是欧姆（Ω），简称欧。常用单位还有千欧（kΩ）、兆欧（MΩ）。它们之间的换算关系是：$1M\Omega = 10^3 k\Omega = 10^6 \Omega$。

2. 电阻器的型号命名

（1）普通电阻器和电位器的型号命名

根据国家标准的规定，通孔式电阻器和电位器的型号由 4 部分组成（不适用于敏感电阻器）。

第一部分：主称，用字母表示，表示产品的名字。例如 R 表示电阻器，W 表示电位器。

第二部分：材料，用字母表示，表示电阻体用什么材料制成，T——碳膜、H——合成碳膜、S——有机实心、N——无机实心、J——金属膜、Y——氮化膜、C——沉积膜、I——玻璃釉膜、X——线绕。

第三部分：分类，一般用数字表示，个别类型用字母表示，表示产品属于什么类型。1——普通、2——普通、3——超高频、4——高阻、5——高温、6——精密、7——精密、8——高压、9——特殊、G——大功率、T——可调。

第四部分：序号，用数字表示，表示同类产品中不同品种，以区分产品的外形尺寸和性能指标等。

例如，RT11 型表示普通碳膜电阻器。

（2）贴片式电阻器的型号命名

贴片式电阻器的型号命名一般由 6 部分组成。

第一部分：用字母表示，表示产品的系列。

例如，RC 表示常规功率系列贴片式电阻器；RS 表示特殊功率系列贴片式电阻器，包括 1/16W、1/10W、1/8W、1/4W、1/3W、1/2W、3/4W、1W。

第二部分：用数字表示，表示电阻器的尺寸规格。

贴片式电阻器的尺寸规格通常以元件的长和宽来定义，有公制（单位为毫米 mm）与英制（单位为英寸 inch）两种表示方法。

在公制表示法中，有 3216、2012、1608、1005 等规格。例如，3216 表示长 3.2mm，宽 1.6mm；2012 表示长 2.0mm，宽 1.25mm。

在英制表示法中，与公制表示法相对应的有 1206、0805、0603、0402 等规格。例如，1206 表示长 0.12inch，宽 0.06inch；0805 表示长 0.08inch，宽 0.05inch。

在型号命名中，只出现宽度数值，如 06 代表 1206，05 代表 0805 等。

第三部分：用字母表示，表示温度系数。

温度系数有 K、L、M 三种代号，K 表示≤±100PPM/℃（10Ω≤R≤1MΩ）；L 表示≤±250PPM/℃（1Ω≤R＜10Ω，1MΩ＜R≤10MΩ）；M 表示≤±500PPM/℃（R＜1Ω、R＞10MΩ）。

第四部分：用数字表示，表示阻值大小。标称阻值采用三位数值或四位数值表示，单位为欧姆。如 101 表示 100Ω，4701 表示 4.7kΩ。

第五部分：用字母表示，表示误差等级。常见的有 F 和 J 两种，F 指±1%精密电阻器，J 为±5%的普通电阻器。

第六部分：用字母表示，表示包装形式。贴片元件有三种包装形式，即编带包装、盒式散料包装和袋式散料包装，包装方式代码分别是 T、B 和 C。

3. 电阻器的主要参数

（1）标称阻值

标称阻值通常是指电阻体表面上标注的电阻值，简称阻值。根据国家标准，电阻器的标称阻值分为 E6、E12、E24、E48、E96、E192 六大系列，分别适用于允许偏差为±20%、±10%、±5%、±2%、±1%、±0.5%的电阻器。其中，应用比较多的是 E24 系列和 E96 系列。它们的含义是：E 表示指数间隔，24 表示有 24 个基本数，96 则表示有 96 个基本数。

表 2-2-5 所示为 E24 系列标称值及其允许偏差。表 2-2-6 所示为标称阻值的标志符号及换算关系。标称阻值的特点是：在同一系列相邻两值中，较小数值的正偏差与较大数值的负偏差彼此衔接或重叠，所有需要的阻值，都可以按一定标准值和允许偏差取得。

表 2-2-5　电阻器的标称阻值系列

阻值系列	允 许 偏 差	电阻器标称阻值
E24	±5%	1.0 1.1 1.2 1.3 1.5 1.6 1.8 2.0 2.2 2.4 2.7 3.0 3.3 3.6 3.9 4.3 4.7 5.1 5.6 6.2 6.8 7.5 8.2 9.1

表 2-2-6　标称阻值的标志符号及换算关系

标 志 符 号	R	K	M
单位及换算关系	Ω	1kΩ=10^3Ω	1MΩ=10^6Ω

使用时，将表 2-2-6 中的数值乘以 10、100、1000、……，一直到 10^n（n 为整数）就可成为这一阻值系列。如 E24 系列中的 1.5 就有 1.5Ω、15Ω、150Ω、1.5kΩ、150kΩ等。

（2）允许偏差

电阻器的允许偏差是指电阻器的实际阻值相对于标称阻值的最大允许偏差范围，它表示产品的精确度。表 2-2-7 所示为电阻允许偏差等级。

表 2-2-7　电阻允许偏差等级

级　别	B	C	D	F	G	J(Ⅰ)	K(Ⅱ)	M(Ⅲ)	N
允 许 偏 差	±0.1%	±0.25%	±0.5%	±1%	±2%	±5%	±10%	±20%	±30%

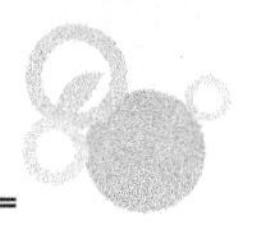

（3）额定功率

电阻器的额定功率是指电阻器在特定环境温度范围内所允许承受的最大功率。在该功率限度以下，电阻器可以正常工作而不会改变其性能，也不会损坏。常用电阻器的功率有1/8W、1/4W、1/2W、1W、2W、5W、10W 等，电路图中对电阻器功率的要求，有的直接标出数值，也有的用符号表示，如图 2-2-27 所示。

不做标示的表示该电阻器工作中消耗功率很小，可不必考虑，如大部分业余电子制作中对电阻器功率都没有要求，这时可选用 1/8W 或 1/4W 的电阻器。

1/8W　1/4W　1/2W　1W
2W　3W　4W　5W　10W

图 2-2-27　电阻器功率的标志

4. 电阻器参数的标注方法

电阻器的标称阻值和允许偏差一般都标注在电阻器表面，标注方法主要有色标法、直标法、文字符号法和数码法四种。

（1）色标法

小功率的电阻器广泛使用色标法。一般用背景颜色区别电阻器的种类：浅色（淡绿色、淡蓝色、浅棕色）表示碳膜电阻器，红色表示金属或金属氧化膜电阻器，深绿色表示线绕电阻器；用色环表示电阻器阻值的数值及精度，电阻器色环的意义见表 2-2-8。

表 2-2-8　电阻器色环的意义

颜　色	黑	棕	红	橙	黄	绿	蓝	紫	灰	白	金	银	无色
数　字	0	1	2	3	4	5	6	7	8	9	10^{-1}	—	—
倍　率	10^0	10^1	10^2	10^3	10^4	10^5	10^6	10^7	10^8	10^9	10^{-1}	10^{-2}	—
允许偏差	—	±1%	±2%	—	—	±0.5%	±0.25%	±0.1%	—	—	±5%	±10%	±20%

普通电阻器用 4 个色环表示其阻值和允许偏差。第一环、第二环表示有效数字，第三环表示倍率（乘数），与前三环距离较大的第四环表示精度。四色环电阻器的标注方法如图 2-2-28 所示。

例如，标有红、红、棕、金 4 色环的电阻器，其阻值大小为 220Ω，允许偏差为±5%。

精密电阻器采用 5 个色环。第一、二、三环表示有效数字，第四环表示倍率，与前四环距离较大的第五环表示精度。五色环电阻器的标注方法如图 2-2-29 所示。

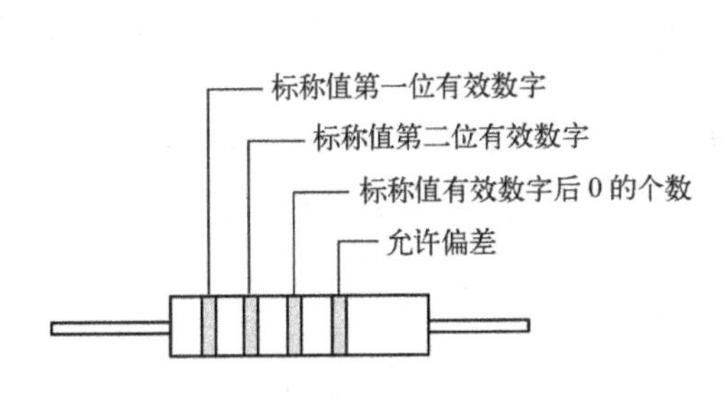

图 2-2-28　四色环电阻器的标注方法

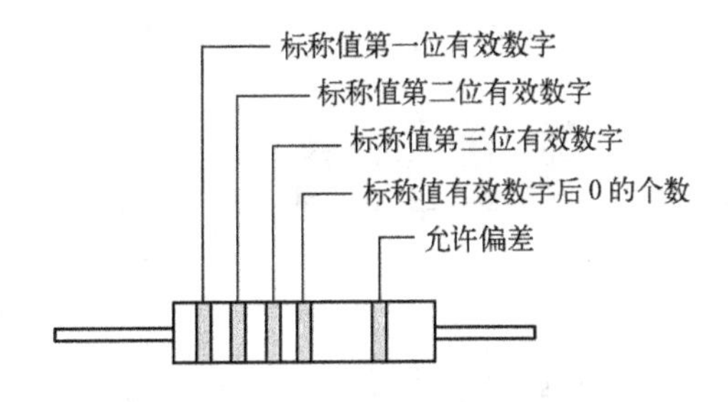

图 2-2-29　五色环电阻器的标注方法

例如，标有棕、紫、绿、银、棕 5 色环的电阻器，其阻值大小为 1.75Ω，允许偏差为±1%。

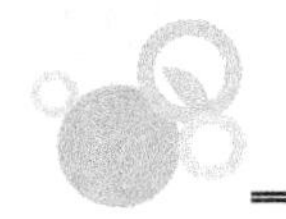

在工程实践中，快速、准确地读出色环电阻器的值是一项基本功。识别色环电阻器的要点是熟记色环所代表的数字含义，为方便记忆，色环代表的数值顺口溜如下：

1 棕 2 红 3 为橙，4 黄 5 绿在其中，

6 蓝 7 紫随后到，8 灰 9 白黑为 0，

尾环金银为误差，数字应为 5 和 10。

在读色环时，正确识别第一色环是关键。一般第一色环距离端部较近，而偏差环（尾环）距其他环较远且较宽。另外，有效数字环不可能是金色、银色，偏差环不可能是黑色、橙色、黄色、灰色、白色。当允许偏差为±20%时，表示允许偏差的这条色环为电阻本色，此时，四条色环的电阻器便只有三条色环了。根据上述三点即可识别出哪环是第一色环。

（2）直标法

直标法是按照电阻器的命名规则，将其主要信息用字母和数字标注在电阻器表面的方法，如图 2-2-30 所示。若电阻器表面未标出阻值单位，则其单位为Ω；若未标出允许偏差，则表示允许偏差为±20%。直标法一目了然，但只适用于体积较大的电阻器。

图 2-2-30　电阻器参数的直标法

（3）文字符号法

文字符号法是用阿拉伯数字和文字符号有规律的组合来表示标称阻值和允许偏差的方法。其组合规律是：阻值的整数部分+阻值的单位标志符号+阻值的小数部分+允许偏差。电阻器标称阻值的标志符号见表 2-2-6，允许偏差等级见表 2-2-7。

例如，6R2J 表示标称阻值 6.2Ω，允许偏差±5%；3k3F 表示标称阻值 3.3kΩ，允许偏差±1%。

（4）数码法

数码法是在电阻体的表面用三位数字或两位数字加 R 或四位数字来表示标称阻值的方法。该方法常用于贴片电阻器、排阻等。

① 三位数字标注法。

在三位数字中，前两位表示有效数字，第三位表示倍数 10^n，单位为Ω。±5%的非精密贴片电阻器常采用这种标注方法。

图 2-2-31　三位数字标注法

例如，一只电阻器本体上印有“470”，则表示电阻值为 $47\times10^0\Omega = 47\Omega$；印有“123”，则表示标称阻值为 $12\times10^3\Omega = 12k\Omega$。三位数字标注法如图 2-2-31 所示。

② 二位数字加 R 标注法。

小于 10Ω的电阻值用字母 R 与两位数字表示，其中字母 R 代表小数点。

例如，标注为“51R”的电阻器，其电阻值为 5.1Ω；标注为“5R6”的电阻器，其电阻值为 5.6Ω；标注为“R82”的电阻器，其电阻值为 0.82Ω。

③ 四位数字标注法。

对 E96 系列 RC05、RC06 型用四位数字表示，前三位表示电阻值有效数字，第四位表示乘以 10 的次方数。例如，标有“1502”，表示电阻值为 $150\times10^2\Omega = 15\text{k}\Omega$。四位数字标注法如图 2-2-32 所示。

图 2-2-32　四位数字标注法

对 E96 系列的 RC03 型号，采用两位数字和一位字母来表示。即使用 01～96 这 96 个两位数依次代表 E96 系列中 1.0～9.76 这 96 个基本数值，而第三位英文字母 A、B、C、D、E、F、G、H 则表示该基本数值乘以 10 的 0～7 次方，小数点以 R 表示。

三、电位器的识别

1. 电位器的主要参数

① 标称阻值：电位器的标称阻值指其最大电阻值。例如，标称阻值为 1kΩ的电位器，其阻值在 0～1kΩ内连续可调。

② 允许偏差：电位器的允许偏差是指电位器的实际阻值相对于标称阻值的最大允许偏差范围。一般电位器的允许偏差分为±20%、±10%、±5%、±2%、±1%几个等级，精密电位器的精度可达±0.1%。

③ 额定功率：电位器的额定功率是指电位器的两个固定端允许耗散的最大功率。

④ 机械零位电阻：当电位器的滑动端滑到某一固定端时，由于接触电阻和引出端的影响，滑动端与该固定端之间的电阻值一般不是零，称其为机械零位电阻。在实际应用中，应选用机械零位电阻尽可能小的电位器。

2. 电位器的阻值表示方法

可调电阻器的阻值通常采用直标法或数码法在电阻体上标出最大阻值。

四、特殊电阻器的识别

特殊电阻器的阻值随环境的变化而变化，特殊电阻器的表面一般不标注阻值大小，只标注型号。

根据《敏感元件型号命名方法》的规定，特殊电阻器的产品型号由下列四部分组成。

第一部分：主称，用字母 M 表示。

第二部分：类别，用字母表示。表示类别的字母及其意义如表 2-2-9 所示。

表 2-2-9　敏感电阻器类别符号及其意义

符　号	意　　义	符　号	意　　义
F	负温度系数热敏电阻器（NTC）	S	湿敏电阻器
Z	正温度系数热敏电阻器（PTC）	Q	气敏电阻器
G	光敏电阻器	C	磁敏电阻器
Y	压敏电阻器	L	力敏电阻器

第三部分：用途或特征，用字母或数字表示。表示用途或特征的字母或数字及其意义如表 2-2-10 所示。

表 2-2-10　表示敏感电阻器用途或特征的符号及其意义

符号/意义/类别	0	1	2	3	4	5	6	7	8	9	—	—	—
负温度系数热敏电阻器	特殊型	普通型	稳压	微波测量	旁热式	测温	控温	—	线性型	—	—	—	—
正温度系数热敏电阻器	—	普通型	限流		延迟	测温	控温	消磁	—	恒温	—	—	—
光敏电阻器	特殊型	紫外光	紫外光	紫外光	可见光	可见光	可见光	可见光	可见光	可见光	—	—	—
力敏电阻器	—	硅应变片	硅应变梁	硅杯	—	—	—	—	—	—	—	—	—
	W	G	P	N	K	L	H	E	B	C	S	Q	Y
压敏电阻器	稳压	高压保护	高频	高能	高可靠型	防雷	灭弧	消躁	补偿	消磁	—	—	—
湿敏电阻器	—	—	—	—	—	控湿	—	—	—	测湿	—	—	—
气敏电阻器	—	—	—	—	—	可燃性	—	—	—	—	—	—	烟敏
磁敏电阻器	电位器	—	—	—	—	—	—	电阻器	—	—	—	—	—

第四部分：序号，用数字表示。

1. 热敏电阻器

热敏电阻器在电路中用字母“RT”或“R”表示，图形符号如图 2-2-33 所示。

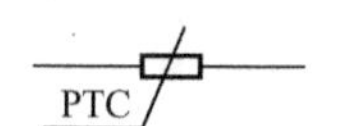

（a）正温度系数热敏电阻器

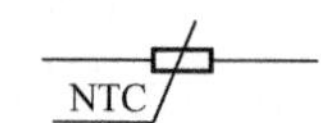

（b）负温度系数热敏电阻器

图 2-2-33　热敏电阻器图形符号

2. 压敏电阻器

压敏电阻器在电路中用字母“RV”或“R”表示，图形符号如图 2-2-34 所示。

3. 光敏电阻器

光敏电阻器在电路中用字母“RL”、“RG”或“R”表示，图形符号如图 2-2-35 所示。

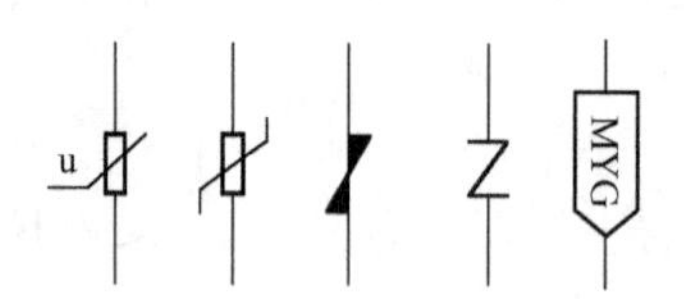

图 2-2-34　压敏电阻器图形符号

图 2-2-35　光敏电阻器图形符号

4. 气敏电阻器

气敏电阻器在电路中常用字母“RQ”或“R”表示，图形符号如图 2-2-36 所示。

5. 湿敏电阻器

湿敏电阻器在电路中常用字母“RS”或“R”表示，图形符号如图 2-2-37 所示。

6. 磁敏电阻器

磁敏电阻器在电路中常用符号“RC”或“R”表示，图形符号如图 2-2-38 所示。

7. 力敏电阻器

力敏电阻器在电路中常用符号“RL”或“R”表示，图形符号如图 2-2-39 所示。

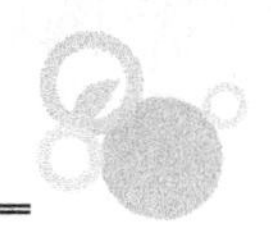

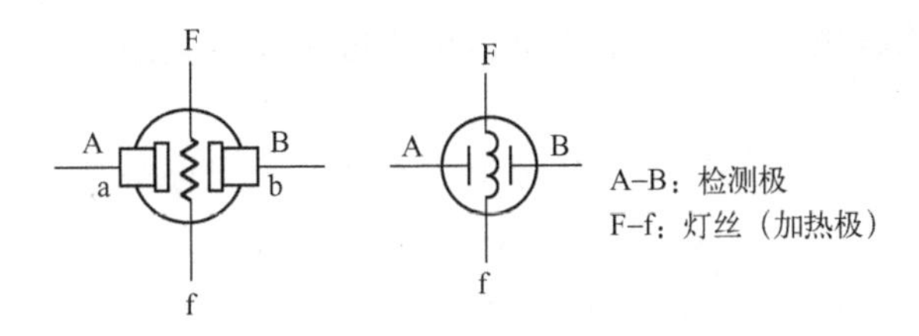

图 2-2-36　气敏电阻器图形符号

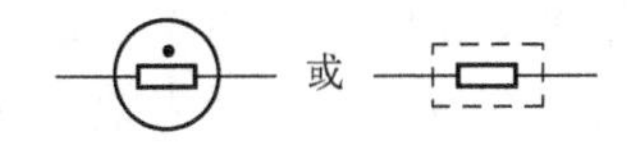

图 2-2-37　湿敏电阻器图形符号

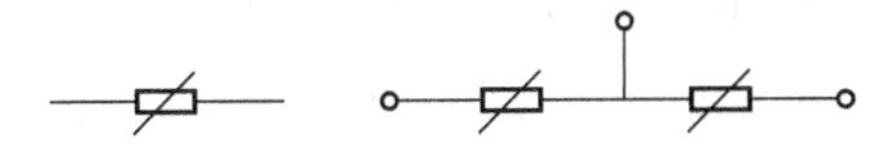

图 2-2-38　磁敏电阻器图形符号

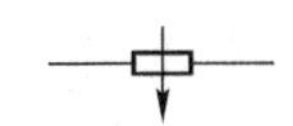

图 2-2-39　力敏电阻器图形符号

8. 保险电阻器

保险电阻器在电路中常用字母“RF”或“R”表示，图形符号如图 2-2-40 所示。

9. 排阻的识别

排阻是由若干个参数完全相同的电阻器组成的。通孔式排阻的一个引脚连到一起，作为公共引脚，其余引脚正常引出。一般来说，最左边的那个是公共引脚，在排阻上一般用一个色点标出来。通孔式排阻的标注与内部结构如图 2-2-41 所示，贴片式排阻的标注与内部结构如图 2-2-42 所示。

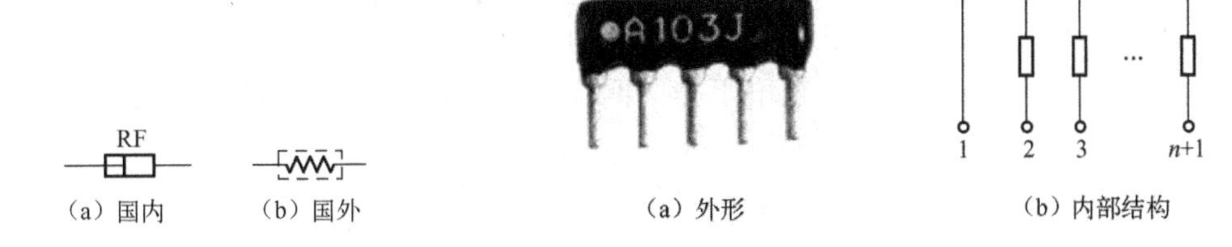

（a）国内　（b）国外

图 2-2-40　保险电阻器图形符号

（a）外形　（b）内部结构

图 2-2-41　通孔式排阻的标注与内部结构

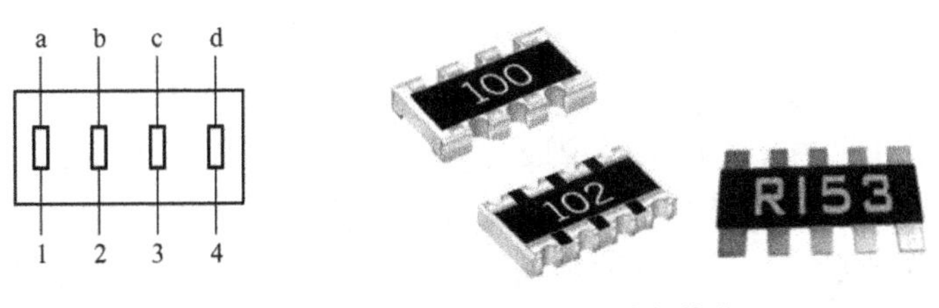

（a）贴片式排阻的引脚对应关系　（b）外形

图 2-2-42　贴片式排阻的标注与内部结构

排阻与数字标注法电阻一样，第一位和第二位表示有效数字，第三位是零的个数。例如，标注为“A103J”的排阻其阻值为 $10\times10^3 = 10\text{k}\Omega$，允许误差为±5%；标注为“102”的排阻其阻值为 $10\times10^2 = 1\text{k}\Omega$；标注为“R153”的排阻其阻值为 $15\times10^3 = 15\text{k}\Omega$。

五、电阻器的检测

1. 普通电阻器的检测

首先应对电阻器进行外观检查，即查看外观是否完好无损、标志是否清晰。对接在电路中的电阻器，若表面漆层变成棕黄色或黑色，则表示电阻器可能过热甚至烧毁。

（1）用指针式万用表检测电阻器

根据电阻器的标称阻值选择欧姆挡的适当量程。若标称阻值未知，则先选最高量程，然后根据测量情况，再选择适当量程。

将“红”、“黑”两表笔短接，观察指针是否指向 0Ω处，若指针偏离 0Ω处，则调节电调零电位器，使指针准确地指在电阻刻度的零位上，然后将表笔分开，再进行测量。

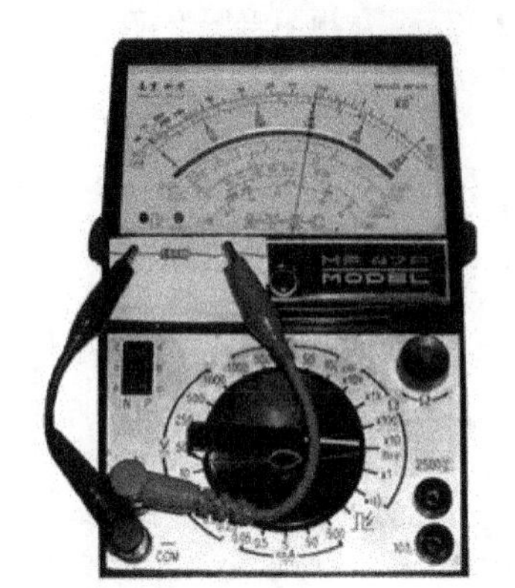
图 2-2-43　用指针式万用表检测电阻器

测量时，将两表笔分别接到被测电阻器的两引脚上，如图 2-2-43 所示，此时指针所指的刻度数乘上所选量程的倍率，即为被测电阻器的阻值。

若万用表测得的阻值与电阻器标称阻值相等或在电阻器的误差范围之内，则电阻器正常；若两者之间出现较大偏差，即万用表显示的实际阻值超出电阻器的误差范围，则该电阻不良；若万用表测得电阻值为无穷大（断路）、阻值为零（短路）或不稳定，则表明该电阻器已损坏，不能再继续使用。

测量电阻器时，应注意以下几个问题。

① 为了读数精确，量程的选择一般应使指针指向满刻度的 1/2～2/3 范围内。

② 在每次调整量程后，都需要调零，再进行测量。两表笔短接调零时，时间不宜过长（特别是 R×1 挡），以免过多地消耗表内电池的电能。

③ 测量时，手指不能同时接触电阻器的两个引脚，以免人体电阻与被测电阻并联，影响测量精度。

④ 检测电路中的电阻器时，应切断电阻器与其他元器件的连接，以免影响测量的准确性。

（2）用数字万用表检测电阻器

将黑表笔插入“COM”插座，红表笔插入“VΩ”插座。万用表的挡位开关转至相应的电阻挡上，打开万用表电源开关（电源开关调至“ON”位置），再将两表笔跨接在被测电阻器的两个引脚上，万用表的显示屏即可显示出被测电阻器的阻值。

数字万用表测电阻器一般无须调零，可直接测量。如果电阻值超过所选挡位值，则万用表显示屏的左端会显示“1”，这时应将开关转至较高挡位上。当测量电阻值超过 1MΩ以上时，显示的读数需几秒才会稳定，这是用数字万用表测量时出现的正常现象，这种现象在测高电阻值时经常出现。当输入端开路时，万用表则显示过载情形。另外，测量在线电阻器前，要确认被测电路所有电源已关断且所有电容都已完全放电。

2. 可变电阻器的检测

（1）测量电位器的标称阻值及变化阻值

首先应对电位器进行外观检查。先查看其外形是否完好，表面有无凹陷、污垢，标识是否清晰。然后慢慢转动转轴，好的电位器转动应平滑、松紧适当、无机械杂音。带开关的电位器还应检查开关是否灵活、接触是否良好、开关接通时的“咔哒”声是否清脆。

用万用表检测电路中的电位器时，应先断开电位器与其他元器件的连接，然后再进行检测。检测的项目主要有以下几方面。

① 测量电位器两固定端的电阻值，该值应符合标称阻值及允许偏差。

② 测量中心抽头（即活动端）与电阻片的接触情况。转动转轴，检测固定端与活动端之间的阻值是否连续、均匀地变化，如果变化不连续，则说明接触不良。

③ 测量机械零位电阻，看其是否接近于零；测量固定端与活动端之间的电阻，看其最大值是否接近标称阻值。

④ 测量各端子与外壳、转轴之间的绝缘电阻，阻值应为无穷大。

（2）电位器的引脚判别方法

① 动片引脚的判别方法。

首先将万用表的红、黑表笔分别接在电位器的任意两个引脚上，再调节电位器操纵柄，观察阻值是否变化。然后将其中一支表笔更换所接引脚，再次调节电位器操纵柄，同时观察阻值是否变化。对比两次测量的阻值，当某一次测量中阻值不变化时，说明万用表红、黑表笔所接引脚是定片引脚，另一引脚则为动片引脚。

② 接地定片引脚的判别。

将万用表的红、黑表笔分别接电位器的动片引脚和某一定片引脚，再将电位器操纵柄按逆时针方向旋转到底，观察阻值的变化情况。然后将接定片引脚的表笔换接另一定片引脚，再次将电位器操纵柄按逆时针方向旋转到底，同时观察阻值是否变化。在两次测量中，如果测量的电位器动片与某一定片之间的阻值为零，则说明此引脚为接地的定片引脚。

③ 检查带开关电位器的开关是否良好。

检查开关电位器的开关前，应旋动或推拉电位器柄，随着开关的断开和接通，应有良好的手感，同时可听到开关触点弹动发出的响声。

3．特殊电阻器的检测

（1）热敏电阻器的检测

测量时需分两步进行，第一步测量常温电阻值，第二步测量温变时（升温或降温）的电阻值，其具体测量方法与步骤如下。

常温下检测：将万用表置于合适的欧姆挡，用两表笔分别接触热敏电阻器的两引脚，测出实际阻值，并与标称阻值相比较，如果二者相差过大，则说明所测热敏电阻器性能不良或已损坏。

在常温测试正常的基础上，即可进行升温或降温检测。在测量其阻值的同时，用手指捏住热敏电阻器或靠近电烙铁（不要接触上）对其加热。若阻值随温度的升高而减小或增大（NTC 热敏电阻器阻值减小，PTC 热敏电阻器阻值增大），说明热敏特性良好；若阻值不随温度变化，说明其热敏特性不良或已损坏。

（2）光敏电阻器的检测

检测光敏电阻器时，需分两步进行，第一步测量有光照时的电阻值，第二步测量无光照时的电阻值。两者相比较有较大差别，通常光敏电阻器有光照时电阻值为几千欧（此值越小说明光敏电阻器性能越好）；无光照时电阻值大于 1500kΩ，甚至无穷大（此值越大说明光敏电阻器性能越好）。具体操作方法如下。

用一黑纸片将光敏电阻器的透光窗口遮住，此时用万用表测量其阻值，应接近无穷大，该阻值越大，表明光敏电阻器的性能越好。将一光源对准光敏电阻器的透光窗口，此时万用表的指针应有较大幅度的摆动，阻值明显变小，此值越小，光敏电阻器性能越好，

若此值为无穷大，表明该光敏电阻器内部开路损坏。将光敏电阻器透光口对准入射光线，用黑纸片在光敏电阻器的透光窗口上部晃动，此时万用表指针应随黑纸片的晃动而左右摆动。如果万用表指针始终停在某一位置，说明光敏电阻器的光敏材料已经损坏。

（3）压敏电阻器的检测

用万用表 R×1 挡测量压敏电阻器的正、反向绝缘电阻，正常时应均为无穷大，否则，说明漏电电流大。若所测电阻很小，说明压敏电阻器已损坏。

（4）湿敏电阻器的检测

用万用表检测湿敏电阻器，应先将万用表置于欧姆挡（具体挡位根据湿敏电阻器阻值的大小确定），再将蘸水棉签放在湿敏电阻器上，如果万用表显示的阻值在数分钟后有明显变化（依湿度特性不同而变大或变小），则说明所测湿敏电阻器良好。

（5）气敏电阻器的检测

检测气敏电阻器时，首先判断哪两个极为加热器引脚、哪两个是阻值敏感极引脚。由于气敏电阻器加热器引脚之间阻值较小，应将万用表置于最小欧姆挡。万用表两表笔任意分别接触两个引脚测其阻值，其中两个引脚之间的阻值较小，一般阻值为 30～40Ω，则这两个引脚为加热极 H、h，余下引脚为阻值敏感极 A、B。

其次，检测气敏电阻器是否损坏。将指针万用表置于 R×1kΩ挡或将数字万用表置于20kΩ挡，红、黑表笔分别接气敏电阻器的阻值敏感极。气敏电阻器的加热极引脚接一限流电阻器与电源相连，对气敏元件加热，观察万用表显示阻值的变化。在清洁空气中，接通电源时，万用表显示阻值刚开始应先变小，随后阻值逐渐变大，大约几分钟后，阻值稳定。如果测得阻值为零、阻值无穷大或测量过程中阻值不变，都说明气敏电阻器已损坏。在清洁空气中检测，待气敏电阻器阻值稳定后，将气敏电阻器置于液化气灶上（打开液化气瓶，释放液化气，不点火），观察万用表显示阻值。如果测得阻值明显减小，说明所测气敏电阻器为 N 型；如果测得阻值明显增大，则说明所测气敏电阻器为 P 型；如果测得阻值变化不明显或阻值不变，则说明气敏电阻器灵敏度差或已损坏。

（6）磁敏电阻器的检测

用万用表检测磁敏电阻器只能粗略检测好坏，不能准确测出阻值。检测时，将指针式万用表置于 R×1Ω挡，数字万用表置于 200Ω挡，两表笔分别与磁敏电阻器的两引脚相接，测其阻值。磁敏电阻器旁边无磁场时，阻值应比较小，此时若将一磁铁靠近磁敏电阻器，万用表指示的阻值会有明显变化，说明磁敏电阻器正常；若显示的阻值无变化，说明磁敏电阻器已损坏。

（7）力敏电阻器的检测

检测力敏电阻器时，将指针式万用表置于 R×10Ω挡，数字万用表置于 200Ω挡，两表笔分别与力敏电阻器两引脚相接测阻值。对力敏电阻器未施加压力时，万用表显示阻值应与标称阻值一致或接近，否则说明力敏电阻器已损坏。对力敏电阻器施加压力，万用表显示阻值将随外加压力大小变化而变化。若万用表显示阻值无变化，则说明力敏电阻器已损坏。

（8）保险电阻器的检测

保险电阻器检测方法与普通电阻器的检测方法一样。如果测出保险电阻器的阻值远大于它的标称阻值，则说明被测保险电阻器已损坏。对于熔断后的保险电阻器，所测阻值应为无穷大。

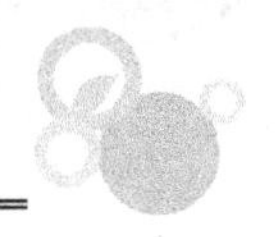

（9）排阻的检测

根据排阻的标称阻值大小选择合适的万用表欧姆挡位（指针式万用表注意调零），将两表笔（不分正负）分别与排阻的公共引脚和另一引脚相接即可测出实际电阻值。通过万用表测量就会发现所有脚对公共脚的阻值均是标称值，除公共脚外其他任意两脚之间的阻值是标称值的两倍。

任务评价

表 2-2-11　电阻器的识别与检测评价表

项　　目	考 核 内 容	配分	评 价 标 准	评分记录
普通电阻器的识别与测量	1．识读电阻器的标志参数； 2．测量电阻器的阻值	10 10	1．能正确读出电阻器的阻值、允许误差及功率，每只 2 分； 2．万用表挡位选择适当，操作方法正确，测量结果准确，每只 2 分	
电位器的识别与测量	1．识别电位器的类型； 2．识读电位器的标志参数； 3．测量电位器的阻值	10 10 10	1．能正确说出电位器的类型； 2．能正确读出电位器的阻值； 3．万用表挡位选择适当，操作方法正确、测量结果准确	
敏感电阻器的识别与测量	1．识别敏感电阻器的类型； 2．识读敏感电阻器的参数； 3．检测敏感电阻器的质量	10 10 10	1．能正确识别其类型； 2．能正确读出其参数； 3．能正确使用万用表并检测其好坏	

任务 3　电容器的识别与检测

操作 1：从提供的各种电容器中或电路板上，直观识别电容器的类型、容量大小、耐压值和允许误差，并将结果填入表 2-3-1 中。

表 2-3-1　电容器的识别记录表

序　号	电容器类型	容量标注方法	标 称 容 量	误差表示方法	误差大小	耐 压 值

操作 2：用指针式万用表的欧姆挡对提供的各种无极性固定电容器进行测量，判断其好坏，将测量结果填入表 2-3-2 中。

表 2-3-2　无极性固定电容器的测量记录表（指针式万用表）

序　　号	电容器类型	标 称 容 量	万用表挡位	质 量 好 坏

操作 3：用数字万用表对提供的各种无极性固定电容器进行测量，将测量结果填入

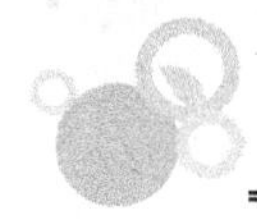

表 2-3-3 中。

表 2-3-3　用数字万用表对无极性固定电容器的测量记录表

序　号	电容器类型	标 称 容 量	实际测量值	误　　差

操作 4：用指针式万用表的欧姆挡对提供的电解电容器进行测量，判断其质量好坏和极性，将测量结果填入表 2-3-4 中。

表 2-3-4　电解电容器的测量记录表

序　号	电容器类型	标 称 容 量	万用表挡位	正向漏电电阻值	反向漏电电阻值

操作 5：用指针式万用表的欧姆挡对可变电容器进行测量，判断其质量好坏，将测量结果填入表 2-3-5 中。

表 2-3-5　可变电容器的测量记录表

序　号	电容器类型	标 称 容 量	外观检查结果	测 量 结 果
	单联可调电容器			
	双联可调电容器			

相关知识

电容器是最常见的电子元件之一，通常简称电容。电容器是衡量导体储存电荷能力大小的物理量，在电路中，常用于滤波、耦合、振荡、旁路、隔直、调谐、计时等。其基本特性如下。

① 电容器两端的电压不能突变。向电容器中存储电荷的过程称为“充电”，而电容器中电荷消失的过程称为“放电”，电容器在充电或放电的过程中，其两端的电压不能突变，即有一个时间的延续过程。

② 通交流、隔直流，通高频、阻低频。

一、电容器的类型及特点

电容器种类繁多，分类方式有多种：根据其结构，电容器可分为固定电容器、可变电容器和半可变电容器；按照极性划分，可分为无极性电容器、有极性电容器；根据其介质材料，可分为云母电容器、陶瓷电容器、涤纶电容器、玻璃釉电容器、纸介电容器、薄膜

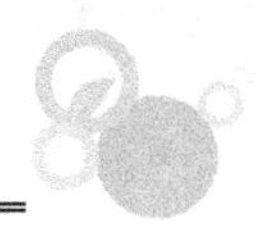

电容器、铝电解电容器、钽电解电容器、空气电容器等。

1. 固定电容器的外形及特点

固定电容器指制成后电容量固定不变的电容器，又分为有极性固定电容器和无极性固定电容器两种。

（1）陶瓷电容器

陶瓷电容器属于无极性、无机介质电容器，以陶瓷材料为介质制作。陶瓷电容器体积小、耐热性好、绝缘电阻高、稳定性较好，适用于高、低频电路。陶瓷电容器的实物如图 2-3-1 所示。

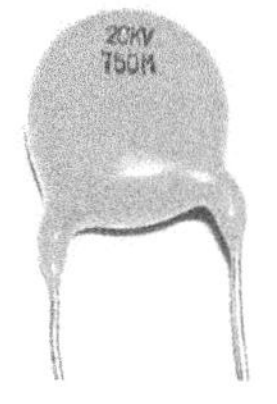

图 2-3-1　陶瓷电容器

（2）涤纶电容器

涤纶电容器属于无极性、有机介质电容器，是以涤纶薄膜为介质，金属箔或金属化薄膜为电极制成的电容器。涤纶电容器体积小、容量大、成本较低、绝缘性能好，耐热、耐压和耐潮湿的性能都很好，但稳定性较差，适用于稳定性要求不高的电路。涤纶电容器的实物如图 2-3-2 所示。

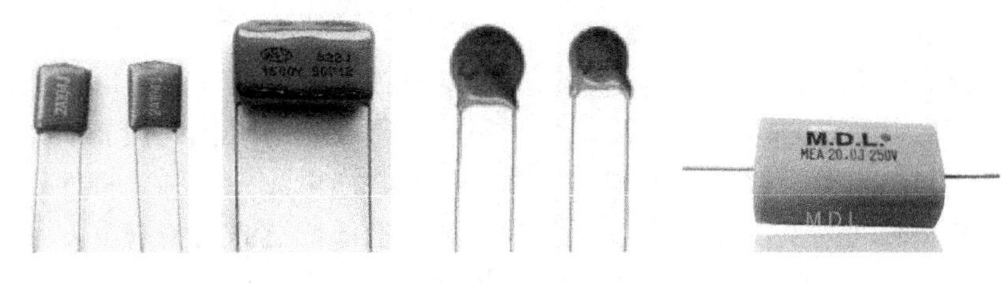

图 2-3-2　涤纶电容器

（3）玻璃釉电容器

玻璃釉电容器属于无极性、无机介质电容器，使用的介质一般是玻璃釉粉压制的薄片，通过调整釉粉的比例，可以得到不同性能的电容器。玻璃釉电容器介电系数大、耐高温、抗潮湿强、损耗低。玻璃釉电容器的实物如图 2-3-3 所示。

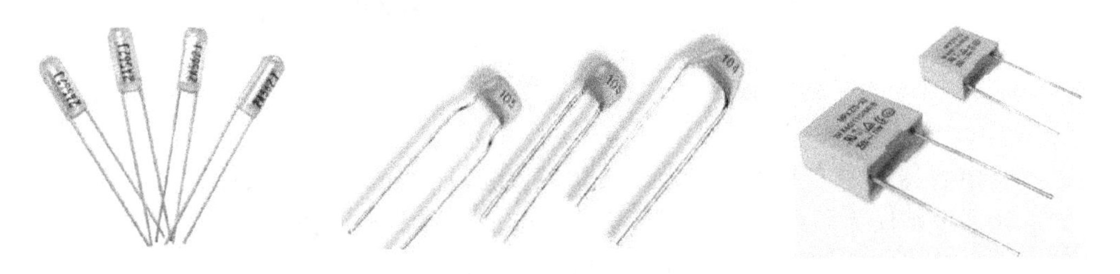

图 2-3-3　玻璃釉电容器

（4）云母电容器

云母电容器属于无极性、无机介质电容器，以云母为介质，具有可靠性高、损耗小、绝缘电阻大、温度系数小、电容量精度高、频率特性好等优点，常被用来制作标准电容器。但是，云母电容器成本较高、电容量小，适用于高频电路。云母电容器的实物如图 2-3-4 所示。

（5）薄膜电容器

薄膜电容器属于无极性、有机介质电容器。薄膜电容器是以金属箔或金属化薄膜当电极，以聚乙酯、聚丙烯、聚苯乙烯或聚碳酸酯等塑料薄膜为介质制成的。薄膜电容器又分别称为聚乙酯电容器（又称 Mylar 电容器）、聚丙烯电容器（又称 PP 电容器）、聚苯乙烯电容器（又称 PS 电容器）和聚碳酸酯电容器。薄膜电容器的实物如图 2-3-5 所示。

图 2-3-4　云母电容器

图 2-3-5　薄膜电容器

（6）铝电解电容器

铝电解电容器属于有极性电容器，以铝圆筒做负极，里面装有液体电解质，插入一片弯曲的铝箔做正极，经过直流电压处理，使正极片上形成一层氧化膜做介质。铝电解电容器体积大、容量大，与无极性电容器相比绝缘电阻低、漏电流大、频率特性差、容量与损耗会随周围环境和时间的变化而变化，特别是在温度过低或过高的情况下，且长时间不用还会失效。适宜用于电源滤波或低频电路中。铝电解电容器的实物如图 2-3-6 所示。

图 2-3-6　铝电解电容器

（7）钽电解电容器

钽电解电容器属于有极性电容器，是以钽金属片为正极、其表面的氧化钽薄膜为介质、二氧化锰电解质为负极制成的电容器。钽电解电容器不仅在军事通信、航天等领域广泛使用，而且使用范围还在向工业控制、影视设备、通信仪表等领域大量扩展。

钽电解电容器的外壳上都有 CA 标记，但在电路中的符号与其他电解电容器符号是一样的。最常见的钽电解电容器结构和外形如图 2-3-7 所示。

（8）贴片式陶瓷电容器

贴片式陶瓷电容器无极性，容量也很小，一般可以耐很高的温度和电压，常用于高频滤波。陶瓷电容器看起来有点像贴片电阻器（因此也称为“贴片电容器”），但贴片电容器上没有代表容量大小的数字。贴片式陶瓷电容器内部为多层陶瓷组成的介质层，为防止电极材料在焊接时受到侵蚀，两端头处电极由多层金属结构组成。贴片式陶瓷电容器的实物如图 2-3-8 所示。

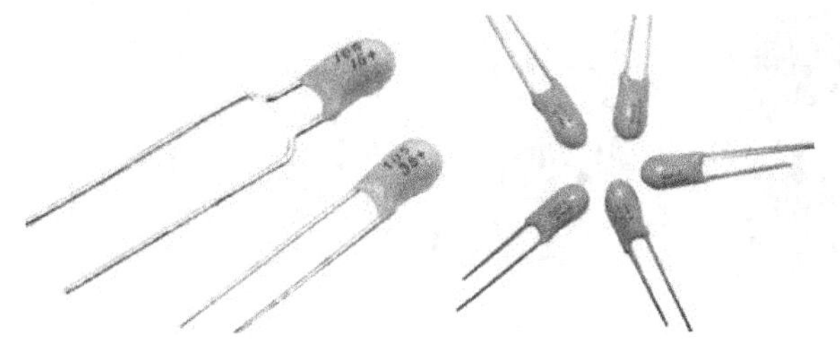

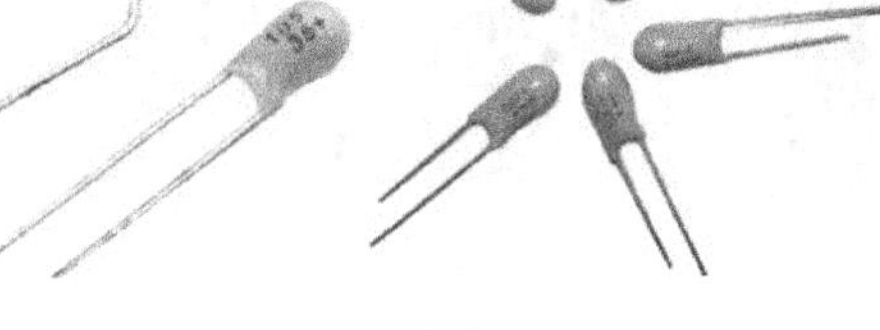

图 2-3-7　钽电解电容器

图 2-3-8　贴片式陶瓷电容器

（9）贴片式钽电解电容器

贴片式钽电解电容器的优点是寿命长、耐高温、准确度高，不过容量较小、价格也比铝电解电容器贵，而且耐电压及电流能力相对较弱。它被应用于小容量的低频滤波电路中。

贴片式钽电解容器与陶瓷电容器相比，其表面均有电容容量和耐压标识，其表面颜色通常有黄色和黑色两种。外形有矩形的，也有圆柱形的；封装形式有裸片型、塑封型和端帽型三种，以塑封型为主。它的尺寸比贴片式铝电解电容器小。贴片式钽电解电容器的实物图如图 2-3-9 所示。

（10）贴片式铝电解电容器

贴片式铝电解电容器是由阳极铝箔、阴极铝箔和衬垫卷绕而成的。贴片式铝电解电容器拥有比贴片式钽电解电容器更大的容量，其多见于显卡上，容量在 300～1500μF 之间，其主要满足了电流低频的滤波和稳压作用的需要。贴片式铝电解电容器的实物如图 2-3-10 所示。

图 2-3-9　贴片式钽电解电容器

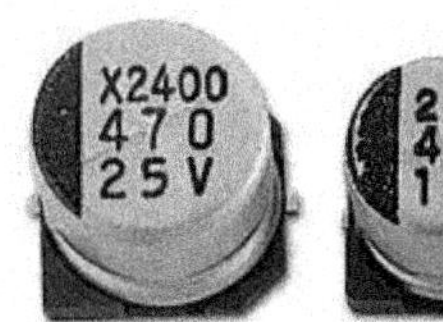

图 2-3-10　贴片式铝电解电容器

2. 可变电容器的外形及特点

电容量能够连续可调的电容器叫做可变电容器。但可变电容器的电容量不是从零起调节的，所以可变电容器的电容量是用它的容量变化的范围（即最小容量到最大容量）表示的。例如，一个最小容量为 5pF、最大改变容量是 20pF 的电容器，就表示为 5/20pF。

可变电容器按其结构可分为单联可变电容器、双联可变电容器、三联可变电容器、四联可变电容器等。

（1）单联可变电容器

单联可变电容器由两组平行的铜或铝金属片组成，一组是固定的（定片）；另一组固定在转轴上，是可以转动的（动片）。单联可变电容器实物如图 2-3-11 所示。

（2）双联可变电容器

双联可变电容器是由两个单联可变电容器组合而成的，有两组定片和两组动片，动片连接在同一转轴上，定片和动片之间填充的电介质是有机薄膜。调节时，两个可变电容器的电容量同步调节。双联可变电容器实物如图 2-3-12 所示。

图 2-3-11　单联可变电容器

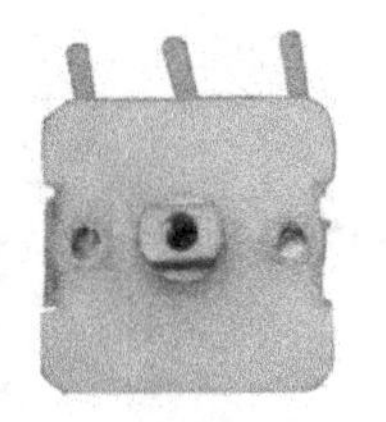

图 2-3-12　双联可变电容器

可变电容器根据其极板之间绝缘介质的不同，一般分为空气可变电容器和薄膜可变电容器。

（3）空气可变电容器

空气可变电容器的定片和动片之间的电介质是空气，所以它的电气性能较好，而且寿命长，但是它体积大、价格高，一般用在体积较大的台式收音机中。空气可变电容器如图 2-3-13 所示。

（4）薄膜可变电容器

薄膜可变电容器的体积很小，但由于采用有机薄膜为绝缘介质，所以它的电气性能没有空气可变电容器好，寿命也相对短些。由于薄膜可变电容器体积小、价格相对较低，所以被广泛应用在各种袖珍收音机中。近年来，随着技术的发展，薄膜可变电容器的性能越来越好，使用也越来越广泛。薄膜可变电容器的实物如图 2-3-14 所示。

图 2-3-13　空气可变电容器

图 2-3-14　薄膜可变电容器

3. 微调电容器的外形及特点

微调电容器（又称半可变电容器）是可变电容器中的一种。所谓半可变电容器，是指它的电容量可在小范围内调节。微调电容器的电容量不需要经常调节，一般在电路初装时调节一次后就不再改变了。而可变电容器则用在电容量需要经常进行调节的电路中。微调电容器的实物如图 2-3-15 所示。

图 2-3-15　微调电容器

二、电容器的识别

1. 电容器的图形符号

在电路原理图中电容器用字母“C”表示，常用电容器在电路原理图中的符号如

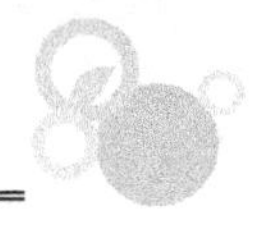

图 2-3-16 所示。

（a）普通电容器　（b）电解电容器　（c）可变电容器　（d）微调电容器　（e）双联可变电容器

图 2-3-16　电容器的图形符号

2. 电容器的型号命名

根据国家标准，电容器型号命名由 4 部分组成。其中第三部分作为补充内容，说明电容器的某些特征；如果无说明，则只需由 3 部分组成，即两个字母一个数字。大多数电容器型号命名都由 3 部分组成。型号命名格式如图 2-3-17 所示。

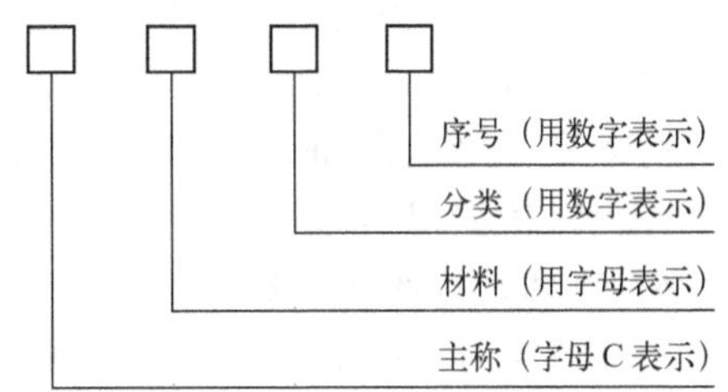

图 2-3-17　型号命名格式

3. 电容器的主要参数

（1）标称容量

电容的标称容量是指电容器表面所标的电容量。其单位为 F（法拉，简称法），常用的其他单位有μF（微法）、nF（纳法）和 pF（皮法），换算关系如下：

$$1\text{F} = 10^{6}\,\mu\text{F} = 10^{9}\,\text{nF} = 10^{12}\,\text{pF}$$

（2）允许偏差

电容器的允许偏差是指电容器的实际容量对于标称容量的最大允许偏差范围。固定电容器的允许偏差等级与电阻器的允许偏差等级相同（见表 2-3），电解电容器的偏差可达+100%～-30%。

（3）耐压

电容器的耐压指在允许环境温度范围内，电容器长期、安全工作所能承受的最大电压有效值。使用时绝对不允许超过这个耐压值，否则，会使电容器损坏或击穿，甚至电容体爆裂。常用固定式电容器的直流工作电压系列为：6.3V、10V、16V、25V、40V、63V、100V、160V、250V、400V、500V、630V、1000V。

4. 电容器参数的标注方法

电容器的标称值、允许偏差和耐压一般均标在电容器的外壳上，其标注方法主要有直标法、文字符号法和数码法。

（1）直标法

直标法是将电容器的标称容量、耐压及允许偏差直接标在电容体上，如图 2-3-18 所示。用直标法标注的容量，有时不标注单位，其识读方法是：凡是电解电容器，其容量单位均为μF，如“10”表示其容量为 10μF。其他电容器标注数值大于 1 的，其单位为 pF，如“4700”表示标称容量为 4700pF；标注数值小于 1 的，其单位为μF，如“0.01”表示其容量为 0.01μF。直标法一目了然，但只适用于体积较大电容器。

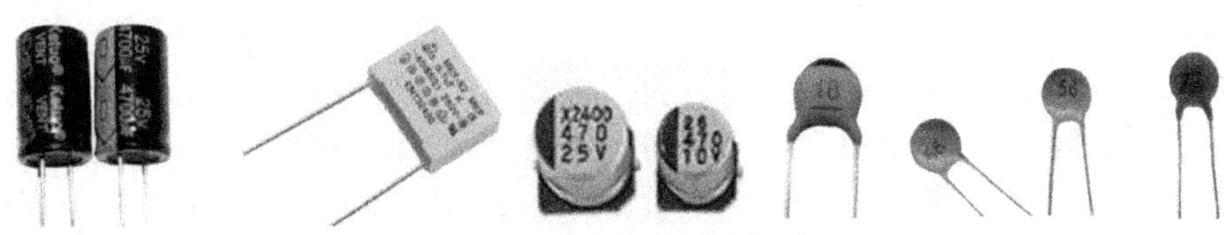

图 2-3-18　电容器的直标法

（2）文字符号法

文字符号法是用阿拉伯数字和文字符号有规律的组合表示标称容量和允许偏差。文字符号法的组合规律是：容量的整数部分+容量的单位标志符号+容量的小数部分+允许偏差。容量的单位标志符号分别是μ、n、p，允许偏差等级与电阻器的允许偏差等级相同。例如“3p3K”表示标称容量为 3.3pF，允许偏差为±10%；“2n7J”表示标称容量为2.7nF，允许偏差为±5%。

（3）数码法

数码法是在电容器上用 3 位数码表示其标称容量，用字母表示允许偏差。在 3 位数字中，从左至右第一、第二位为有效数字，第三位表示倍率，单位为 pF。例如，“223J”表示标称容量为 22×10^3pF，允许偏差为±5%。需要注意的是，若第三位数字是 9，则表示倍率为 10^{-1}，例如，“479K”表示标称容量为 47×10^{-1}pF=4.7pF，允许偏差为±10%。

5. 电容器极性的识别

有极性电容器一般为铝电解电容器和钽电解电容器。

（1）通孔式电解电容器的极性识别

通孔式电解电容器引脚较长的为正极，若通过引脚无法判别则根据标记判别。铝电解电容器标记负号一边的引脚为负极，钽电解电容器标有“+”一边的引脚为正极。通孔式电解电容器的极性标志如图 2-3-19 所示。

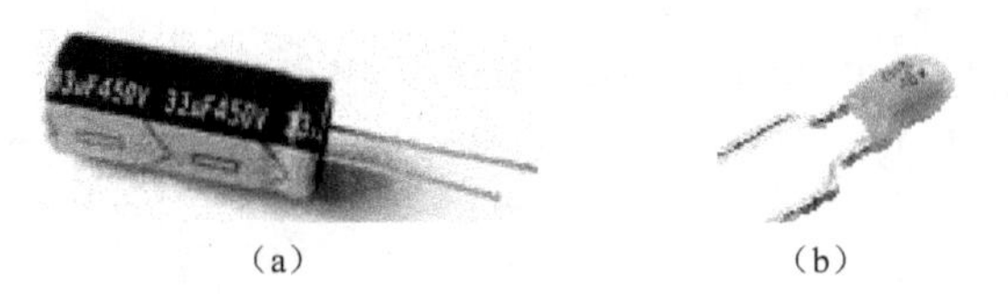

（a）　　（b）

图 2-3-19　通孔式电解电容器的极性标志

（2）贴片式电解电容器的极性识别

贴片式有极性铝电解电容器的顶面有一黑色标志，是负极性标记；贴片式有极性钽电解电容器的顶面有一条横线的是正极，另一边是负极。顶面还有电容量和耐压值。贴片式电解电容器的极性标志如图 2-3-20 所示。

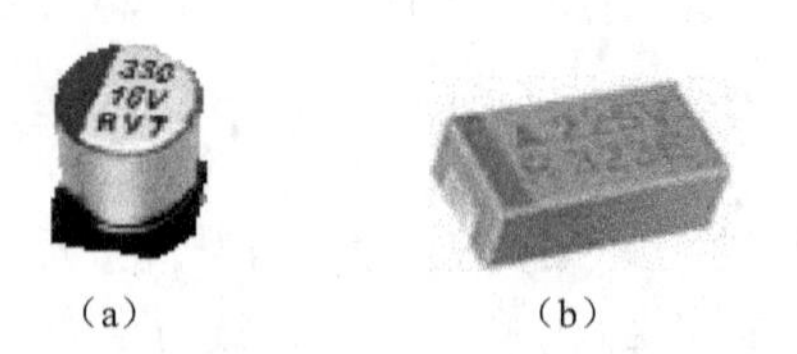

（a）　　（b）

图 2-3-20　贴片式电解电容器的极性标志

三、电容器的检测

电容器的质量好坏主要表现在电容量和漏电电阻上。电容量可用带有电容测量功能的数字万用表、电容表、交流阻抗电桥或万用电桥测量；漏电电阻也可用绝缘电阻测量仪、兆欧表等专用仪器测量。这里只介绍用万用表对电容器的简易检测方法。

首先应对电容器进行外观检查，即查看外形是否完好，对直插式铝电解电容器，若其顶部突起，则表示电容器可能烧坏。

用万用表检测电容器前，应将电容器两引脚短路一下，使电容器中储存的电荷释放掉，以免随坏仪表，同时也便于观察电容器的充电过程。

1. 无极性固定电容器的检测

（1）用指针式万用表检测

选择电阻挡的适当量程：检测 1μF 以下的电容器，选用 R×10k 挡；检测 1μF 以上的电容器，选用 R×1k 挡。

将万用表的两表笔分别接到电容器的两引脚上，此时，可能有以下几种情况出现：

① 若指针不向 0Ω摆动，说明电容器内部已经断路而失去容量；

② 若指针向 0Ω摆动，但不返回，说明电容器已被击穿而短路；

③ 若指针向 0Ω迅速摆动，然后慢慢退回到接近∞位置，说明电容器正常；

④ 若指针向 0Ω迅速摆动，然后慢慢退回，但不到∞位置，说明电容漏电电流大，指针示数就是该电容器的漏电电阻。在测量中如果表针距∞较远，表明电容器漏电严重，不能使用。有的电容器在测漏电电阻时，表针退回到无穷大位置时，又顺时针摆动，这表明电容漏电更严重。一般要求漏电电阻 R≥500k，否则不能使用。

用电阻挡 R×10k 检测电容量小于 5000pF 的电容器时，指针基本不摆动，指针指向∞位置，只能说明电容器没有漏电，至于电容量是否正常，只能用专用仪器才能测量出来。

（2）用数字万用表检测

有些数字万用表具有电容量测量功能。测量方法是：将数字万用表置于电容挡，根据电容量的大小选择适当挡位，待测电容器充分放电后，将待测电容器直接插到测试孔内或两表笔分别直接接触进行测量。数字万用表的显示屏上将直接显示出待测电容器的容量。

若测量的实际电容量符合额定电容量及在允许偏差范围内，则可以判断该电容器基本正常。若实际电容量与标称电容量相差较大，说明该电容器已经损坏。有些电容器在测量时正常，而接入电路工作后会出现问题，这是因为测量时所施加的电压与实际工作电压相差较大，问题没有表现出来。

2. 电解电容器的检测

用指针式万用表检测电解电容器的方法与检测无极性固定电容器的方法类似，其中检测 1～100μF 的电容器选用 R×1k 挡，检测 100μF 以上的电容器选用 R×100 挡。测量前应让电容器充分放电，即将电解电容器的两根引脚短路，把电容器内的残余电荷释放掉。电容器充分放电后，将指针万用表的红表笔接负极、黑表笔接正极。在刚接通的瞬间，万用表指针应向右偏转较大角度，然后逐渐向左返回，直到停在某一位置。此时的阻值便是电解电容器的正向绝缘电阻，一般应在几百千欧以上；调换表笔测量，指针重复该现象，最后指示的阻值是电容器的反向绝缘电阻，应略小于正向绝缘电阻。一般情况下，电解电容器的漏电电阻大于 500kΩ时性能较好，在 200～500kΩ时性能一般，小于 200kΩ时漏电较为严重。

用指针式万用表的欧姆挡，还能判断电解电容器的极性。将万用表的两表笔接到电解电容器的两引脚上，读出漏电电阻值；反接，再次读出漏电电阻值。对比两次测得的结果，数值较大的那一次，黑表笔所接的就是电解电容器的正极。

3. 可变电容器的检测

首先检查可变电容器的机械性能：观察动片和定片有无松动；转动转轴感觉是否平

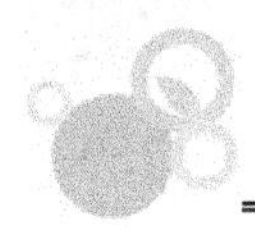

滑、灵活；转动的角度能否达到 180°，若小于 180°，说明它的容量范围不足，这样的电容器接入电路后，会出现高频（小容量时）或低频（大容量时）段的缺陷，不能覆盖整个频率范围。

然后用万用表进行检测。将万用表调到最高电阻挡，两表笔分别接到可调电容器的动片和定片上，缓慢旋转转轴几个来回，此时万用表指针均应指向∞处，且指针不摆动。旋转过程中，如果指针有时不指向∞而是出现一定阻值，说明可调电容器的动片和定片之间存在漏电现象；如果指针有时指向零，则说明动片和定片之间存在短路点。对于双联和四联可调电容器，须对每组分别进行检测。

任务评价

表 2-3-6 电容器的识别与检测评价表

项 目	考核内容	配 分	评价标准	评分记录
电容器的识别	1．识别电容器的类型； 2．识读电容器的标志参数； 3．识别电解电容器的极性	10 10 10	1．能正确识别电容器的类型，每只 2 分； 2．能正确读出电容器的容量、允许误差及耐压值，每只 2 分； 3．能正确识别电解电容器的极性，每只 2 分	
电容器的测量	1.用指针式万用表判断电容器的好坏； 2．用数字万用表测量电容器的容量；	10 10	1．万用表挡位选择适当，操作方法正确，测量结果准确，每只 2 分； 2．能正确读出电容值，每只 2 分	

 任务 4 电感器的识别与检测

操作 1：从提供的各种电感器中或电路板上，直观识别电感器的类型、电感量大小和额定电流，并将结果填入表 2-4-1 中。

表 2-4-1 电感器的识别记录表

序 号	电感器类型	电感标注方法	标称电感量	额定电流

操作 2：用万用表对提供的各种电感器的阻值进行测量，判断其好坏，将测量结果填入表 2-4-2 中。

表 2-4-2 电感器阻值的测量记录表

序 号	电感器类型	标称电感量	实测阻值

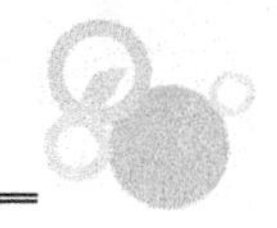

操作 3：先对各种变压器进行直观识别，再用万用表对磁芯变压器、铁芯变压器、带中心抽头变压器各个绕组的阻值进行测量，将测量结果填入表 2-4-3 中。

表 2-4-3　变压器的识别与测量记录表

序　　号	变压器类型	额 定 功 率	变　压　比	额 定 电 压	初级绕组阻值	次级绕组阻值

相关知识

电感器又称电感线圈，简称电感。它是一种储能元件，能把电能转换为磁场能储存起来，在电路中具有通低频、阻高频、通直流、阻交流的作用。电感器在电路中主要用于耦合、滤波、缓冲、反馈、阻抗匹配、振荡、定时、移相等。

一、电感器的类型及特点

电感器总体上可以归为两大类：一类是自感线圈或变压器；另一类是互感变压器。

1. 电感器的外形及特点

电感器有小型固定电感器、空心线圈、扼流圈、可变电感器、微调电感器等。

（1）小型固定电感器

小型固定电感器是将线圈绕制在软磁铁氧体的基础上，然后用环氧树脂或塑料封装起来制成的。小型固定电感器主要有立式和卧式两种，如图 2-4-1 所示。

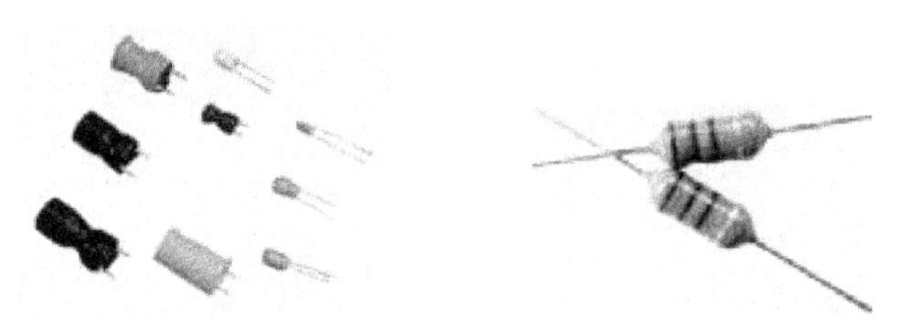

图 2-4-1　小型固定电感器

（2）空心线圈

空心线圈是用导线直接绕制在骨架上制成的。线圈内没有磁芯或铁芯，通常线圈绕的匝数较少，电感量小，如图 2-4-2 所示。

图 2-4-2　空心线圈

（3）扼流圈

扼流圈常有低频扼流圈和高频扼流圈两大类。低频扼流圈又称滤波线圈，一般由铁芯和绕组等构成。高频扼流圈用在高频电路中，主要起阻碍高频信号通过的作用，如图 2-4-3 所示。

（4）可变电感器

可变电感器通过调节磁芯在线圈内的位置来改变电感量，如图 2-4-4 所示。

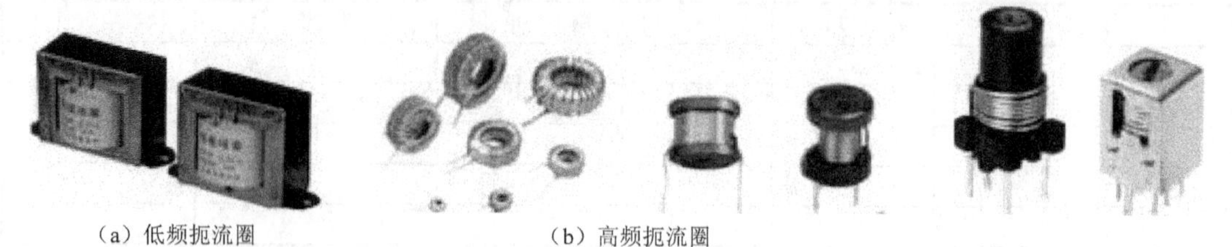

（a）低频扼流圈　（b）高频扼流圈

图 2-4-3　扼流圈　　图 2-4-4　可变电感器

2. 变压器的外形及特点

变压器也是一种电感器，它是利用电感线圈靠近时的互感现象工作的，在电路中起到电压变换和阻抗变换的作用。变压器是将两组或两组以上的线圈绕在同一个线圈骨架上，或绕在同一个铁芯上制成的。若线圈是空心的，则为空心变压器；若在绕好的线圈中插入了铁氧体磁芯，则为铁氧体磁芯变压器；若在绕好的线圈中插入了铁芯，则为铁芯变压器。变压器的铁芯通常由硅钢片、坡莫合金或铁氧体材料制成。

变压器分类方法有多种，按工作频率，可分为高频变压器、中频变压器和低频变压器；按用途，可分为电源变压器、音频变压器、脉冲变压器、恒压变压器、耦合变压器、自耦变压器、升压变压器、降压变压器、隔离变压器、输入变压器和输出变压器等；按铁芯形状，可分为 EI 形变压器、口形变压器、F 形变压器和 C 形变压器等。几种常见的硅钢片形状如图 2-4-5 所示。

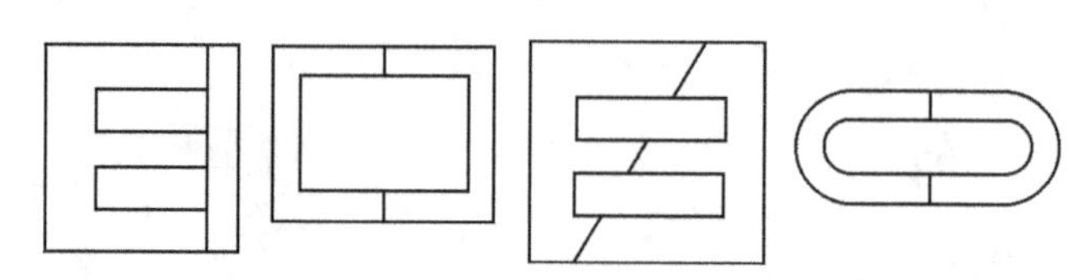

图 2-4-5　硅钢片形状

（1）低频变压器

低频变压器用来传输信号电压和信号功率，还可实现电路之间的阻抗匹配，对直流电具有隔离作用。低频变压器又可分为音频变压器和电源变压器两种；音频变压器又分为级间耦合变压器、输入变压器和输出变压器，外形均与电源变压器相似。图 2-4-6 所示为电源变压器实物图。

图 2-4-6　电源变压器

（2）中频变压器

中频变压器俗称中周，是超外差式收音机和电视机中的重要组件，其实物如图 2-4-7

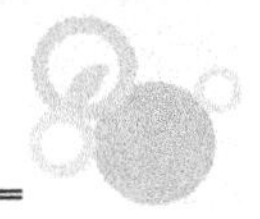

所示。

（3）高频变压器

高频变压器是工作频率超过中频（10kHz）的电源变压器，主要用于高频开关电源中作为高频开关电源变压器，也有用于高频逆变电源和高频逆变焊机中作为高频逆变电源变压器的。开关电源变压器实物如图 2-4-8 所示。

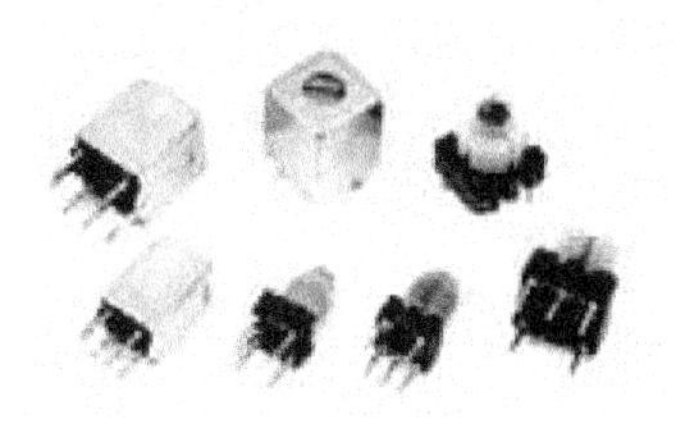

图 2-4-7　中周

图 2-4-8　开关电源变压器

（4）脉冲变压器

脉冲变压器用于各种脉冲电路中，其工作电压、电流等均为非正弦脉冲波。常用的脉冲变压器有电视机的行输出变压器（高压包）、行推动变压器、电子点火器的脉冲变压器、臭氧发生器的脉冲变压器等。高压包实物如图 2-4-9 所示。

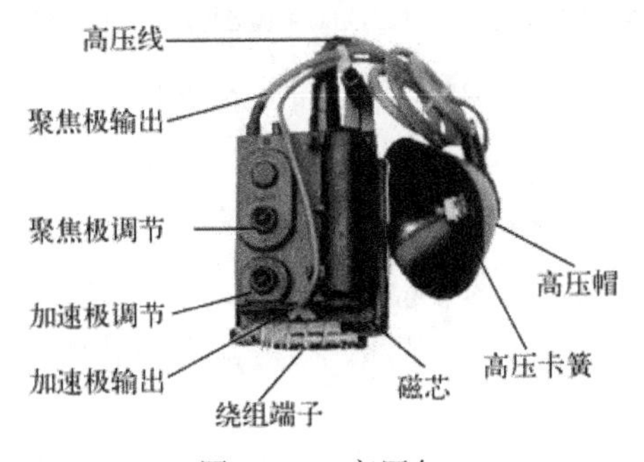

图 2-4-9　高压包

（5）隔离变压器

隔离变压器的主要作用是隔离电源、切断干扰源的耦合通路和传输通道，其初级、次级绕组的匝数比（即变压比）等于 1。它又分为电源隔离变压器和干扰隔离变压器。隔离变压器实物如图 2-4-10 所示。

图 2-4-10　隔离变压器

3．贴片式电感器的外形及特点

与贴片电阻器、电容器不同的是贴片式电感器的外观形状多种多样，有的贴片式电感

器很大，从外观上很容易判断，有的贴片式电感器的外观形状和贴片式电阻器、贴片式电容器相似，很难判断，此时只能借助万用表来判断。贴片式电感器实物如图 2-4-11 所示。

图 2-4-11　贴片式电感器

二、电感器的识别

1. 电感器的电路图形符号

在电路原理图中，电感器常用符号“L”或“T”表示，不同类型的电感器在电路原理图中通常采用不同的符号来表示，如图 2-4-12 所示。

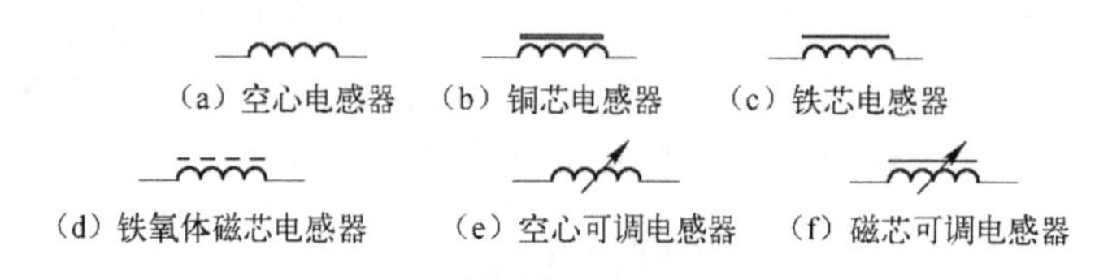

图 2-4-12　电感器的电路图形符号

2. 电感器的主要参数

（1）标称电感量

电感器的标称电感量是指电感器表面所标的电感量，主要取决于线圈的圈数、结构及绕制方法。电感量的单位为 H（亨利，简称亨），常用的其他单位有 mH（毫亨）、μH（微亨）和 nH（纳亨），其换算关系是：

$$1\text{H}=10^3\text{mH}=10^6\mu\text{H}=10^9\text{nH}$$

（2）允许偏差

电感量的允许偏差是指标称值与实际电感量的允许误差值。电感的允许偏差等级与电阻的允许偏差等级相同（见表 2-3）。

（3）额定电流

电感器的额定电流是指电感器在规定的温度下连续正常工作时的最大电流。若工作电流大于额定电流，电感器会因发热而改变参数，甚至烧毁。

（4）品质因数 Q

电感器的品质因数 Q 是线圈质量的一个重要参数，它表示在某一工作频率下，线圈的感抗与其等效直流电阻的比值。

（5）线圈的损耗电阻：线圈的直流损耗电阻。

3. 电感器参数的标注方法

（1）直标法

直标法是将标称电感量、允许偏差及额定电流等参数直接标注在电感器上的方法。电感器的额定电流标志及数值如表 2-4-4 所示，允许偏差等级与电阻的允许偏差等级相同（见表 2-2-7）。例如，330μH、CⅡ，表示标称电感量为 330μH，允许偏差为±10%，额定

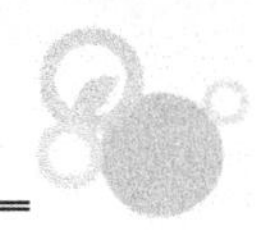

电流为 300mA。

表 2-4-4　电感器的额定电流标志及数值

标 志 字 母	A	B	C	D	E
额定电流（mA）	50	150	300	700	1600

（2）文字符号法

文字符号法是将电感的标称值和允许偏差用数字和文字符号法按一定的规律组合标示在电感体上，如图 2-4-13 所示。其组合规律是：电感量的整数部分+电感量的单位标志符号+电感量的小数部分+允许偏差。例如，“4n7K”表示标称电感量为 4.7nH，允许偏差为±10%。

图 2-4-13　文字符号法

采用文字符号法表示的电感器通常是一些小功率电感器，单位通常为 nH 或μH。用μH 做单位时，“R”表示小数点；用“nH”做单位时，“N”表示小数点。

（3）色标法

色标法是在电感器表面涂上不同的色环来代表电感量（与电阻类似），通常用三个或四个色环表示，如图 2-4-14 所示。

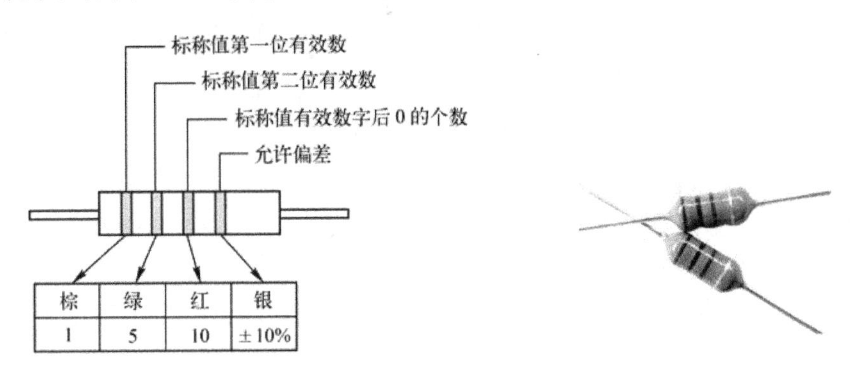

图 2-4-14　电感器色环的读法

识别色环时，紧靠电感体一端的色环为第一环，露出电感体本色较多的另一端为末环。注意：用这种方法读出的色环电感量，默认单位为微亨（μH）。例如，标有棕、绿、红、银四色环的电感器，其电感量为 15×10^{2}μH，允许偏差为±10%。

（4）数码法

数码表示法是用三位数字来表示电感量的方法，常用于贴片电感器上。

在 3 位数字中，从左至右的第一、第二位为有效数字，第三位数字表示有效数字后面所加“0”的个数。如图 2-4-15 所示。注意：用这种方法读出的色环电感量，默认单位为微亨（μH）。如果电感量中有小数点，则用“R”表示，并占一位有效数字。例如，

“470J”表示标称电感量为 $47\times10^{0}\mu H=47\mu H$，允许偏差为±5%。

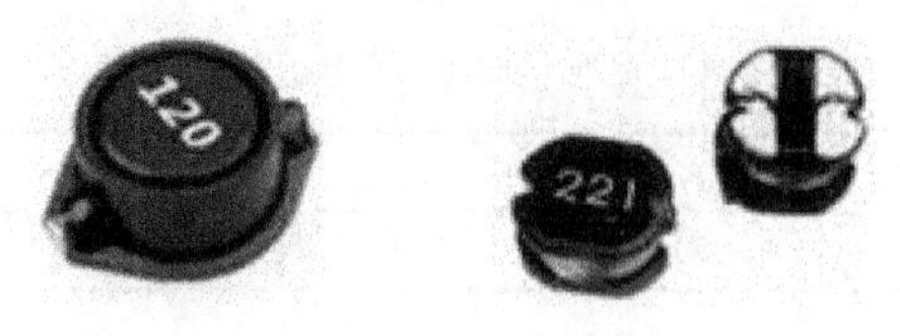

图 2-4-15　数码法

三、变压器的识别

1. 变压器的图形符号

在电路原理图中，变压器通常用字母“T”表示，图形符号如图 2-4-16 所示。其中有黑点的一端表示变压器绕组的同名端。

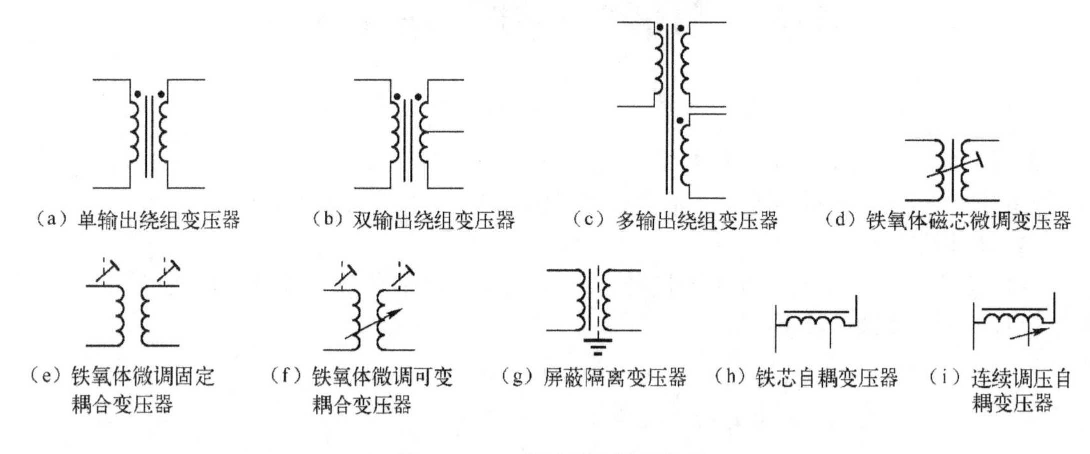

图 2-4-16　变压器的图形符号

2. 变压器的主要参数

变压器的参数较多，常用的有变压比、额定功率、效率、空载电流及绝缘电阻等。

（1）变压比、匝比、变阻比

变压比是指变压器初级绕组和次级绕组电压的比值，通常直接标出电压变换值，如220V/10V。

匝比是指变压器初级绕组和次级绕组匝数的比值，如 22∶1。

变阻比是指变压器初级绕组和次级绕组阻抗的比值，如 3∶1。

（2）额定电压

额定电压是指变压器的初级绕组上所能施加的电压。正常工作时，变压器初级绕组上施加的电压不得大于额定电压。

（3）额定功率

额定功率是指在规定频率和电压下长期连续工作，而不超过规定温升的输出功率，用V·A（伏·安）表示，习惯上称为 W 或 kW（瓦或千瓦）。

（4）效率

效率是指变压器输出功率与输入功率之比。变压器的效率与设计参数、材料、制造工艺及功率有关。

（5）空载电流

变压器在工作电压下次级线圈空载或开路时，初级线圈流过的电流称为空载电流。一般不超过额定电流的 10%。

（6）绝缘电阻

绝缘电阻表示变压器线圈之间、线圈与铁芯之间及引线之间的绝缘性能。绝缘电阻是变压器，特别是电源变压器安全工作的重要参数。常用的小型电源变压器绝缘电阻不小于 500MΩ，抗电强度大于 2000V。

3. 变压器型号的命名

普通变压器的型号命名通常由三部分组成，示例如图 2-4-17 所示。

第一部分：用字母表示主称。第二部分：用数字表示功率，单位用伏·安（V·A）表示。第三部分：用数字表示序号。

对于中频变压器，第二部分用数字表示尺寸；第三部分用数字表示级数。

图 2-4-17　变压器型号的命名示例

四、电感器的检测

准确测量电感线圈的电感量 L 和品质因数 Q，可以使用万能电桥或 Q 表。采用具有电感挡的数字万用表来检测电感器很方便。电感器是否开路或局部短路，以及电感量的相对大小，可以用万用表做出粗略检测和判断。

1. 电感器的检测

首先对电感器进行外观检查，查看线圈引脚是否断裂、脱焊，绝缘材料是否烧焦，表面是否破损等。若有上述现象，则表明电感器已损坏。对于磁芯可变电感器，还要查看其磁芯是否松动、断裂，用无感旋具能否进行伸缩调整等。

（1）阻值检测

用万用表测量线圈阻值来判断其好坏。一般电感器的直流电阻值很小，只有零点几欧姆至几欧姆；大电感器的直流电阻值相对较大，约为几百至几千欧姆。若测得的阻值为零，说明电感器内部短路；若测得的阻值无穷大，说明线圈内部或引出线断路；若万用表指示电阻值不稳定，则说明线圈引出线接触不良。

（2）绝缘检查

对于有铁芯或金属屏蔽罩的电感器，应检测线圈引出端与铁芯或壳体的绝缘情况，其阻值应为兆欧级，否则说明电感器绝缘不良。

（3）电感量测量

可用带有电感挡的数字万用表测量电感量。测量时，先选择与标称值相近的量程，然后将万用表两表笔分别接到电感器的两引脚上，根据屏幕显示的数值读出电感量。另外，也可以用电感测试仪来测量电感量，在此不做详述。

2. 变压器的检测

首先对变压器进行外观检查，查看线圈引脚是否断裂、脱焊，绝缘材料是否有烧焦痕迹，铁芯紧固螺钉是否松动，硅钢片有无锈蚀，线圈是否有外露等。往往较为明显的故障用观察法就可以判断出来。在严重短路性损坏变压器的情况下，变压器会冒烟，并会放出高温烧绝缘漆、绝缘纸等的气味。因此，只要能闻到绝缘漆烧焦的气味，就表明变压器正

在烧毁或已烧毁。

用万用表检测电路中的变压器前，应先切断变压器与其他元器件的连接，然后再进行检测。

（1）线圈通断检测

用万用表电阻挡测量各绕组两个接线端子之间的阻值。一般输入变压器的直流电阻值较大，初级绕组多为几百欧，次级绕组约为 1～200Ω；输出变压器的初级绕组多为几十至上百欧，次级绕组多为零点几欧至几欧。若测得某绕组的直流电阻过大，说明该绕组断路。

检测变压器是否短路有两种方法。

① 空载通电法：切断变压器的负载，接通电源，看变压器的空载温升，如果温升较高，说明变压器内部局部短路。

② 在变压器初级绕组内串联一个 100W 的灯泡，接通电源，灯泡只微微发红，则变压器正常；如果灯泡很亮，说明变压器内部有局部短路现象。

（2）绝缘性能检测

变压器绝缘性能检测可用指针式万用表的 R×10k 挡简易测量。分别测量变压器铁芯与初级绕组、初级绕组与各次级绕组、铁芯与各次级绕组、静电屏蔽层与初次级绕组、次级各绕组间的电阻值，万用表的指针应指在无穷大处不动或阻值应大于 100MΩ；否则，说明变压器绝缘性能不良。

（3）初级、次级绕组的判别

电源变压器（降压式）初级引脚和次级引脚一般都是分别从两侧引出的，并且初级绕组多标有“220V”字样，次级绕组则标出额定电压值，如 12V、15V、24V 等。再根据这些标记进行识别。

电源变压器（降压式）初级绕组和次级绕组的线径是不同的。初级绕组是高压侧，绕组匝数多，线径细；次级绕组是低压侧，绕组匝数少，线径粗。因此根据线径的粗细可判别电源变压器的初、次级绕组。具体方法是观察电源变压器的绕组，线径粗的是次级绕组，线径细的是初级绕组。

电源变压器有时没有标初、次级字样，并且绕组包裹得比较严密，无法看到线径粗细，这时就需要通过万用表来判别初、次级绕组。使用万用表测电源变压器绕组的直流电阻可以判别初、次级绕组。初级绕组（高压侧）由于绕组匝数多，直流电阻相对大一些，次级绕组（低压侧）绕组匝数少，直流电阻相对小一些。故而，也可根据其直流电阻值及线径来判断初级、次级绕组。

任务评价

表 2-4-5　电感器的识别与检测评价表

项　目	考核内容	配　分	评价标准	评分记录
电感器的识别与测量	1．识别电感器的类型； 2．识读电感器的标志参数； 3．用万用表测量电感器阻值	10 10 10	1．能正确识别电感器的类型，每只 2 分； 2．能正确读出电感器的电感量和额定电流，每只 2 分； 3．操作方法正确，测量结果准确	
变压器的识别与测量	1．识别变压器的类型； 2．识读变压器的标志参数； 3．测量变压器初、次级绕组阻值	10 10 10	1．能正确识别变压器的类型，每只 2 分； 2．能正确读出变压器的额定功率、额定电压和变压比，每只 2 分； 3．操作方法正确，测量结果准确	

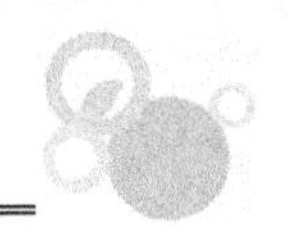

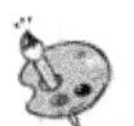 任务 5　二极管的识别与检测

操作 1：从提供的各种二极管中或电路板上，直观识别二极管标注型号、类型及用途，并将结果填入表 2-5-1 中。

表 2-5-1　二极管识别记录表

序　号	二极管型号	二极管类型	二极管的材料（硅或锗）	二极管用途	查看二极管的主要参数

操作 2：用指针式万用表对提供的各种二极管的正、反向电阻进行测量，判断其好坏，将测量结果填入表 2-5-2 中。

表 2-5-2　二极管的测量记录表

序　号	二极管 型号	万用表挡位	二极管 正向电阻	二极管 反向电阻	二极管的材料 （硅或锗）	二极管质量 判断结果

操作 3：用数字式万用表对各种二极管的正、反向压降进行测量，判断其好坏，将测量结果填入表 2-5-3 中。

表 2-5-3　二极管的正、反向压降测量记录表

序　号	二极管 型号	万用表挡位	二极管 正向压降	二极管 反向压降	二极管的材料 （硅或锗）	二极管质量 判断结果

操作 4：用万用表对整流桥进行检测，判断其好坏，将测量结果填入表 2-5-4 中。

表 2-5-4　整流桥测量记录表

序　号	整流桥 型号	万用表挡位	二极管 正向电阻	二极管 反向电阻	整流桥质量 判断结果
	全桥		1.　　2. 3.　　4.	1.　　2. 3.　　4.	
	半桥		1.　　2.	1.　　2.	

相关知识

晶体二极管简称二极管，它是一个由P型半导体和N型半导体烧结形成的PN结界面。二极管的主要特性是单向导电性，也就是在正向电压的作用下，导通电阻很小；而在反向电压作用下导通电阻极大或无穷大。

一、二极管的类型及特点

二极管的规格品种很多，按所用半导体材料的不同，可以分为锗二极管、硅二极管、砷化镓二极管；按结构工艺不同，可分为点接触型二极管和面接触型二极管；按用途分为整流二极管、开关二极管、稳压二极管、检波二极管、变容二极管、发光二极管、光敏二极管等；按频率分，有普通二极管和快恢复二极管等；按引脚结构分，有二引线型、圆柱型（玻封或塑封）和小型塑封型。贴片式二极管只有短引线型和无引线型两种。

1．整流二极管的外形及特点

整流二极管利用PN结的单向导电特性，把交流电变成脉动直流电。整流二极管常采用金属壳封装、塑料封装和玻璃封装三种形式。整流二极管如图2-5-1所示。

图2-5-1　整流二极管

2．检波二极管的外形及特点

检波（也称解调）二极管的作用是利用其单向导电性将高频或中频无线电信号中的低频信号或音频信号检出来，广泛应用于半导体收音机、收录机、电视机及通信等设备的小信号电路中，其工作频率较高，处理信号幅度较弱。检波二极管如图2-5-2所示。

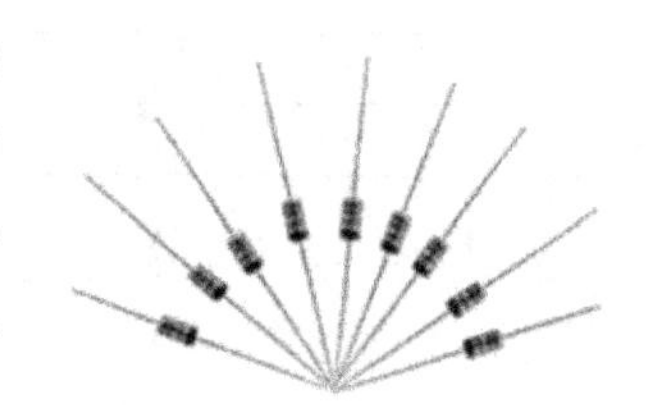

图2-5-2　检波二极管

3．稳压二极管的外形及特点

稳压二极管又称齐纳二极管，它是利用硅二极管的反向击穿特性（击穿后两端的电压基本保持不变，称为雪崩现象）来稳定直流电压的。稳压二极管的稳压值由击穿电压决定，因此，需注意的是，稳压二极管在工作时是加反向偏压的。稳压二极管如图2-5-3所示。

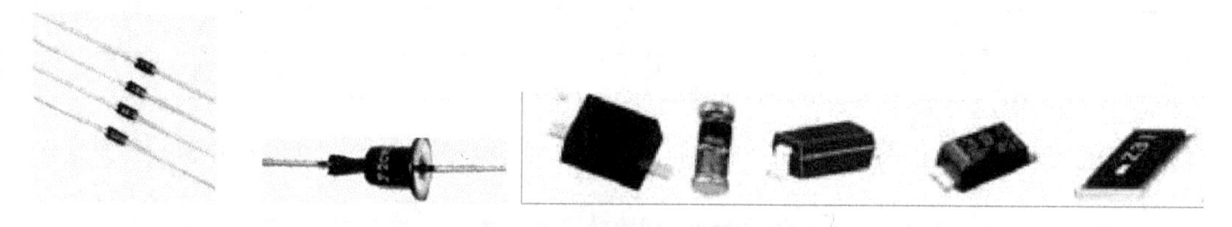

图2-5-3　稳压二极管

4．开关二极管的外形及特点

开关二极管是利用半导体二极管的单向导电性，导通时相当于开关闭合（电路接通），截止时相当于开关打开（电路切断）而特殊设计制造的一类二极管。它由导通变为截止或由截止变为导通所需的时间比一般二极管短。开关二极管如图 2-5-4 所示。

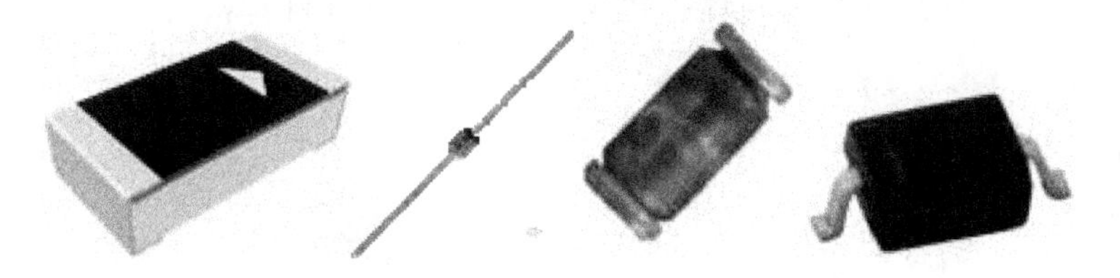

图 2-5-4　开关二极管

5. 发光二极管的外形及特点

发光二极管也称 LED，是一种将电能转化为光能的半导体器件，可发出可见光、不可见光、激光等。它与普通二极管一样具有单向导电性，但它的开启电压比普通二极管高，一般为 1.7～2.4V。

发光二极管的种类很多，按光谱分类，可分为可见光发光二极管和不可见光发光二极管两种。不可见光发光二极管就是红外发光二极管；可见光发光二极管的发光颜色有红色、黄色、绿色、橙色、蓝色、白色等；按发光亮度可分为一般亮度发光二极管和高亮度发光二极管两种，LED 节能灯就是由高亮度发光二极管制作的；按发光效果分类，可分为单色发光二极管、双色发光二极管、变色发光二极管和闪烁发光二极管。常见的发光二极管如图 2-5-5 所示。

双色发光二极管是将两种发光颜色的二极管反向并联封装在一起做成的，它有两个引脚，如图 2-5-6 所示。当在它们两端加上某一极性的电压时，其中一个二极管导通发光，另一个截止；当改变电压极性时，原来截止的二极管发出另一种颜色的光。

图 2-5-5　发光二极管

图 2-5-6　双色发光二极管

变色发光二极管也在一个管壳内装了两只发光二极管，一只为红色，另一只为绿色。它的内部结构有两种连接方式：一是共阳极形式，即正极连接为公共端；二是共阴极形式，即负极连接为公共端。它通常有三个引脚，其外形如图 2-5-7 所示。变色发光二极管可以发单色光，也可以发混合色光，即红、绿管都亮时，发黄色光。

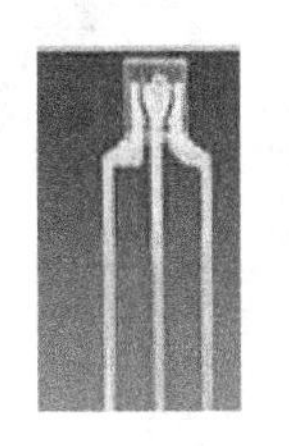

图 2-5-7　变色发光二极管

闪烁发光二极管是一种特殊的发光器件，它由一块 CMOS 集成电路和一只发光二极管组合而成，当给其加上工作电压后，就可以自行产生闪烁光，颜色有红、橙、黄、绿四种，它们的正常工作电压一般为 3～5.5V。闪烁发光二极管的外形和图形符号如图 2-5-8 所示。

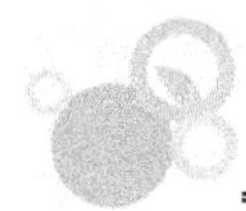

红外发光二极管是用砷化镓材料制成的，其外形和普通发光二极管相似，如图 2-5-9 所示，但其发出红外光，具有指向性强等优点，在电视机遥控器、光纤通信和探测领域得到了广泛应用。

图 2-5-8 闪烁发光二极管

图 2-5-9 红外发光二极管

6. 光敏二极管的外形及特点

光敏二极管也称光电二极管，它与普通二极管在结构上类似，其管芯是一个具有光敏特性的 PN 结，具有单向导电性，工作时需要加上反向电压。无光照时，有一个很小的饱和反向漏电流，即暗电流，此时光敏二极管截止。当受到光照时，饱和反向漏电流大大增加，形成光电流，它随入射光强度的变化而变化。光敏二极管常用做光电传感器件使用。光敏二极管如图 2-5-10 所示。

图 2-5-10 光敏二极管

7. 变容二极管的外形及特点

变容二极管是利用反向偏压来改变 PN 结电容量的特殊二极管，如图 2-5-11 所示。

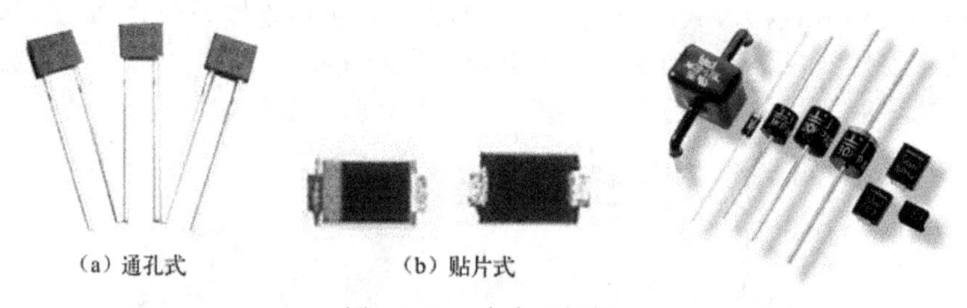

图 2-5-11 变容二极管

8. 双向触发二极管的外形及特点

双向触发二极管是一种硅双向电压触发开关器件，当双向触发二极管两端施加的电压超过其击穿电压时，两端即导通，导通将持续到电流中断或降到器件的最小保持电流后会再次关断。双向触发二极管除用来触发双向晶闸管外，还常用在过压保护、定时、移相等电路中。双向触发二极管的外形与普通二极管没有区别，如图 2-5-12 所示。

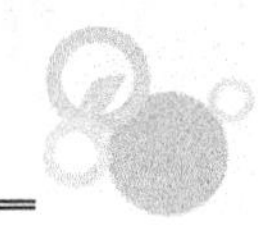

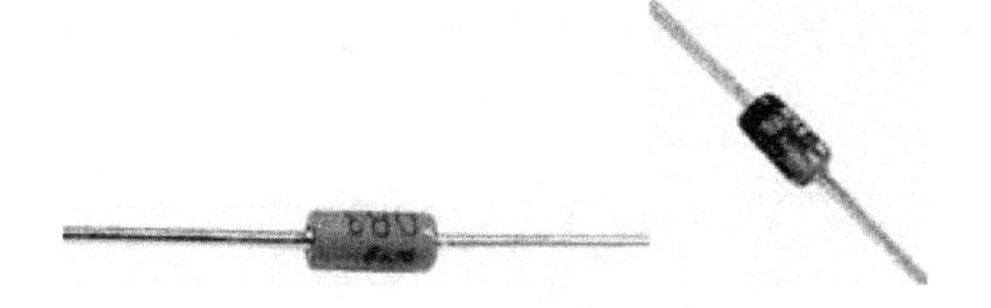

图 2-5-12　双向触发二极管

9. 整流桥的外形及特点

整流桥就是将整流管封在一个壳内，分全桥和半桥。全桥是将连接好的桥式整流电路的四个二极管封在一起，半桥是将两个二极管桥式整流的一半封在一起。用两个半桥可组成一个桥式整流电路，一个半桥也可以组成变压器带中心抽头的全波整流电路。整流桥的外形及图形符号如图 2-5-13 所示。

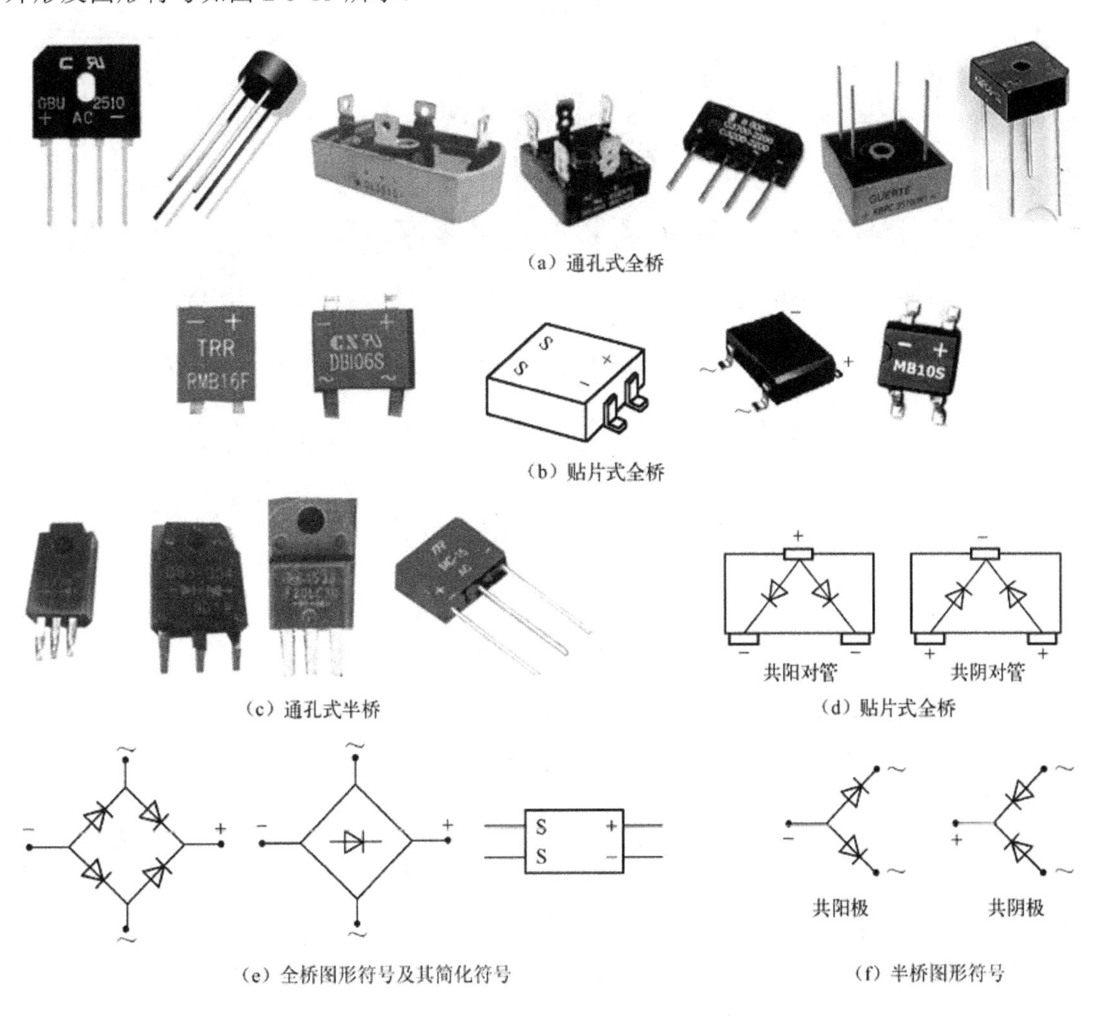

图 2-5-13　整流桥的外形及图形符号

10. 二极管排的外形及特点

二极管排是将两只或两只以上的二极管通过一定的生产工艺封装在一起。二极管按其内部电路的连接形式，可分为共阴极型（内部所有二极管的阴极连接在一起）、共阳型

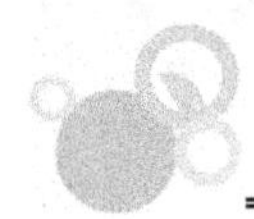

（内部所有二极管的阳极连接在一起）、串联型及独立型等，其外形及结构如图 2-5-14 所示。

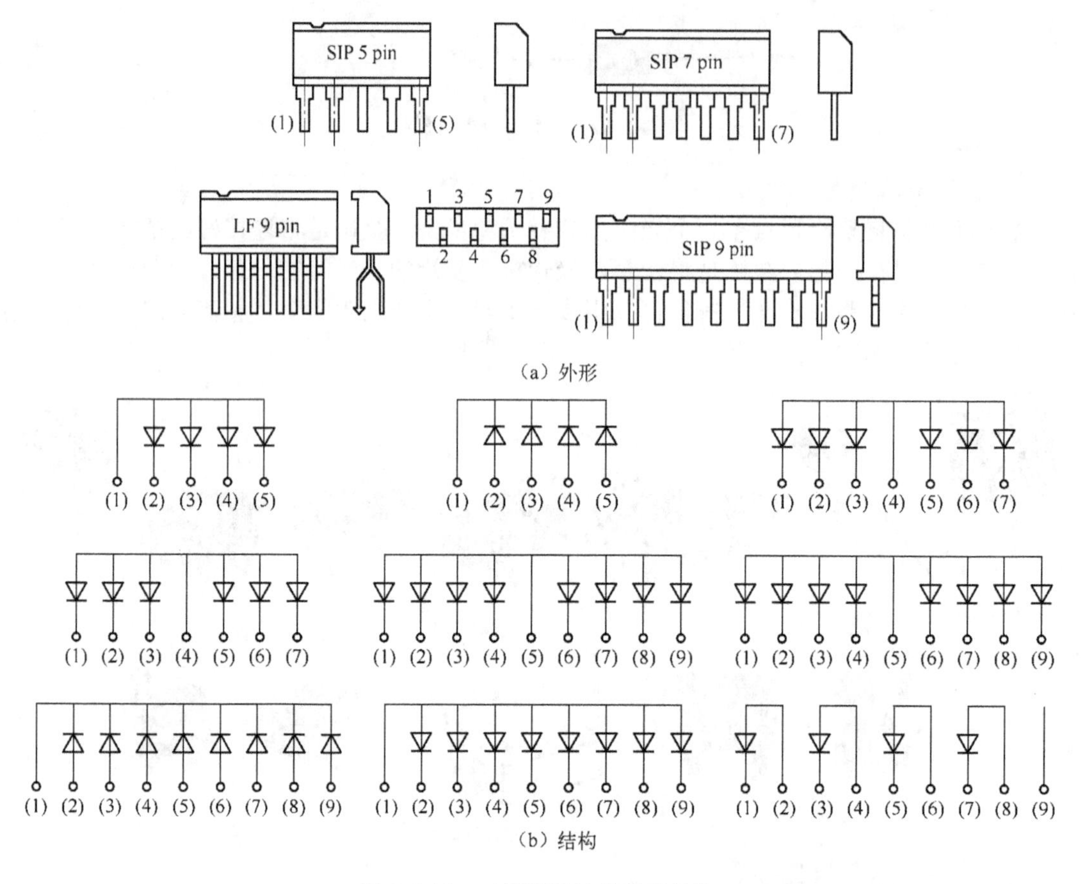

（a）外形

（b）结构

图 2-5-14 二极管排的外形及结构

二、二极管的识别

1. 二极管的图形符号

普通二极管在电路中常用字母“D”、“V”、“VT”或“VD”表示，稳压二极管在电路中用字母“ZD”表示。 二极管的图形符号如图 2-5-15 所示。

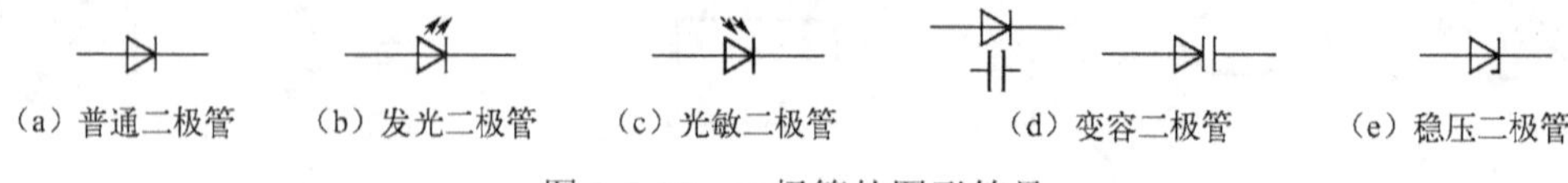
（a）普通二极管 （b）发光二极管 （c）光敏二极管 （d）变容二极管 （e）稳压二极管

图 2-5-15 二极管的图形符号

2. 二极管的型号命名

（1）普通二极管型号命名

普通二极管的型号命名分为五部分，如图 2-5-16 所示。

（2）发光二极管型号命名

发光二极管是在普通二极管之后开发生产的，其型号命名主要由六部分组成，如图 2-5-17 所示。

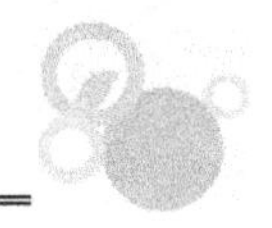

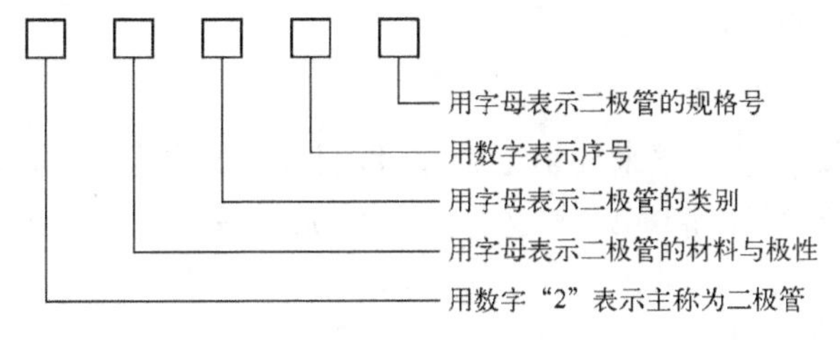

图 2-5-16　普通二极管型号命名

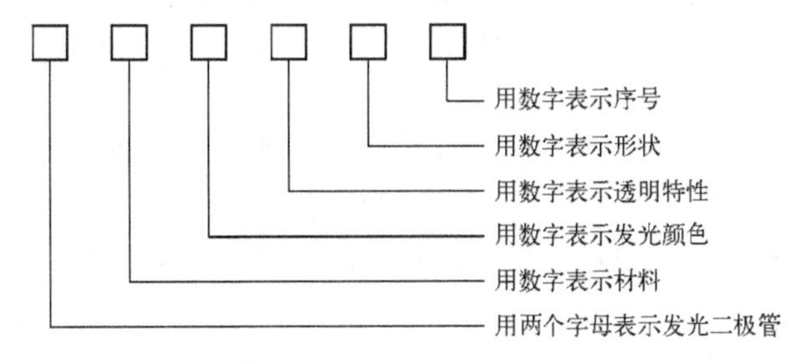

图 2-5-17　发光二极管型号命名

3. 二极管的主要参数

（1）额定正向工作电流

额定正向工作电流是指二极管长期连续工作时允许通过的最大正向电流值。因为电流通过二极管时会使管芯发热，温度上升，温度超过最大允许限度时，就会使管芯因发热而损坏。所以使用中二极管不能超过其额定正向工作电流值。

（2）最大浪涌电流

最大浪涌电流是二极管允许流过的最大正向电流。最大浪涌电流不是二极管正常工作时的电流，而是瞬间电流，通常大约为额定正向工作电流的 20 倍。

（3）反向击穿电压

在二极管上加反向电压时，反向电流会很小。当反向电压增大到某一数值时，反向电流将突然增大，这种现象称为击穿。二极管反向击穿时，反向电流会剧增，此时二极管就失去了单向导电性。二极管产生击穿时的电压叫反向击穿电压。

（4）最高反向工作电压

最高反向工作电压是保证二极管不被击穿而给出的反向峰值电压。加在二极管两端的反向电压高到一定值时，会将管子击穿，失去单向导电能力。晶体管手册上给出的最高反向工作电压一般是反向击穿电压的 1/2 或 2/3。

（5）反向电流

反向电流又称反向漏电流，是指二极管在规定的温度和最高反向电压作用下，流过二极管的反向电流。反向电流越小，二极管的单向导电性越好。锗管的反向电流比硅管大几十到几百倍，因此硅管比锗管的稳定性要好。

（6）最高工作频率

最高工作频率是指二极管在正常工作条件下的最高频率。

4. 二极管极性的识别

（1）普通二极管极性识别

小功率二极管的负极通常在表面用色环标出；金属封装的大功率二极管的螺母部分通

常为负极引脚。

（2）发光二极管极性识别

发光二极管通常用引脚长短来标识正、负极，长脚为正极，短脚为负极。仔细观察发光二极管，可以发现内部的两个电极一大一小：一般电极较小、个头较矮的一个是发光二极管的正极，电极较大的一个是负极，负极一边带缺口。

（3）整流桥的极性识别

整流桥的表面通常标注内部电路结构或交流输入端及直流输出端的名称，交流输入端通常用“AC”或“～”表示；直流输出端通常以“+”、“−”符号表示。

（4）贴片二极管的极性识别

贴片二极管的极性有多种标注方法。有引脚的贴片式二极管，若管体有白色色环，则色环一端为负极；若没有色环，引脚长的一端为正极。没有引脚的贴片式二极管，表面有色环或者缺口的一端为负极；贴片发光二极管有缺口的一端为负极。

三、二极管的检测

首先对二极管进行外观检查，看其外观是否完好。若表面漆层变成黄色或黑色，则表示二极管可能过热甚至烧坏。

用万用表检测电路中的二极管，应先切断二极管与其他元器件的连接或将二极管取下来，然后再检测。

1. 普通二极管的检测

（1）用指针式万用表检测

选择电阻挡的适当量程。检测小功率二极管一般选用 R×100 挡或 R×1k 挡，不宜使用 R×1 挡，因为该挡万用表的内阻较小，通过二极管的正向电流较大，容易烧坏二极管；也不宜使用 R×10k 挡，该挡万用表电池电压较高，加在二极管上的反向电压也较高，容易击穿二极管。对于大功率二极管，可选 R×1 挡。

检测时，将万用表的红表笔接二极管的负极，黑表笔接二极管的正极，读出正向电阻值；然后，将红、黑表笔对调，检测反向电阻值。

若测得的正、反向电阻值差别较大，表明二极管正常。一般锗管的正向电阻为 200～600Ω，反向电阻大于 20kΩ；硅管的正向电阻为 900～2kΩ，反向电阻大于 500kΩ。

若测得的正、反向电阻值差别不大，说明二极管失去了单向导电性；若测得的正、反向电阻值都很大，说明二极管内部断路；若测得的正、反向电阻值都很小，说明二极管内部短路。

（2）用数字万用表检测

数字万用表的红表笔接内部电池的正极，黑表笔接内部电池的负极，和指针万用表刚好相反。将数字万用表置于二极管挡，红表笔插入“VΩ”插孔，黑表笔插入“COM”插孔。两支表笔分别接触二极管的两个电极，如果显示溢出符号“1”，说明二极管处于反向截止状态，此时黑笔接的是二极管正极、红笔接的是二极管负极。反之，如果显示值在 100mV 以下，则二极管处于正向导通状态，此时红笔接的是二极管正极、黑笔接的是二极管负极。数字万用表实际上测的是二极管两端的压降。一般锗管的正向压降为 100～300mV，硅管的正向压降为 500～700mV，据此也可以判断出二极管是由哪种材料制成的。

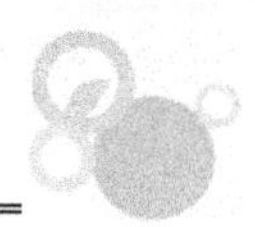

2. 发光二极管的检测

（1）正、负极的判别

将发光二极管放在一个光源下，观察两个金属片的大小，通常金属片大的一端为负极，金属片小的一端为正极。也可根据管身形状和引脚的长短来判断。通常，靠近管身侧像小平面的电极为负极，另一端引脚为正极；新管子（未剪引脚）的，长引脚为正极，短引脚为负极。

（2）性能好坏的判断

用万用表 R×10k 挡，测量发光二极管的正、反向电阻值。正常时，正向电阻值（黑表笔接正极时）为 10～20kΩ，反向电阻值为 250kΩ～∞（无穷大）。较高灵敏度的发光二极管，在测量正向电阻值时，管内会发微光。若用万用表 R×1k 挡测量发光二极管的正、反向电阻值，则会发现其正、反向电阻值均接近∞（无穷大），这是因为发光二极管的正向压降大于 1.6V（高于万用表 R×1k 挡内电池的电压值 1.5V）的缘故。

用万用表的 R×10k 挡对一只 220μF/25V 电解电容器充电（黑表笔接电容器正极，红表笔接电容器负极），再将充电后的电容器正极接发光二极管正极、电容器负极接发光二极管负极，若发光二极管有很亮的闪光，则说明该发光二极管完好。

也可用 3V 直流电源，在电源的正极串联 1 只 33Ω电阻器后接发光二极管的正极，将电源的负极接发光二极管的负极，正常的发光二极管应发光。或将 1 节 1.5V 电池与万用表串联（将万用表置于 R×10 或 R×100 挡），黑表笔接电池负极，（相当于与表内的 1.5V 电池串联），将电池的正极接发光二极管的正极，红表笔接发光二极管的负极，正常的发光二极管应发光。

用数字万用表的 R×20M 挡，测量它的正、反向电阻值。用数字万用表的二极管挡测量它的正向导通压降，正常值为 1500～1700mV，且管内会有微光。红色发光二极管约为 1.6V，黄色发光二极管约为 1.7V，绿色发光二极管约为 1.8V，蓝色发光二极管、白色发光二极管、紫色发光二极管约为 3～3.2V。

3. 稳压二极管的检测

（1）稳压二极管的确定

稳压二极管极性与性能好坏的测量与普通二极管的测量方法相似，不同之处在于：当使用指针式万用表的 R×10kΩ挡测量时，测得其反向电阻是很大的，此时，将万用表转换到 R×10kΩ挡，如果万用表指针向右偏转较大角度，即反向电阻值减小很多，则该二极管为稳压二极管；如果反向电阻基本不变，说明该二极管是普通二极管，而不是稳压二极管。

（2）稳压值的测量

用 0～30V 连续可调直流电源，对于 13V 以下的稳压二极管，可将稳压电源的输出电压调至 15V，将电源正极串联一只 1.5kΩ的限流电阻器后与被测稳压二极管的负极相连，电源负极与稳压二极管的正极相接，再用万用表测量稳压二极管两端的电压值，所测的读数即为它的稳压值。

4. 光敏二极管的检测

光敏二极管的检测方法与普通二极管基本相同。不同之处是：在有光照和无光照两种情况下，反向电阻相差很大：若测量结果相差不大，说明该光敏二极管已损坏或该二极管不是光敏二极管。

红外光敏二极管的检测：将指针式万用表置于 R×1kΩ挡，测它的正、反向电阻值。

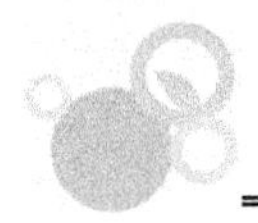

正常时，正向阻值为 3～10kΩ，反向阻值为 500kΩ以上。在测量反向电阻的同时，用电视机遥控器对着被测红外光敏二极管的接收窗口，正常时，在按动遥控器上的按键时，其反向阻值会由 500kΩ以上减小至 50～100kΩ。阻值下降越多，说明它的灵敏度越高。

5. 双向触发二极管的检测

双向触发二极管正、反向电阻值的测量，使用指针万用表的 R×1k 或 R×10k 挡。正常时双向触发二极管正、反向电阻值均应为无穷大。如果测得正、反向电阻值均很小或为 0，则说明被测二极管已击穿损坏。

6. 整流桥的检测

（1）全桥的检测

整流桥的表面通常标有其内部结构，交流输入端用“AC”或“～”表示，直流输入端用“+”、“-”符号表示。其中“AC”或“～”为交流电压的输入端，“+”为整流后输出电压的正极，“-”为输出电压的负极。检测时，通过分别测量“+”极与两个“～”端、“-”极与两个“～”端之间各整流二极管的正、反向电阻值（与普通二极管的测量方法相同）是否正常，即可判断该全桥是否已损坏。若测得全桥内 4 只二极管的正、反向电阻值均为 0 或均为无穷大，则可判断桥内部的二极管已击穿或开路损坏。

（2）半桥的检测

半桥是由两只整流二极管组成的，通过用万用表分别测量半桥内部的两只二极管的正、反电阻值是否正常，即可判断出该半桥是否正常。

任务评价

表 2-5-5　二极管的识别与检测评价表

项　目	考核内容	配　分	评价标准	评分记录
二极管的识别与测量	1. 识读二极管的型号； 2. 识别二极管的类型； 3. 测量二极管的正、反向阻值（压降）	10 10 10	1. 能正确识读二极管的型号，每只 2 分； 2. 能说出二极管的材料、用途，会从手册中查看其主要参数，每只 2 分； 3. 万用表挡位选择适当，操作方法正确，测量结果准确	
整流桥的识别与测量	1. 识读整流桥的型号； 2. 测量整流桥的正、反向阻值	10 10	1. 能正确识读整流桥的型号，会从手册中查看其主要参数； 2. 测量整流桥的操作方法正确，能准确判断其输入端、输出端	

 任务 6　三极管的识别与检测

操作 1：从提供的各种三极管中或电路板上，直接识别三极管的标注型号、类型及用途，并将结果填入表 2-6-1 中。

表 2-6-1　三极管的识别记录表

序　号	三极管型号	三极管类型	三极管的材料（硅或锗）	三极管引脚排列方式	查看三极管主要参数

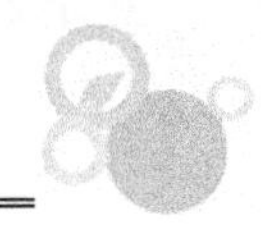

操作 2：用指针式万用表对提供的各种三极管进行测量，判断其管型、引脚及质量，将测量结果填入表 2-6-2 中。

表 2-6-2　三极管的测量记录表

序　号	三极管型号	万用表挡位	三极管正向电阻	三极管反向电阻	三极管管型	三极管质量	β 值
			be:　bc: ce:	be:　bc: ce:			
			be:　bc: ce:	be:　bc: ce:			
			be:　bc: ce:	be:　bc: ce:			
			be:　bc: ce:	be:　bc: ce:			
			be:　bc: ce:	be:　bc: ce:			

相关知识

晶体三极管简称三极管，它有三个电极，即基极 b、集电极 c 和发射极 e。其工作状态有三种：放大、截止和饱和。因此，三极管是放大电路的核心元件——具有电流放大能力，同时又是理想的无触点开关元器件。

一、三极管的类型及特点

三极管的种类较多。按制造三极管的材料来分，有硅管和锗管两种；按三极管的内部结构来分，有 NPN 型和 PNP 型两种；按三极管的工作频率来分，有低频管和高频管两种；按三极管允许耗散的功率来分，有小功率管、中功率管和大功率管。

1. 几种常见三极管的外形及特点

（1）小功率三极管

通常情况下，把集电极最大允许耗散功率在 1W 以下的三极管称为小功率三极管，如图 2-6-1 所示。

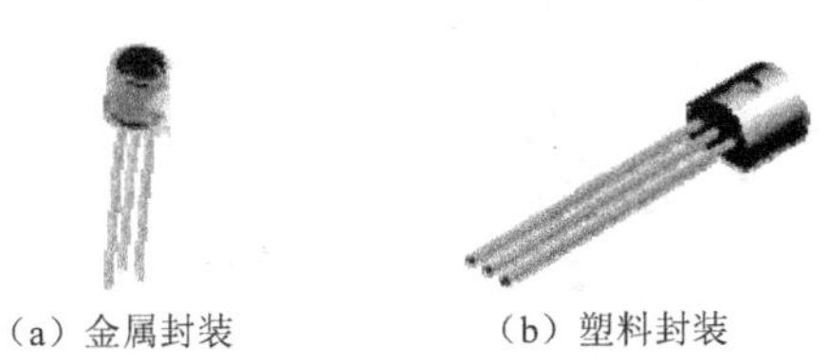

（a）金属封装　　（b）塑料封装

图 2-6-1　小功率三极管

（2）中功率三极管

中功率三极管主要用于驱动和激励电路，为大功率放大器提供驱动信号。通常情况下，集电极最大允许耗散功率在 1～10W 的三极管称为中功率三极管，如图 2-6-2 所示。

（a）金属封装　　（b）塑料封装

图 2-6-2　中功率三极管

（3）大功率三极管

集电极最大允许耗散功率在 10W 以上的三极管称为大功率三极管，如图 2-6-3 所示。

（a）金属封装　　（b）塑料封装

图 2-6-3　大功率三极管

2. 贴片三极管的外形及特点

采用表面贴装技术（Surface Mounted Technology，SMT）的三极管称为贴片三极管。贴片三极管有三个引脚的，也有四个引脚的。在四个引脚的三极管中，比较大的一个引脚是集电极，两个相通的引脚是发射极，余下的一个引脚是基极，如图 2-6-4 所示。

图 2-6-4　贴片三极管

3. 几种特殊三极管的外形及特点

（1）带阻尼三极管

带阻尼三极管是将三极管与阻尼二极管、保护电阻器封装为一体构成的特殊三极管，常用于彩色电视机和计算机显示器的行扫描电路中。带阻尼三极管如图 2-6-5 所示。

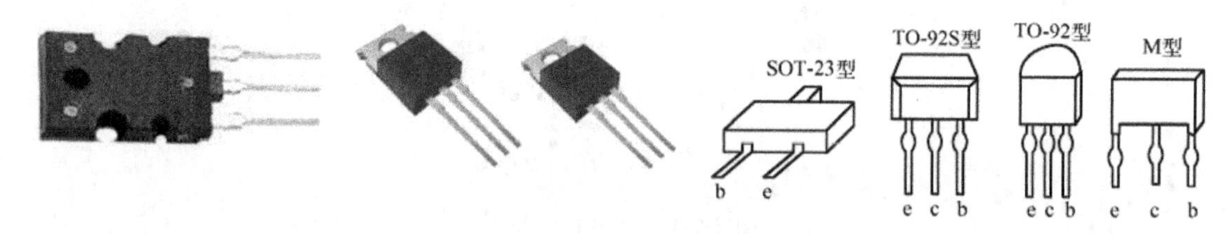

图 2-6-5　带阻尼三极管

（2）差分对管

差分对管是将两只性能参数相同的三极管封装在一起构成的电子器件，一般用在音频放大器或仪器、仪表的输入电路做差分放大管。差分对管如图 2-6-6 所示。

图 2-6-6　差分对管

（3）达林顿管

达林顿管是复合管的一种连接形式，它是将两只三极管或更多只三极管集电极连在一起，而将第一只三极管的发射极直接耦合到第二只三极管的基极，依次级联而成。达林顿管外形及结构如图 2-6-7 所示。

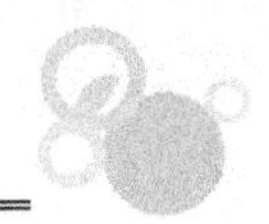

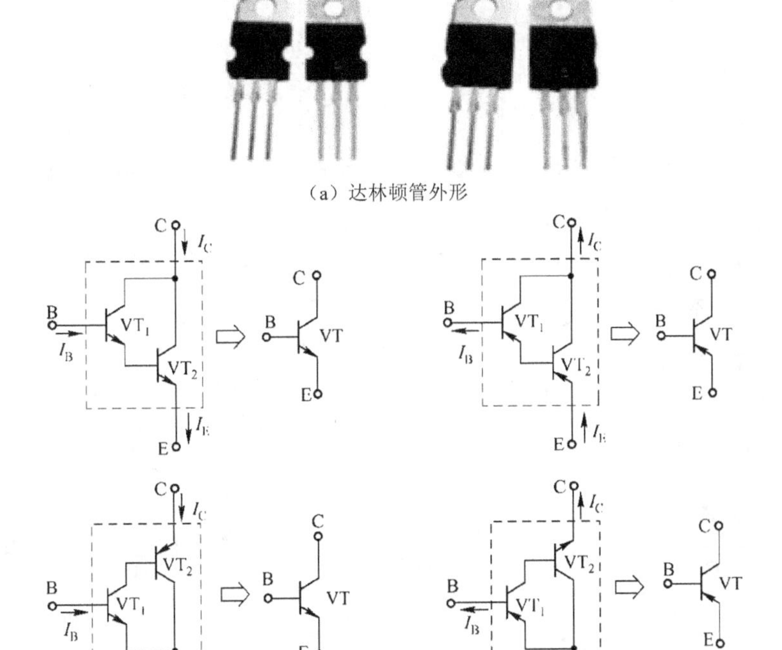

(a) 达林顿管外形

(b) 达林顿管结构

图 2-6-7 达林顿管

(4) 带阻三极管

带阻三极管是指基极和发射极之间接有一只或两只电阻器并与晶体管封装为一体的三极管。由于带阻三极管通常应用在数字电路中，因此带阻三极管有时候又被称为数字三极管或数码三极管。带阻三极管如图 2-6-8 所示。

图 2-6-8 带阻三极管

二、三极管的识别

1. 三极管的图形符号

三极管在电路中常用字母“Q”、“V”或“VT”加数字表示，其图形符号如图 2-6-9 所示。

2. 三极管型号的命名

三极管的型号命名由五部分组成，如图 2-6-10 所示。

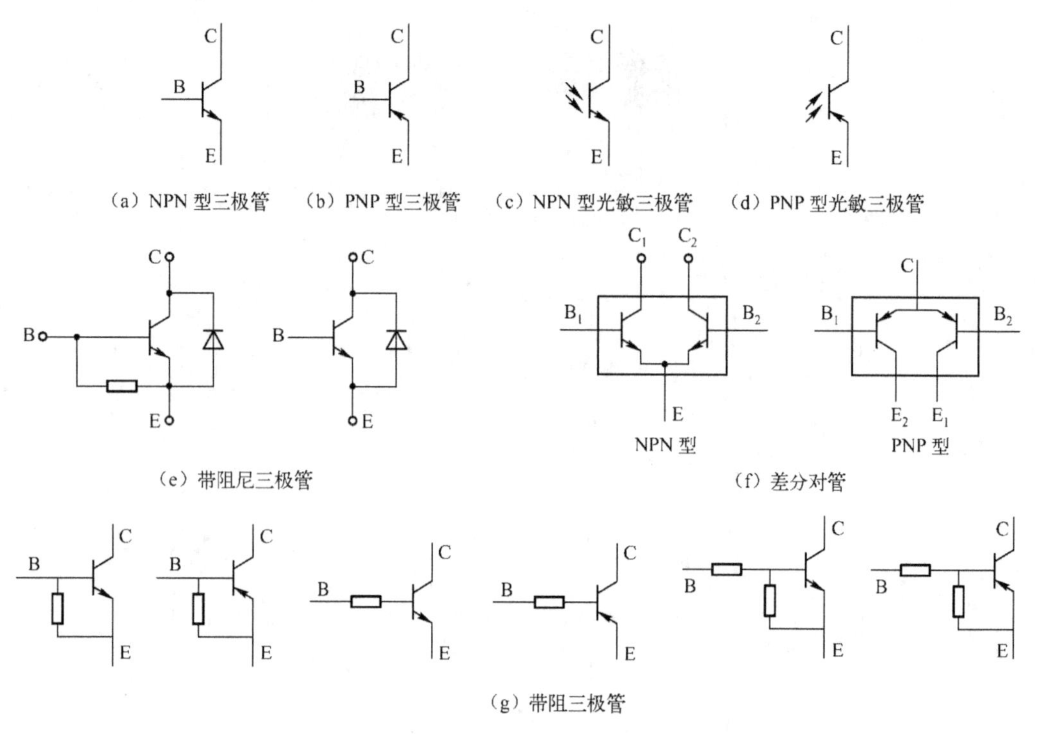

图 2-6-9 三极管的图形符号

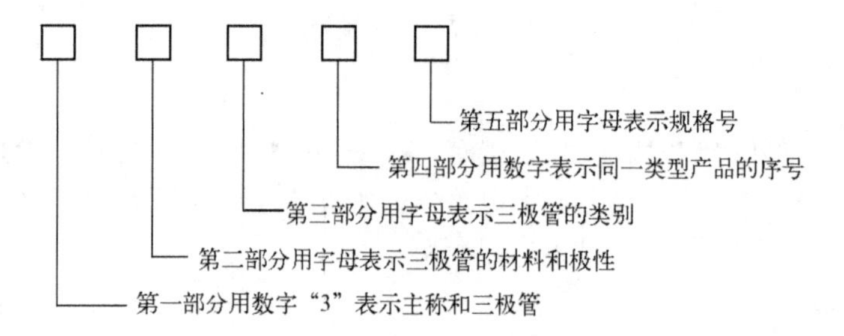

图 2-6-10 三极管型号命名

例如，三极管 3AD50C，表示锗材料 PNP 型低频大功率三极管；三极管 3DG201B，表示硅材料 NPN 型高频小功率三极管。

3. 三极管封装形式

三极管的封装形式是指三极管的外形参数，也就是安装三极管用的外壳。材料方面，三极管的封装形式主要有金属、陶瓷、塑料形式；结构方面，三极管的封装为 TO×××，×××表示三极管的外形；装配方式有通孔插装（通孔式）、表面贴装（贴片式）、直接安装；引脚形状有长引线直插、短引线或无引线贴装等。常用三极管的封装形式有 TO-92、TO-126、TO-220、TO-3、TO-3P、SOT-23、STO-223 等。三极管封装形式如图 2-6-11 所示。

三极管引脚的排列方式具有一定的规律。对于国产小功率金属封装三极管，底视图位置放置，使三个引脚构成等腰三角形的顶点，从左向右依次为 e、b、c；有管键的管子，从管键处按顺时针方向依次为 e、b、c，其引脚识别图如图 2-6-12 所示。对于国产中小功

率塑封三极管，使其平面朝外、半圆形朝内、三个引脚朝上放置，则从左到右依次为 e、b、c，其引脚识别图如图 2-6-12 所示。

图 2-6-11　三极管封装形式

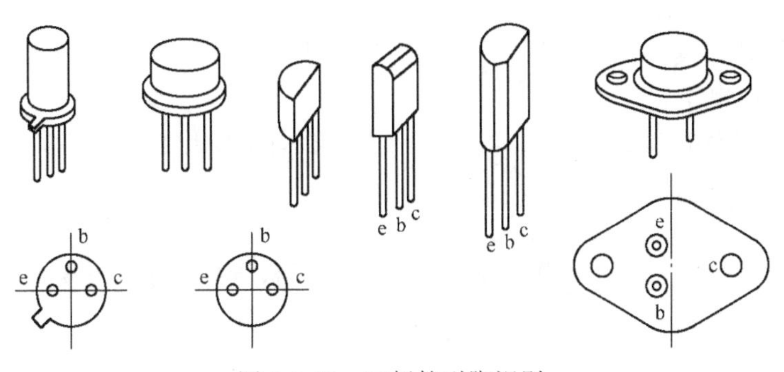

图 2-6-12　三极管引脚识别

目前比较流行的三极管 9011～9018 系列均为高频小功率管，除 9012 和 9015 为 PNP 型管外，其余均为 NPN 型管。常用 9011～9018、1815 系列三极管引脚排列如图 2-6-13 所示。平面对着自己，引脚朝下，从左至右依次是发射极 e、集电极 c、基极 b。

贴片三极管有三个电极的，也有四个电极的。一般三个电极的贴片三极管从顶端往下看有两边，上边只有一脚的为集电极，下边的两脚分别是基极和发射极。在四个电极的贴片三极管中，比较大的一个引脚是三极管的集电极，另有两个引脚相通，是发射极，余下的一个是基极。

图 2-6-13　9011～9018、1815 系列三极管引脚排列

4. 三极管的主要参数

（1）电流放大系数β

电流放大系数也称电流放大倍数，表示晶体管的放大能力。根据晶体管工作状态的不同，电流放大系数又分为直流电流放大系数和交流电流放大系数。

直流电流放大系数也称静态电流放大系数或直流放大倍数，是指在静态无变化信号输入时，晶体管集电极电流 I_c 与基极电流 I_b 的比值，一般用 h_{fe} 或 $\overline{\beta}$ 表示。

交流电流放大系数也称动态电流放大系数或交流放大倍数，是指在交流状态下，晶体管集电极电流变化量ΔI_c 与基极电流变化量ΔI_b 的比值，一般用 h_{fe} 或β表示。h_{fe} 和β既有区别又关系密切，两个参数值在低频时较接近，在高频时有一些差异。

（2）耗散功率 P_{CM}

耗散功率也称集电极最大允许耗散功率，指三极管参数变化不超过规定允许值时的最大集电极耗散功率。选用三极管时，其实际功耗不允许超过耗散功率，否则会造成三极管因过载而损坏。

（3）集电极最大电流 I_{CM}

集电极最大电流是指三极管在工作时集电极所允许通过的最大电流。当三极管集电极电流超过此值时，其电流放大系数等参数将发生明显变化，影响其正常工作，甚至损坏三极管。

（4）最大反向电压

最大反向电压是指三极管在工作时工作电压所允许施加的最高值，它包括如下三个参数。

① 集电极-发射极反向击穿电压 V_{CEO}，指当三极管的基极开路时，集电极与发射极之间的最大允许反向电压。

② 集电极-基极反向击穿电压 V_{CBO}，指当三极管的发射极开路时，集电极与基极之间的最大允许反向电压。

③ 发射极-基极反向击穿电压 V_{BEO}，指当三极管的集电极开路时，发射极与基极之间的最大允许反向电压。

（5）频率特性

三极管的电流放大系数与工作频率有关，如果三极管超过了工作频率范围，会造成放大能力降低甚至失去放大作用。

（6）反向电流

三极管的反向电流包括集电极-基极之间的反向电流 I_{CBO} 和集电极-发射极之间的反向电流 I_{CEO}。

三、三极管的检测

1. 用指针式万用表检测普通三极管

（1）三极管管型和引脚的判断

判断基极 b：使用指针式万用表的电阻挡 R×100 或 R×1k 检测。将黑表笔接三极管的某一电极，然后用红表笔分别接触其余两电极，当测得的两个电阻值都很小（或都很大）时，则表明黑表笔所接的那个电极就是基极。为了进一步确定基极，可将两表笔对调，这时测得的电阻值应与之前的情况相反，即都很大（或都很小），则三极管的基极确定无疑。

判断管型：当黑表笔接基极时，红表笔分别接其余两电极。若测得的电阻值都很小，说明此三极管的管型为 NPN 型；若测得的电阻值都很大，说明此三极管的管型为 PNP 型。

判断集电极 c 和发射极 e：对于 NPN 型三极管，选择万用表电阻挡 R×1k 或 R×10k 挡，用红、黑表笔分别接集电极和发射极，然后用手指搭接基极和黑表笔所接的电极（注意两电极间不要短路），如图 2-6-14 所示，记下这次表针偏转的角度；调换表笔，仍用手指搭接基极和黑表笔所接电极，记下本次指针偏转的角度。比较两次测量时指针偏

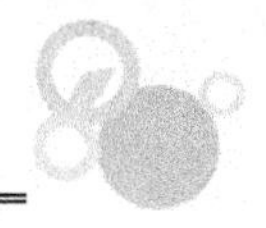

转的角度，较大的那次中，黑表笔所接的电极即为集电极，另一电极为发射极。对于PNP型三极管，检测方法与NPN型三极管大致相同，区别在于：一是用手指搭接基极和红表笔所接电极；二是偏转角度大的一次红表笔所接的是集电极，黑表笔所接的是发射极。

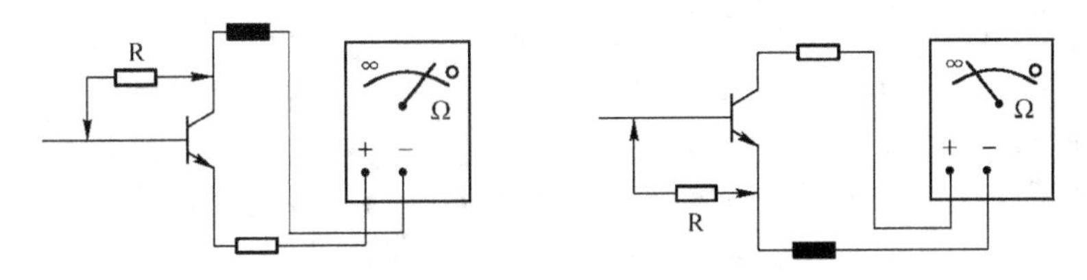

图 2-6-14 确定集电极 c 和发射极 e

（2）三极管质量的检测

检测NPN型三极管时，用指针式万用表电阻挡R×1k或R×10k检测。将黑表笔接基极，红表笔分别接集电极和发射极，测其PN结正向电阻，此值应为几百欧至几千欧。调换表笔，测其PN结反向电阻，此值应为几千欧至几百千欧以上。检测集电极和发射极之间的电阻，无论表笔如何接，其值均应在几百千欧以上。

检测PNP型三极管的方法与检测NPN型三极管大致相同，区别在于：一是万用表选择电阻挡R×100挡；二是测出的各组阻值应小于NPN型三极管的检测值。

（3）电流放大系数的估计

对于NPN型三极管，选用欧姆挡的R×100（或R×lk）挡，红表笔接发射极，黑表笔接集电极，测量时，只要比较用手捏住基极和集电极（两极不能接触）和把手放开两种情况下指针摆动的大小，便可知道β值的大小。指针摆动的角度越大，β值越大，电流放大能力越强。对于PNP型三极管，检测方法与NPN型三极管类似，只需将万用表两表笔对调即可。

用指针式万用表的h_{FE}挡可以很方便地测出三极管的电流放大系数。

2. *用数字万用表检测普通三极管*

利用数字万用表不仅可以判别三极管引脚极性、测量管子的共发射极电流放大系数h_{FE}，还可以鉴别硅管与锗管。由于数字万用表电阻挡的测试电流很小，所以不适用于检测三极管，应使用二极管挡或h_{FE}挡进行测试。

将数字万用表置于二极管挡位，红表笔固定任接某个引脚，用黑表笔依次接触另外两个引脚，如果两次显示值均小于1V或都显示溢出符号“OL”或“1”，则红表笔所接的引脚就是基极b。如果在两次测试中，一次显示值小于1V，另一次显示溢出符号“OL”或“1”（视不同的数字万用表而定），则表明红表笔接的引脚不是基极b，应更换其他引脚重新测量，直到找出基极b为止。

基极确定后，用红表笔接基极，黑表笔依次接触另外两个引脚，如果显示屏上的数值都显示为0.600～0.800V，则所测三极管属于硅NPN型中、小功率管。其中，显示数值较大的一次，黑表笔所接引脚为发射极。如果显示屏上的数值都显示为0.400～0.600V，则所测三极管属于硅NPN型大功率管。其中，显示数值大的一次中，黑表笔所接的引脚为发射极。

用红表笔接基极，黑表笔先后接触另外两个引脚，若两次都显示溢出符号“OL”或“1”，调换表笔测量，即黑表笔接基极，红表笔接触另外两个引脚，显示数值都大于0.400V，则表明所测三极管属于硅PNP型，此时数值大的那次测量中，红表笔所接的引脚为发射极。

数字万用表在测量过程中，若显示屏上的显示数值都小于 0.400V，则所测三极管属于锗管。

3. 带阻三极管的检测

带阻三极管检测与普通三极管基本类似，但由于其内部接有电阻，故检测出来的阻值大小稍有不同。以图 2-6-15 中的 NPN 型三极管为例，选用指针式万用表，量程置于 R×1k 挡，若带阻三极管正常，则有如下规律。

b、e 极之间正、反向电阻都比较小（具体测量值与内接电阻有关），但 b、e 极之间的正向电阻（黑表笔接 b，红表笔接 e）会略小一点，因为测正向电阻时发射结会导通。

b、c 极之间正向（黑表笔接 b，红表笔接 c）电阻小，反向电阻接近无穷大。

e、c 极之间正、反向电阻（黑表笔接 c，红表笔接 e）都接近无穷大。

若检测结果与上述不相符，可断定带阻三极管损坏。

4. 带阻尼三极管的检测

带阻尼三极管检测与普通三极管基本类似，但由于其内部接有阻尼二极管，故检测出来的阻值大小稍有不同。以图 2-6-16 中的 NPN 型三极管为例，选用指针式万用表，量程置于 R×1k 挡，若带阻尼三极管正常，则有如下规律。

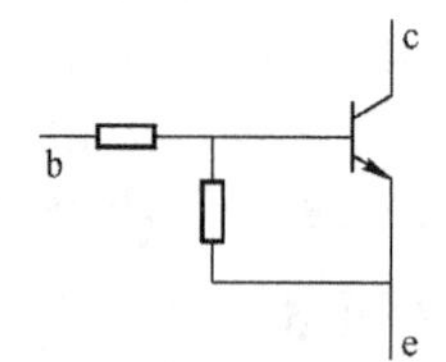

图 2-6-15　带阻三极管的检测

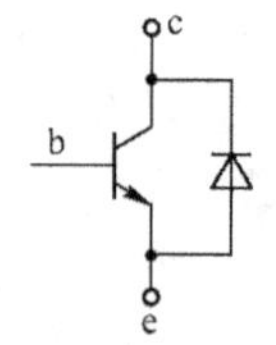

图 2-6-16　带阻尼三极管的检测

b、e 极之间正、反向电阻都比较小，但其正向电阻（黑表笔接 b，红表笔接 e）会略小一点。

b、c 极之间正向电阻（黑表笔接 b，红表笔接 c）小，反向电阻接近无穷大。

e、c 极之间正向电阻（黑表笔接 c，红表笔接 e）接近无穷大，反向电阻很小（因为阻尼二极管会导通）。

若检测结果与上述不相符，可断定带阻尼三极管损坏。

任务评价

表 2-6-3　三极管的识别与检测评价表

项　目	考核内容	配　分	评价标准	评分记录
三极管的识别	1. 识读三极管的型号； 2. 识别三极管的类型、材料、引脚	10 10	1. 能正确识读三极管的型号，每只 2 分； 2. 能说出三极管的类型、材料、引脚、用途，会从手册中查看其主要参数，每只 2 分	
三极管的测量	1. 测量三极管正、反向阻值； 2. 判断三极管的管型、引脚、放大倍数和质量	10 10	1. 万用表挡位选择适当，操作方法正确，测量结果准确； 2. 能熟练判断三极管的管型、引脚、放大倍数和质量	

任务 7　场效应管的识别与检测

操作 1：从提供的各种场效应管中或电路板上，直接识别场效应管的标注型号、类型

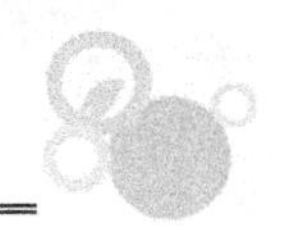

及引脚排列，并将结果填入表 2-7-1 中。

表 2-7-1　场效应管的识别记录表

序　　号	场效应管型号	场效应管类型	场效应管引脚排列方式	查看场效应管主要参数

操作 2：用万用表对提供的各种场效应管的 3 个极间正、反向电阻进行测量，判断其管型、引脚及质量，将测量结果填入表 2-7-2 中。

表 2-7-2　场效应管的测量记录表

序号	场效应管型号	万用表挡位	漏极和源极正向电阻	漏极和源极反向电阻	栅极和源极电阻	管型（结型、绝缘栅型）	场效应管质量

相关知识

场效应晶体管（Field Effect Transistor，FET）简称场效应管。一般的晶体管由两种极性的载流子，即多数载流子和反极性的少数载流子参与导电，因此称为双极型晶体管，而 FET 仅由多数载流子参与导电，它与双极型晶体管相反，也称为单极型晶体管。它属于电压控制型半导体器件，具有输入电阻高、噪声小、功耗低、动态范围大、易于集成、没有二次击穿现象、安全工作区域宽等优点。

一、场效应管的分类

场效应管分结型、绝缘栅型两大类。结型场效应管（JFET）因有两个 PN 结而得名，绝缘栅型场效应管（JGFET）则因栅极与其他电极完全绝缘而得名。目前在绝缘栅型场效应管中，应用最为广泛的是 MOS 场效应管，简称 MOS 管（即金属-氧化物-半导体场效应管，MOSFET）。

按沟道半导体材料的不同，结型场效应管和绝缘栅型场效应管可分为 N 沟道和 P 沟道两种。若按导电方式来划分，场效应管又可分成耗尽型与增强型。结型场效应管均为耗尽型，绝缘栅型场效应管既有耗尽型的，又有增强型的。场效应管实物如图 2-7-1 所示。

（a）直插式场效应管

（b）表贴式场效应管

图 2-7-1　场效应管实物图

场效应管的作用主要有：可应用于放大电路，由于场效应管放大器的输入阻抗很高，因此耦合电容器可以容量较小，不必使用电解电容器；可以用做电子开关；场效应管很高的输入阻抗非常适合用于阻抗变换，常用于多级放大器的输入级做阻抗变换；场效应管还可用做可变电阻器、恒流源等。

二、场效应管的识别

1. 场效应管的图形符号

场效应管有三个电极，分别是栅极 G、漏极 D、源极 S。在电路原理图中，用 FET 表示场效应管，图形符号如图 2-7-2 所示，其中 B 表示衬底。

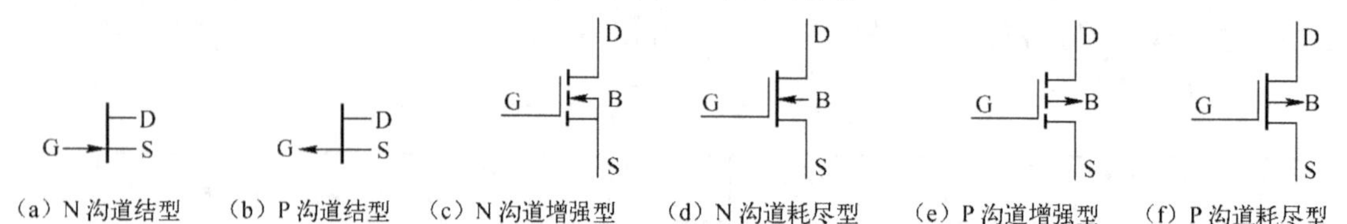

图 2-7-2　场效应管图形符号

2. 场效应管的型号命名

场效应管有两种命名方法。第一种命名方法与三极管相同，其中，第二位字母代表材料，D 是 P 型硅，反型层是 N 沟道，C 是 N 型硅 P 沟道。第三位字母 J 代表结型场效应管，O 代表绝缘栅型场效应管。例如，3DJ6D 是结型 N 沟道场效应三极管，3DO6C 是绝缘栅型 N 沟道场效应管。

第二种命名方法是 CS××#，CS 代表场效应管，××以数字代表型号的序号，#用字母代表同一型号中的不同规格。例如 CS14A、CS45G 等。

3. 场效应管的主要参数

场效应管的参数很多，包括直流参数、交流参数和极限参数，但一般使用时关注以下主要参数。

① 跨导 g_M：漏极电流的微变量与引起这个变化的栅-源电压微变量之比。它是衡量场效应管栅-源电压对漏极电流控制能力的一个参数，也是衡量放大作用的重要参数。跨导相当于普通晶体管的 h_{FE}。

② 饱和漏源电流 I_{DSS}：结型或耗尽型绝缘栅型场效应管中，栅极电压 $U_{GS}=0$ 时的漏源电流。

③ 夹断电压 U_P：结型或耗尽型绝缘栅型场效应管中，使漏源间刚截止时的栅极电压。

④ 开启电压 U_T：增强型绝缘栅型场效应管中，使漏源间刚导通时的栅极电压。

⑤ 漏源击穿电压 BU_{DS}：栅源电压 U_{GS} 一定时，场效应管正常工作所能承受的最大漏源电压。这是一项极限参数，加在场效应管上的工作电压必须小于 BU_{DS}。

⑥ 最大耗散功率 P_{DSM}：场效应管性能不变坏时所允许的最大漏源耗散功率。使用时，场效应管实际功耗应小于 P_{DSM} 并留有一定余量。

⑦ 最大漏源电流 I_{DSM}：场效应管正常工作时，漏源间所允许通过的最大电流。场效应管的工作电流不应超过 I_{DSM}。

4. 场效应管的引脚识别

目前常用的结型场效应管和 MOS 型绝缘栅型场效应管的引脚顺序如图 2-7-3 所示。

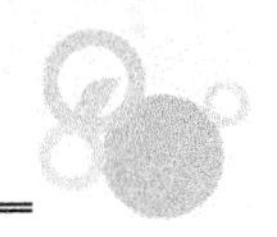

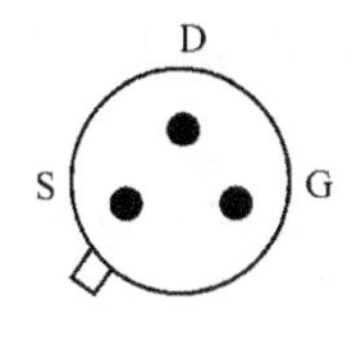

(a) 3DJ 引脚

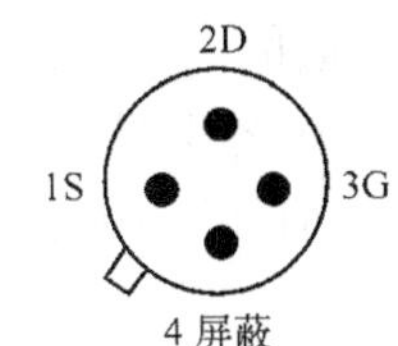

(b) 结型场效应管

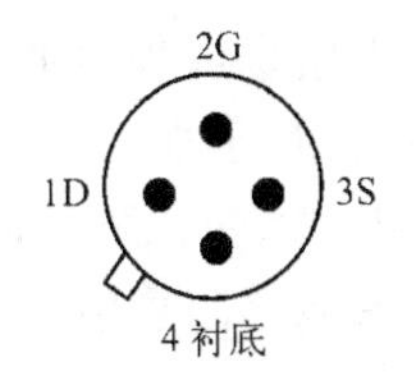

(c) 绝缘栅型场效应管

图 2-7-3　场效应管引脚识别

三、场效应管的检测

1. 结型场效应管的检测

(1) 判断引脚

方法一：场效应管的栅极相当于晶体管的基极，源极和漏极分别对应于晶体管的发射极和集电极。将万用表置于 R×1k 挡，用两表笔分别测量每两个引脚间的正、反向电阻。当某两个引脚间的正、反向电阻相等，均为数千欧时，则这两个引脚为漏极 D 和源极 S（可互换），余下的一个引脚即为栅极 G。对于有 4 个引脚的结型场效应管，另外一极是屏蔽极（使用中接地）。

方法二：用黑表笔接场效应管的任意电极，另一表笔依次接其余两电极，测其阻值。若两次测得的阻值近似相等，则黑表笔接的是栅极 G，其余两极为漏极 D 和源极 S。

(2) 判断管型

用黑表笔接栅极 G，红表笔分别接其余两极。若两次测得的阻值均很大，则说明是 N 沟道场效应管；若两次测得的阻值均很小，则说明是 P 沟道场效应管。

(3) 估测场效应管的放大能力

将万用表拨到 R×100 挡，红表笔接源极 S，黑表笔接漏极 D，相当于给场效应管加上 1.5V 的电源电压。这时表针指示出的是 D-S 极间电阻值。然后用手指捏栅极 G，将人体的感应电压作为输入信号加到栅极上。由于管子的放大作用，U_{DS} 和 I_D 都将发生变化，也相当于 D-S 极间电阻发生变化，可观察到表针有较大幅度的摆动。如果手捏栅极时表针摆动很小，说明管子的放大能力较弱；若表针不动，说明管子已经损坏。

由于人体感应的 50Hz 交流电压较高，而不同的场效应管用电阻挡测量时的工作点可能不同，因此用手捏栅极时表针可能向右摆动，也可能向左摆动。少数的管子 R_{DS} 减小，使表针向右摆动，多数管子的 R_{DS} 增大，表针向左摆动。无论表针的摆动方向如何，只要能有明显的摆动，就说明管子具有放大能力。

本方法也适用于测 MOS 管。为了保护 MOS 场效应管，必须用手握住螺钉旋具绝缘柄，用金属杆去碰栅极，以防止人体感应电荷直接加到栅极上，将管子损坏。

MOS 管每次测量完毕，G-S 结电容上会充有少量电荷，建立起电压 U_{GS}，再接着测时表针可能不动，此时将 G-S 极间短路一下即可。

(4) 用数字万用表测量放大能力

使用数字万用表的 h_{FE} 挡检测。N 沟道管选择 NPN 插座，P 沟道管选择 PNP 插座。将场效应管的栅极 G、漏极 D、源极 S 分别插入 h_{FE} 测量插座的 B、C、E 孔中。此时，万用表显示的数值就是场效应管的跨导，即放大系数。

2. MOS 场效应管的检测

MOS 场效应管比较“娇气”。这是由于它的输入电阻很高，而栅-源极间电容又非常小，极易受外界电磁场或静电的感应而带电，而少量电荷就可在极间电容上形成相当高的电压（$U=Q/C$），将管子损坏。因此出厂时各引脚都绞合在一起，或装在金属箔内，使 G 极与 S 极呈等电位，防止积累静电荷。管子不用时，全部引线也应短接。在测量时应格外小心，并采取相应的防静电措施。

（1）准备工作

测量之前，先把人体对地短路，才能摸触 MOSFET 的引脚。最好在手腕上接一条导线与大地连通，使人体与大地保持等电位。再把引脚分开，然后拆掉导线。

（2）判定电极

将万用表拨于 R×100 挡，首先确定栅极。若某脚与其他脚的电阻都是无穷大，证明此脚就是栅极 G。交换表笔重新测量，S-D 之间的电阻值应为几百欧至几千欧，其中阻值较小的那一次，黑表笔接的为 D 极，红表笔接的是 S 极。日本生产的 3SK 系列产品，S 极与管壳接通，据此很容易确定 S 极。

（3）检查放大能力（跨导）

将 G 极悬空，黑表笔接 D 极，红表笔接 S 极，然后用手指触摸 G 极，表针应有较大的偏转。双栅 MOS 场效应管有两个栅极 G1、G2。为区分，可用手分别触摸 G1、G2 极，其中表针向左侧偏转幅度较大的为 G2 极。

目前有的 MOSFET 管在 G-S 极间增加了保护二极管，平时就不需要把各引脚短路了。

任务评价

表 2-7-3　场效应管的识别与检测评价表

项　　目	考 核 内 容	配　　分	评 价 标 准	评 分 记 录
场效应管的识别	1．识读场效应管的型号； 2．识别三极管的类型、材料、引脚	10 10	1．能正确识读场效应管的型号，每只 2 分； 2．能说出三极管的类型、材料、引脚、用途，会从手册中查看其主要参数，每只 2 分	
场效应管的测量	1．测量场效应管 3 个极间正、反向电阻； 2．判断场效应管的管型、引脚、放大倍数和质量	10 10	1．万用表挡位选择适当，操作方法正确，测量结果准确； 2．能熟练判断场效应管的管型、引脚、放大倍数和质量	

任务 8　晶闸管的识别与检测

操作 1：从提供的各种晶闸管中或电路板上，直接识别晶闸管的标注型号、类型及引脚排列，并将结果填入表 2-8-1 中。

表 2-8-1　晶闸管的识别记录表

序　　号	晶闸管型号	晶闸管类型	晶闸管引脚排列方式	查看晶闸管主要参数

操作 2：用万用表对提供的各种晶闸管的 3 个极间正反向电阻进行测量，判断其极性、管型及质量，将测量结果填入表 2-8-2 中。

表 2-8-2　晶闸管的测量记录表

序号	晶闸管管型号	万用表挡位	正向电阻 GA（GT_1）、GK（GT_2）、AK（T_1 T_2）	反向电阻 GA（GT_1）、GK（GT_2）、AK（T_1 T_2）	管型（单向、双向）	晶闸管质量

相关知识

晶体闸流管简称晶闸管，俗称可控硅（SCR），是由三个 PN 结构成的一种大功率半导体器件。在性能上，晶闸管不仅具有单向导电性，还具有比硅整流元件更为可贵的可控性，它只有导通和关断两种状态，被广泛应用于可控整流、交流调压、无触点电子开关、逆变及变频等电路中。

一、晶闸管的分类

晶闸管的种类很多，按关断、导通及控制方式，可分为单向晶闸管、双向晶闸管、逆导晶闸管、门极关断晶闸管、BGT 晶闸管、温控晶闸管及光控晶闸管等。按引脚和极性，可分为二极晶闸管、三极晶闸管和四极晶闸管。按电流容量，可分为大功率晶闸管、中功率晶闸管和小功率晶闸管。晶闸管实物如图 2-8-1 所示。

（a）小功率晶闸管

（b）中功率晶闸管

（c）表贴式晶闸管

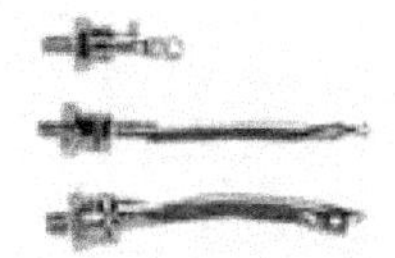
（d）螺栓式晶闸管

图 2-8-1　晶闸管实物图

二、晶闸管的识别

1. 晶闸管的图形符号

晶闸管在电路中用字母 V 或 VT 表示（旧标准中用字母 SCR 表示）。

单向晶闸管是一种 PNPN 四层半导体器件，共有三个电极，分别是阳极 A、阴极 K 和门极 G。双向晶闸管是一种 NPNPN 五层半导体器件，共有三个电极，分别为第一阳极 T_1、第二阳极 T_2 和门极 G。晶闸管的图形符号如图 2-8-2 所示。

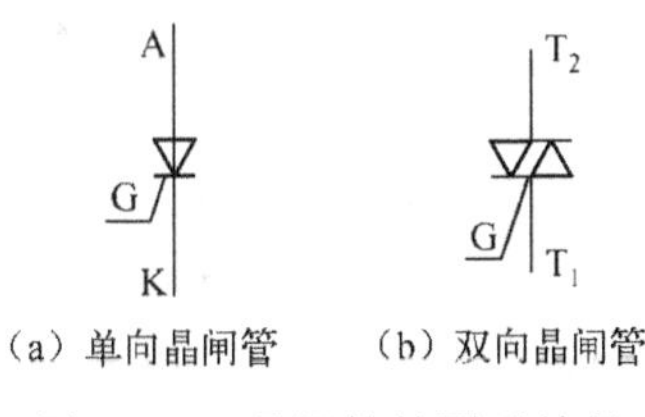

（a）单向晶闸管　（b）双向晶闸管

图 2-8-2　晶闸管的图形符号

2. 晶闸管的型号命名

晶闸管的型号命名主要由四部分组成。第一部分用字母“K”表示主称为晶闸管。第二部分用字母表示晶闸管的类别，如 P 表示普通反向阻断型，K 表示快速反向阻断型，S 表示双向型。第三部分用数字表示晶闸管的额定通态电流值。第四部分用数字表示重复峰值电压级数。

例如，KP1-2 表示 1A、200V 普通反向阻断型晶闸管；KS5-4 表示 5A、400V 双向晶闸管。

3. 晶闸管的主要参数

① 额定正向平均电流：额定正向平均电流是指阳极和阴极可以连续通过的 50Hz 正弦半波电流的平均值。选用晶闸管时应使额定正向平均电流大于电路工作电流。

② 正向阻断峰值电压：正向阻断峰值电压是指正向转折电压减去 100V 后的值。使用时正向电压峰值不允许超过此值。

③ 反向阻断峰值电压：反向阻断峰值电压是指反向击穿电压减去 100V 后的值。使用时反向电压峰值不允许超过此值。

④ 维持电流：维持电流是指在规定条件下，维持晶闸管导通所必需的最小正向电流。

⑤ 门极触发电压：门极触发电压是指在规定条件下使晶闸管导通所必需的最小门极直流电压。

⑥ 门极触发电流：门极触发电流是指在规定条件下使晶闸管导通所必需的最小门极直流电流。

三、晶闸管的检测

1. 晶闸管极性、管型的判断

（1）用指针式万用表检测

选择指针式万用表电阻挡 R×1 或 R×10 挡，测量任意两个极之间的电阻值。若有一组电极测得阻值为几十欧至几百欧，且反向测量时阻值较大，则该晶闸管为单向晶闸管，且红表笔所接的为阴极 K，黑表笔所接的为门极 G，余下的即为阳极 A。若有一组电极测得正、反向阻值均为几十欧至几百欧，则该晶闸管为双向晶闸管，且阻值较大的一次测量中，红表笔所接的为门极 G，黑表笔所接的为第一阳极 T_1，余下的即为第二阳极 T_2。

（2）用数字万用表检测

选择数字万用表二极管挡，测量任意两个极。若只有一组电极测得正向电压为 600～800mV，且反向测量时万用表显示“OL”或最高位显示“1”，则所测的晶闸管为单向晶闸管，红表笔所接的为门极 G，黑表笔所接的为阴极 K，余下的即为阳极 A。若只有一组电极测得正、反向电压为 200～800mV，则所测的晶闸管为双向晶闸管，且电压较大的一次测量中，红表笔所接的为第一阳极 T_1，黑表笔所接的为门极 G，余下的即为第二阳极 T_2。

2. 晶闸管质量检测

（1）单向晶闸管

选择指针万用表电阻挡 R×1 挡，黑表笔接阳极 A、红表笔接阴极 K，黑表笔在保持和阳极 A 接触的情况下，再与门极 G 接触，即给门极 G 加上触发电压。此时，单向晶闸管导通，阻值较小，表针偏转。然后，黑表笔保持和阳极 A 接触，并断开与门极 G 的接触，若此时晶闸管仍维持导通状态，即表针偏转状况不发生变化，则晶闸管基本正常。

（2）双向晶闸管

对于工作电流为 8A 以下的小功率双向晶闸管，可用指针式万用表电阻挡 R×1 挡直接检测。

先将黑表笔接第二阳极 T_2，红表笔接第一阳极 T_1，黑表笔在保持和第二阳极 T_2 接触的情况下，再与门极 G 接触，即给门极 G 加上触发电压。此时，双向晶闸管导通，阻值减小，表针由无穷大偏转至几十欧。

再将黑表笔接第一阳极 T_1，红表笔接第二阳极 T_2，红表笔在保持和第二阳极 T_2 接触的情况下，再与控制极 G 接触，即给门极 G 加上触发电压。此时，双向晶闸管导通，阻值减小，表针由无穷大偏转至几十欧。由此可断定晶闸管基本正常。

若在晶闸管触发导通后断开门极 G，第一阳极 T_1 与第二阳极 T_2 之间不能维持低阻状态而变为无穷大，则说明该双向晶闸管性能不良或已损坏。若给门极 G 加上正（或负）极性触发信号后，晶闸管仍不导通，即第一阳极 T_1 与第二阳极 T_2 之间正、反向电阻值仍为无穷大，则说明该管已损坏，无触发导通能力。

对于工作电流大于 8A 的中、大功率晶闸管，在检测其触发能力时，可先在万用笔的某只表笔上串联 1～3 节 1.5V 干电池，然后再按上述方法检测。

任务评价

表 2-8-3　晶闸管的识别与检测评价表

项　目	考 核 内 容	配　分	评 价 标 准	评分记录
晶闸管的识别	1．识读晶闸管的型号； 2．识别晶闸管的类型	10 10	1．能正确识读晶闸管的型号，每只 2 分； 2．能说出晶闸管的类型，会从手册中查看其主要参数，每只 2 分	
晶闸管的测量	1．测量晶闸管 3 个极间正、反向电阻； 2．判断晶闸管的管型、极性和质量	10 10	1．万用表挡位选择适当，操作方法正确，测量结果准确； 2．能熟练判断晶闸管的管型、极性和质量	

 任务 9　单结晶体管的识别与检测

操作：从提供的各种单结晶体管中或电路板上，直接识别单结晶体管的标注型号及引脚排列，用万用表对单结晶体管进行测量，判断其引脚及质量，并将结果填入表 2-9-1 中。

表 2-9-1　单结晶体管的识别与测量记录表

序　号	单结晶体管型号	正向电阻 eb_1、eb_2、b_1b_2	反向电阻 eb_1、eb_2、b_1b_2	单结晶体管质量判断结果

相关知识

一、单结晶体管的外形及特点

单结晶体管内只有一个 PN 结，故称为单结晶体管，它有三个电极，一个为发射极，另两个为基极，因其有两个基极，故又称为双基极二极管。单结晶体管具有负阻特性，即

单结晶体管内部电流增大时，其电压降随电流增大而减小。广泛应用于振荡、双稳态、定时电路中。

单结晶体管的实物如图 2-9-1 所示，图形符号及等效电路如图 2-9-2 所示。由单结晶体管组成的电路具有电路简单、稳定性好等优点。

图 2-9-1 单结晶体管实物图

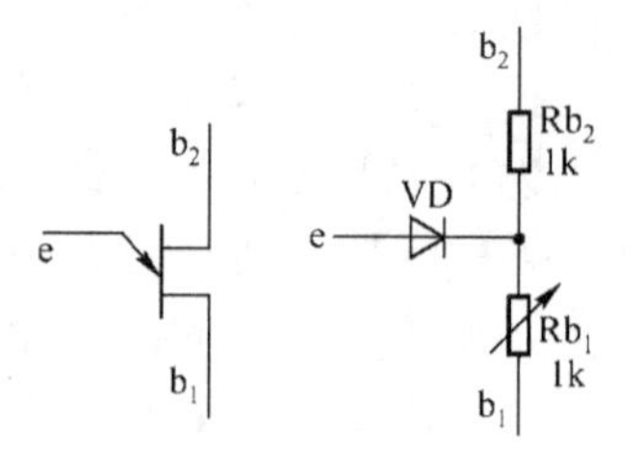

图 2-9-2 单结晶体管图形符号及等效电路

二、单结晶体管的型号命名

单结晶体管型号命名由四部分组成。第一部分表示制作材料，用字母“B”表示半导体，即“半”字第一个汉语拼音字母；第二部分表示种类，用字母“T”表示特种管，即“特”字第一个汉语拼音字母；第三部分表示电极数目，用数字“3”表示有三个电极；第四部分表示单结晶体管的耗散功率，通常只标出第一位有效数字，耗散功率的单位为 mW。国产单结晶体管常见的型号有 BT31、BT32、BT33、BT35 等。

三、单结晶体管的主要参数

① 基极间电阻 R_{bb}：发射极开路时，基极 b_1、b_2 之间的电阻一般为 2～10kΩ，其数值随温度的上升而增大。通常 R_{bb} 具有纯电阻特性，阻值大小与温度有关。

② 分压比 η：R_{b1} 上产生的电压 U_{b1} 与两基极电压 U_{bb} 的比值，公式为 $\eta=U_{b1}/U_{bb}=R_{b1}/R_{bb}$。分压比是由管子内部结构决定的常数，一般为 0.3～0.9。

③ e、b_1 间反向电压 V_{cb1}：b_1 开路，在额定反向电压 V_{cb1} 下，基极 b_1 与发射极 e 之间的反向电压。

④ 反向电流 I_{eo}：b_1 开路，在额定反向电压 V_{cb2} 下，e、b_2 间的反向电流。如果实际测得管子的反向电流太大，则表明 PN 结的单向特性差，单结晶体管有漏电现象。

⑤ 发射极饱和压降 V_{eo}：在最大发射极额定电流时，e、b_1 间的压降。

⑥ 峰点电流 I_p：单结晶体管刚开始导通时，发射极电压为峰点电压时的发射极电流。

四、单结晶体管的检测

1. 判断单结晶体管发射极 e 的方法

将万用表置于 R×1k 挡或 R×100 挡，假设单结晶体管的任一引脚为发射极 e，黑表笔接的假设是发射极，红表笔分别接触另外两引脚测其阻值。当出现两次低电阻时，黑表笔所接的就是单结晶体管的发射极。

2. 单结晶体管 b_1 和 b_2 的判断方法

将万用表置于 R×1k 挡或 R×100 挡，黑表笔接发射极，红表笔分别接另外两引脚测阻值，两次测量中，电阻大的一次，红表笔接的就是 b_1 极。

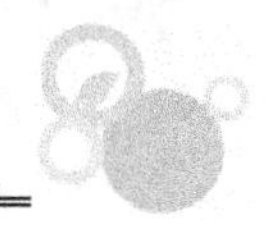

应当说明的是，上述判别 b_1、b_2 的方法不一定对所有的单结晶体管都适用，有个别管子的 e、b_1 间的正向电阻值较小。即使 b_1、b_2 颠倒了，也不会使管子损坏，只影响输出脉冲的幅度（单结晶体管多在脉冲发生器中使用）。当发现输出的脉冲幅度偏小时，只要将原来假定的 b_1、b_2 对调过来就可以了。

3. 测量分压比

万用表 R×100 挡，分别测发射极对两个基极的正、反向电阻。利用测得的正向电阻 R_{b1}、R_{b2} 可计算出该管的分压比。

任务评价

表 2-9-2　单结晶体管的识别与检测评价表

项　目	考核内容	配　分	评价标准	评分记录
单结晶体管的识别与测量	1．识读单结晶体管的型号； 2．测量单结晶体管 3 个极间正、反向电阻，判断其引脚及质量	10 10	1．能正确识读单结晶体管的型号，每只2分； 2．万用表挡位选择适当，操作方法正确，测量结果准确； 3．能熟练判断单结晶体管的引脚及质量	

任务 10　集成电路的识别与检测

操作 1：对电路板上各种集成电路进行直观识别，查阅集成电路手册，找出其主要参数和应用场合，将结果填入表 2-10-1 中。

表 2-10-1　集成电路的识别记录表

序　号	集成电路型号	集成电路封装形式	集成电路类型	集成电路应用场合	集成电路引脚排列方式	集成电路主要参数

操作 2：用万用表测量电路板上集成电路各引脚对地正、反向电阻，与参考资料或另一块好的集成电路进行比较，初步判其好坏断，将结果填入表 2-10-2 中。

表 2-10-2　集成电路的测量记录表

序　号	集成电路型号	集成电路封装形式	集成电路类型	集成电路应用场合	异常引脚对地正、反向电阻	初步判断结果

相关知识

集成电路（Integrated Circuit，IC）是一种微型电子器件或部件。采用一定的工艺，

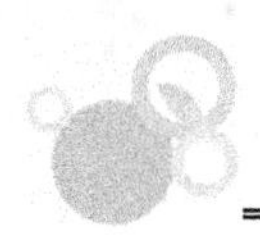

把一个电路中所需的晶体管、二极管、电阻器、电容器和电感器等元器件及布线互相连接在一起，制作在一小块或几小块半导体晶片或介质基片上，然后封装在一个管壳内，成为具有所需电路功能的微型结构。集成电路具有体积小、质量轻、引出线和焊接点少、寿命长、可靠性高、性能好等优点，同时成本低，便于大规模生产。它不仅在工、民用电子设备（如收录机、电视机、计算机等）方面得到了广泛的应用，同时在军事、通信、遥控等方面也得到了广泛的应用。用集成电路来装配电子设备，其装配密度比晶体管可提高几十倍至几千倍，设备的稳定工作时间也可大大提高。

一、集成电路的分类

1. 按功能结构分类

集成电路又称为IC，按其功能、结构的不同，可以分为模拟集成电路、数字集成电路和数/模混合集成电路三大类。

模拟集成电路又称线性电路，用来产生、放大和处理各种模拟信号（指幅度随时间变化的信号，如半导体收音机的音频信号、录放机的磁带信号等），其输入信号和输出信号成比例关系。数字集成电路用来产生、放大和处理各种数字信号（指在时间上和幅度上离散取值的信号，如 3G 手机、数码相机、计算机 CPU、数字电视的逻辑控制和重放的音频信号和视频信号）。

2. 按制作工艺分类

集成电路按制作工艺可分为半导体集成电路、膜集成电路和混合集成电路。根据膜的厚薄不同，膜集成电路又分为厚膜集成电路和薄膜集成电路两种。

半导体集成电路是采用半导体工艺技术，在硅基片上制作的包括电阻器、电容器、三极管、二极管等元器件并具有某种电路功能的集成电路；膜集成电路是在玻璃或陶瓷片等绝缘物体上，以“膜”的形式制作电阻器、电容器等无源元件。无源元件的数值范围可以很宽，精度可以很高。但目前的技术水平尚无法用“膜”的形式制作晶体二极管、三极管等有源元件，因而使膜集成电路的应用范围受到很大的限制。在实际应用中，多半是在无源膜电路上外加半导体集成电路或分立元件的二极管、三极管等有源元件，使之构成一个整体，这便是混合集成电路。在家电维修和一般性电子制作过程中遇到的主要是半导体集成电路、厚膜集成电路及少量的混合集成电路。

3. 按集成度分类

集成度是指在一个硅片上含有的元器件数目。据此集成电路可分为小规模集成电路、中规模集成电路、大规模集成电路、超大规模集成电路 4 种。中、大规模集成电路最为常用，超大规模集成电路主要用于存储器及计算机 CPU 等专用芯片中。

4. 按导电类型不同分类

集成电路按导电类型可分为双极型集成电路、MOS 集成电路（单极型）和双极型电路-MOS 电路。

双极型电路是在硅片上制作双极型晶体管构成的集成电路，由空穴和电子两种载流子导电。这种集成电路的制作工艺复杂，功耗较大，代表集成电路有 TTL、ECL、HTL、LST-TL、STTL 等类型。

MOS 电路由空穴或电子一种载流子导电。这种集成电路的制作工艺简单，功耗也较低，易于制成大规模集成电路，代表集成电路有CMOS、NMOS、PMOS 等类型。

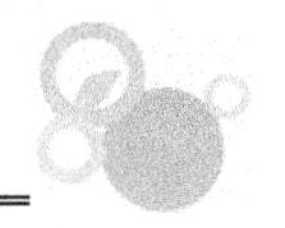

双极型电路-MOS 电路是由双极型晶体管和 MOS 电路混合构成的集成电路，一般前者作为输出极，后者作为输入极。

5. 按应用领域分类

集成电路按应用领域可分为通用集成电路和专用集成电路。专用集成电路是相对通用集成电路而言的，它是为特定应用领域或特定电子产品专门研制的集成电路，目前应用较多的有：门阵列、可编程逻辑器件、标准单元集成电路、模拟阵列和数字模拟混合阵列、全定制集成电路。专用集成电路具有性能稳定、功能强等优点。

二、集成电路的型号命名

集成电路型号命名与分立器件相比规律性较强，绝大多数国内外厂商生产的同一种集成电路，采用基本相同的数字标号，而以不同的字头代表不同的厂商，如 NE555、LM555、SG555、μpc555 分别是由不同厂商生产的定时器电路，它们的功能、性能、封装、引脚排列都一致，可以相互替换。但也有个别厂商按自己的标准命名，如型号为 D7642 和 YS414，实际上是同一种微型调幅单片收音机电路，因此在选择集成电路时要以产品手册为准。

我国集成电路的型号命名与国际上的命名标准基本相同，一般由五部分组成，其各部分组成如图 2-10-1 所示。

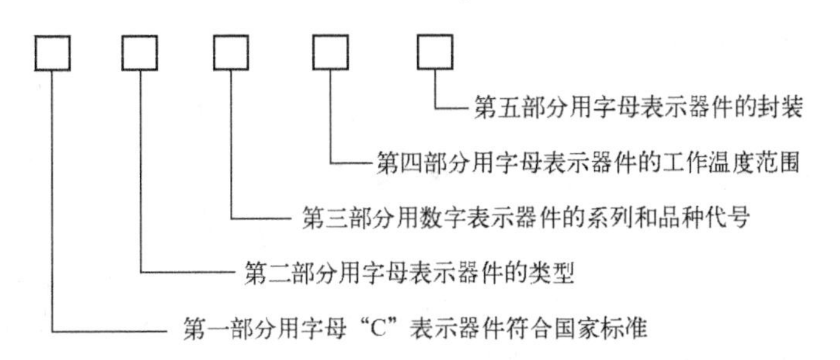

图 2-10-1　国产集成电路型号命名

例如，CF741CT 和 CC4013CP 的含义如图 2-10-2 所示。

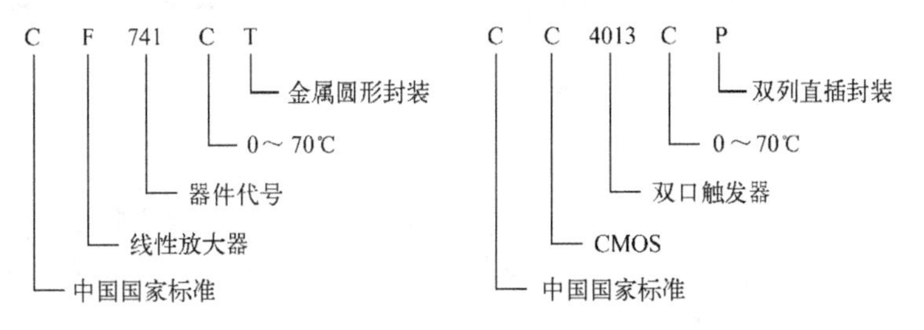

图 2-10-2　集成块 CF741CT 和 CC4013CP 的含义

三、集成电路的封装与引脚识别

集成电路的封装是指对制造好的半导体芯片加上保护外壳和连接引线，使之便于测试、包装、运输和组装到印制电路板上。封装不仅起着安装、固定、密封等保护芯片及增强电热性能等方面的作用，还通过芯片上的接点用导线连接到封装外壳的引脚上，这些引脚又通过印制电路板（也称“PCB 板”）上的导线与其他器件相连接，从而实现内部芯片与外部电路的连接。

1．集成电路的封装类型

集成电路的封装种类繁多，结构多样。根据封装材料的不同可分为金属封装、陶瓷封装和玻璃封装三种类型；根据集成电路的安装方式可分为直插式（通孔式）封装和贴片式封装两大类。下面介绍几种常见的集成电路的封装形式。

（1）DIP 封装

DIP 即双列直插式封装。该类型的引脚在芯片两侧排列，绝大多数中、小规模 IC 均采用这种封装形式，其引脚数一般不超过 100 个。适合在 PCB 上插孔焊接，操作方便。封装材料有塑料和陶瓷两种，塑封 DIP 应用最广泛。DIP 封装如图 2-10-3 所示。

（2）SIP 封装

SIP 即单列直插式封装。该类型的引脚从封装一个侧面引出，排列成一条直线。当装配到印制电路板上时封装呈侧立状。引脚中心距通常为 2.54mm，引脚数从 2～23，多数为定制产品，封装形状各异。SIP 封装如图 2-10-4 所示。

图 2-10-3　DIP 封装

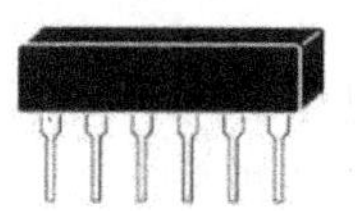

图 2-10-4　SIP 封装

（3）SOP 封装

SOP 即小外形封装，是表面贴装型封装的一种，引脚端子从封装的两个侧面引出，呈字母 L 状，如图 2-10-5 所示。

（4）SOJ 封装

SOJ 即小外形 J 引脚封装，是表面贴装型封装的一种，引脚端子从封装的两个侧面引出，呈 J 字形，引脚节距为 1.27mm，如图 2-10-6 所示。

图 2-10-5　SOP 封装

图 2-10-6　SOJ 封装

（5）QFP 封装

QFP 即四侧引脚扁平封装，是表面贴装型封装的一种。引脚从封装的四个侧面引出，呈 L 字形，引脚节距为 1.0mm、0.8mm、0.65mm、0.5mm、0.4mm、0.3mm，引脚可达 300 脚以上，如图 2-10-7 所示。

图 2-10-7　QFP 封装

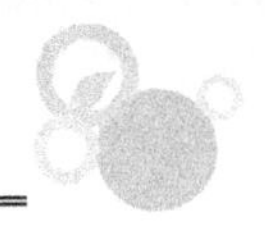

（6）PLCC 封装

PLCC 即塑封 J 引脚芯片封装。引脚从封装的四个侧面引出，向零件底部弯曲，呈 J 字形。引脚中心距 1.27mm，引脚数 18～84。 J 形引脚不易变形，但焊接后的外观检查较为困难。PLCC 封装如图 2-10-8 所示。

（7）CLCC 封装

CLCC 即带引脚的陶瓷芯片载体，引脚从封装的四个侧面引出，呈丁字形，如图 2-10-9 所示。

图 2-10-8　PLCC 封装

图 2-10-9　CLCC 封装

（8）LCC 封装

LCC 即四侧无引脚扁平封装。封装四侧配置有电极触点，由于无引脚，贴装占有面积比 QFP 小，高度比 QFP 低。但是，当印制电路板与封装之间产生应力时，在电极接触处就不能得到缓解。因此电极触点难于做到 QFP 的引脚那样多，一般从 14～100。材料有陶瓷和塑料两种，电极触点中心距 1.27mm，如图 2-10-10 所示。

（9）CPGA 封装

CPGA 即陶瓷针型栅格阵列封装，插装型封装之一，其底面的垂直引脚呈阵列状排列，一般要通过插座与 PCB 板连接。引脚中心距通常为 2.54mm，引脚数从 64～447 左右。插拔操作方便，可靠性高，可适应更高的频率。CPGA 封装如图 2-10-11 所示。

图 2-10-10　LCC 封装

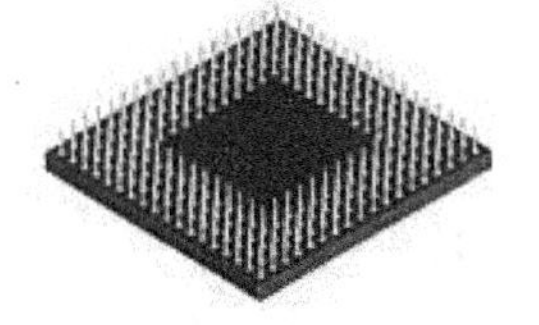

图 2-10-11　CPGA 封装

（10）BGA 封装

BGA 即球栅阵列封装，是表面贴装型封装的一种。在印制电路板的背面按阵列方式制作出球形凸点用以代替引脚，在印制电路板的正面装配 LSI 芯片，然后用模压树脂或灌封方法进行密封。BGA 封装也称为凸点阵列载体（PAC），如图 2-10-12 所示。

图 2-10-12　BGA 封装

（11）TCP 封装

TCP 即带载封装，是在形成布线的绝缘带上搭载裸芯片，并与布线相连接的封装。与其他表面贴装型封装相比，芯片更薄，引脚节距更小，达 0.25mm，而引脚数可达 500 以上。

（12）CSP 封装

CSP 封装是芯片级封装的意思，即“芯片尺寸封装”。这种封装可以让芯片面积与封装面积之比达到 1:1.2，大大减小了芯片封装外形的尺寸。目前，CSP 产品已有 100 多种，封装类型主要有以下五种：柔性基片 CSP、硬质基片 CSP、引线框架 CSP、圆片级 CSP、叠层 CSP。

2. 集成电路的引脚识别

集成电路的引脚较多，其排列顺序一般用色点、凹槽、管键、切角及封装时压出的圆形凹坑作为起始标志。

对于双列直插式集成电路，引脚识别方法是将集成电路水平放置，引脚向下，标志朝左边，左下角为第一个引脚，然后按逆时针方向数，依次为 2、3、4……。

对于单列直插式集成电路的识别标记，有的用切角斜面，有的用凹槽，识别方法是：让引脚向下，标志朝左边，从左下角第一个引脚到最后一个引脚，依次为 1，2，3……。

扁平型封装的集成电路，一般在端面一侧有一个类似引脚的小金属片，或者在封装表面上有一色标或凹口作为标记。其引脚排列方式是：从标记开始，沿逆时针方向依次为 1、2、3……。但应注意，有少量的扁平封装集成电路的引脚是顺时针排列的。

四、集成电路质量的检测

1. 电阻法

通过测量集成电路各引脚对地正、反向电阻，与参考资料或另一块好的集成电路进行比较，从而做出判断。

在没有对比资料的情况下，只能使用间接电阻法测量，即在印制电路板上通过测量集成电路外围元器件（如电阻器、电容器、晶体管器）的好坏来判断。若外围元器件没有损坏，则集成电路有可能已损坏。

2. 电压法

测量集成电路引脚对地的动、静态电压，与电路图或其他资料所提供的参考电压进行比较，若引脚电压有较大差别，而其外围元器件又没有损坏，则集成电路有可能已损坏。

3. 波形法

检测集成电路各引脚的波形是否与原设计相符，若有较大区别，而其外围元器件又没有损坏，则集成电路有可能已损坏。

4. 替换法

用相同型号的集成电路做替换试验，若电路恢复正常，则集成电路已损坏。

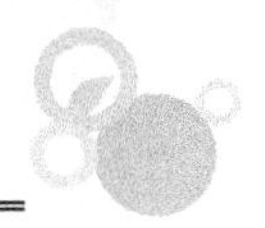

任务评价

表 2-10-3　集成电路的识别与检测评价表

项　　目	考 核 内 容	配　　分	评 价 标 准	评 分 记 录
集成电路的识别	1．识读集成电路的型号； 2．识别集成电路的类型、封装形式	10 10	1．能正确识读集成电路的型号，每只2分； 2．能说出集成电路的类型、用途，会从手册中查阅其主要参数，每只2分	
集成电路的测量	测量集成电路各引脚对地正、反向电阻，初步判断其好坏	10	万用表挡位选择适当，操作方法正确，能通过电阻法对集成电路做出初步判断	

任务 11　机电元件的识别与检测

操作 1：对提供的各种开关、熔断器、接插件进行直观识别，并用万用表进行测量，将结果填入表 2-11-1 中。

表 2-11-1　开关、熔断器、接插件的识别与测量记录表

序号	机 电 元 件	类型或型号	标 称 参 数	质量判断结果
	开关			
	熔断器			
	接插件			

操作 2：对提供的各种继电器进行直观识别，并用万用表进行测量，将结果填入表 2-11-2 中。

表 2-11-2　继电器的识别与测量记录表

序号	继电器类型	继电器型号	主 要 参 数	输入、输出端标志	线圈（各极间）电阻	质量判断结果

相关知识

利用机械力或电信号的作用，使电路产生接通、断开或转接等功能的元件，称为机电元件。机电元件的工作原理及结构较为直观明了。机电元件与电子产品的安全性、可靠性及整机水平的关系很大，而且是故障多发点。正确选择、使用和维护机电元件是提高电子工艺水平的关键之一。

一、开关

开关是利用机械力接通或断开电路的一种元器件。其实物如图 2-11-1 所示，在电路中用字母 K 或 S 表示，其图形符号如图 2-11-2 所示。

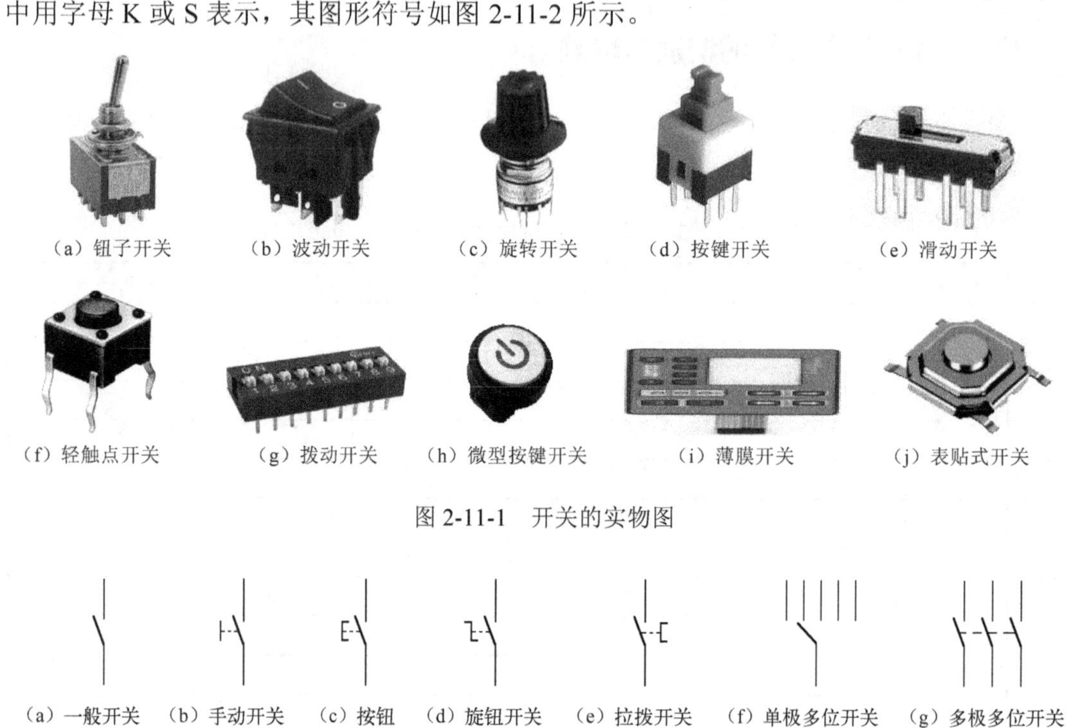

（a）钮子开关　（b）波动开关　（c）旋转开关　（d）按键开关　（e）滑动开关

（f）轻触点开关　（g）拨动开关　（h）微型按键开关　（i）薄膜开关　（j）表贴式开关

图 2-11-1　开关的实物图

（a）一般开关　（b）手动开关　（c）按钮　（d）旋钮开关　（e）拉拨开关　（f）单极多位开关　（g）多极多位开关

图 2-11-2　开关的图形符号

开关的“极”和“位”是了解开关必须掌握的概念。极（俗称刀）指的是开关的活动触点；位（俗称“掷”）指的是开关的静触点。例如，图 2-11-2（a）、图 2-11-2（b）、图 2-11-2（c）、图 2-11-2（d）、图 2-11-2（e）为单极单位开关，只能通断一条电路；图 2-11-2（f）为单极多位开关，可选择通断多条电路中的一条；图 2-11-2（g）为多极多位开关，可同时接通或断开多条独立的电路。

1. 开关的参数

（1）额定电压

额定电压指开关在正常工作状态下可以承受的最大电压，对于交流电源开关而言，则指交流电压有效值。

（2）额定电流

额定电流指开关在正常工作状态下所允许通过的最大电流，在交流电路中指交流电流的有效值。

2. 开关的检测

（1）通断检测

用万用表电阻挡测量开关的引脚，接通的引脚间电阻值接近零，断开的引脚间电阻值为无穷大。

（2）绝缘电阻的检测

用万用表电阻挡最高量程检测外壳与引脚间、各引脚间的绝缘电阻。一般开关的绝缘电阻应大于 100MΩ。

二、熔断器

熔断器俗称保险丝，它是一种过载保护元器件，当电流超过规定值时，熔断器靠自身产生的热量熔断，使电路断开。熔断器广泛应用于配电系统和控制电路，主要起短路保护或过载保护的作用。常见的熔断器外形如图 2-11-3（a）示，图形符号如图 2-11-3（b）所示。

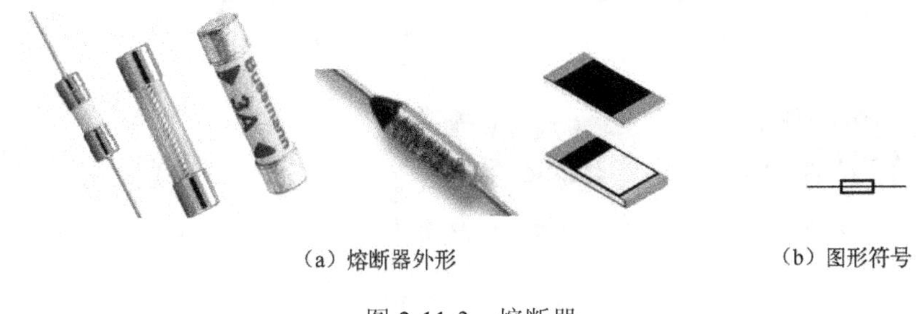

（a）熔断器外形　　（b）图形符号

图 2-11-3　熔断器

熔断器在电路中通常用字母 F 表示，它的主要参数是额定电流。额定电流是指熔断器所能承载的工作电流，当流过它的电流超过此值时，熔体产生的热量使自身熔断。额定电流值一般都标注在熔断器上，选用时，额定电流要适当，既不能太大，也不能太小。额定电流太大起不到保护作用；额定电流太小，容易在正常工作时熔断，影响电路的正常工作。

熔断器的检测比较简单，使用万用表电阻挡测量熔断器两端，好的熔断器其电阻值应接近零。

三、接插件

接插件又称连接器，通常由插头（又称公插头）和插口（又称母插头）组成，是电子产品中用于电气连接的一类机电元件，应用十分广泛。

1. 接插件的类型

接插件的种类很多，按用途来分，有电源接插件（电源插头、插座）、耳机接插件（耳机插头、插座）、电视天线接插件、电话机接插件、电路板连接件、网线接插件、光纤电缆连接件等。按结构形状可分为以下几种。

（1）条形接插件：主要用于印制电路板之间或与导线之间的连接，外形为长条形。

（2）矩形接插件：主要用于同一机壳内各功能单元相互之间的连接，外形为矩形或梯形。

（3）圆形接插件：主要用于系统内各种设备之间的连接，外形为圆形。

（4）印制电路板接插件：主要用于印制电路板之间或与导线之间的连接，包括边缘连接件、板间连接件等。

（5）扁平带装排线接插件：这种接插件是由几十根以聚氯乙烯为绝缘层的导线并排黏合在一起的，多用于计算机中实现主板与其他设备之间的连接。

（6）IC 插座：集成电路插座是专为直插式集成块设计的，将其焊接在印制电路板上，再将集成块插入插座中。

（7）导电胶接插件：用于液晶显示器与印制电路板之间的连接。

常用接插件外形如图 2-11-4 所示。

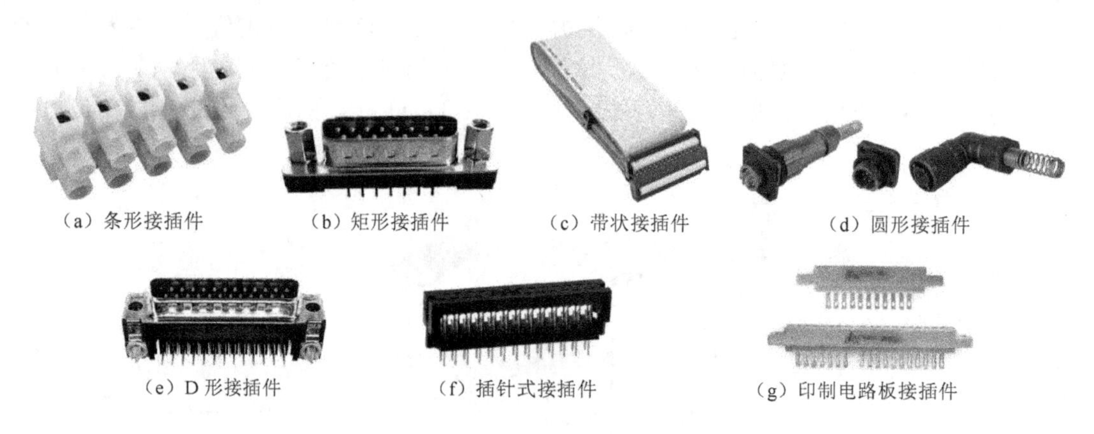
（a）条形接插件　（b）矩形接插件　（c）带状接插件　（d）圆形接插件

（e）D 形接插件　（f）插针式接插件　（g）印制电路板接插件

图 2-11-4　接插件

2．接插件的检测

对接插件的检测，一般采用外表直观检查和万用表测量检查两种方法。先直观检查接插件是否有引脚相碰、弯曲、断裂的现象，然后用万用表做进一步的检测。

用万用表的欧姆挡对接插件的有关电阻进行测量，方法如下。

将万用表置于“R×1”挡，两表笔分别接接插件的同一根导线的两个端头，测得的阻值应为零，否则说明该导线有断路故障。

将万用表置于“R×10k”挡，两表笔分别接接插件的任意两个端，可测量两个端的导线之间的绝缘情况。正常情况下，测得的阻值应为无穷大，若发现某两个端头之间的电阻不是无穷大，则说明该两个端之间的导线有局部短路故障。

四、继电器

继电器是一种具有隔离功能的用小电流控制大电流的自动开关元件，在电路中起自动调节、安全保护、转换电路等作用，广泛应用于自动控制电路中。继电器主要分为交流继电器和直流继电器两大类，根据开关触点的形式又可分为常开式继电器、常闭式继电器和转换式继电器。下面介绍几种常见的继电器。

1．常见继电器的外形

（1）电磁继电器

电磁继电器一般由铁芯、线圈、衔铁、触点簧片等构成，其结构和外形如图 2-11-5 所示。

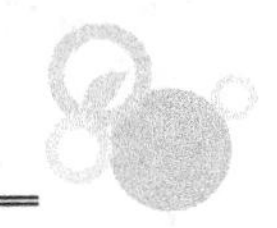

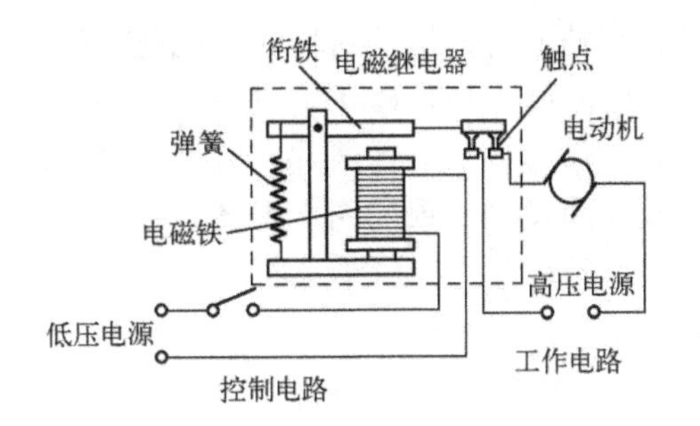

图 2-11-5　电磁继电器

当线圈中通过电流时，线圈中的铁芯被磁化而产生磁力，从而将衔铁吸下，衔铁通过杠杆的作用推动簧片动作，使触点闭合；当线圈断电后，铁芯失去磁力，衔铁在簧片的作用下回复原位，触点断开。这样吸合、释放，从而达到在电路中的导通、切断的目的。对于继电器的“常开、常闭”触点，可以这样来区分：继电器线圈未通电时处于断开状态的静触点称为“常开触点”；处于接通状态的静触点称为“常闭触点”。

（2）固态继电器

固态继电器（SSR）是利用双向晶闸管或晶体管等元器件的开关特性制成的无触点通断电子开关，为四端有源器件。其中两个端子为输入控制端，另外两端为输出受控端，中间采用光电耦合方式作为控制端与输出端之间的信号传输。在输入端加上直流或脉冲信号，输出端就能从关断状态转变成导通状态（无信号时呈阻断状态），从而控制较大负载。整个器件无可动部件及触点，可实现电磁继电器一样的功能，其外形如图 2-11-6 所示。

图 2-11-6　固态继电器

（3）舌簧继电器

舌簧继电器主要由线圈和舌簧管构成，其外形如图 2-11-7 所示。

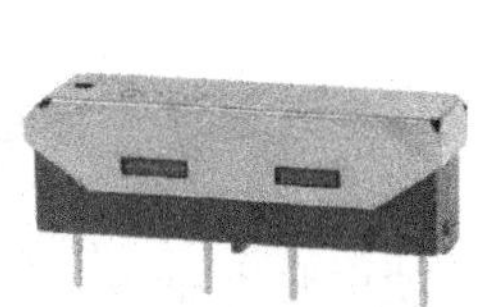

图 2-11-7　舌簧继电器

舌簧管是由两根或三根高导磁材料制成的舌簧片封结在玻璃管中构成的。舌簧片可构成磁路的一部分。封结在玻璃管内的舌簧片自由端电镀一层贵金属，作为继电器的触点，

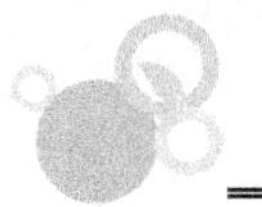

起开闭电路的作用。线圈通电后，封结在玻璃管两端的舌簧片被磁化，管内两簧片的自由端相互吸引而闭合，使被控电路接通；线圈断电后，磁场消失，两舌簧片在本身机械应力的作用下回弹而分开，使被控电路切断。作为触点的舌簧片一端被封结在玻璃管内，可以避免污染物对触点可靠工作的影响。触点间浸润水银的叫水银湿式舌簧继电器。除用线圈产生磁场吸引舌簧片外，也可用永磁铁代替线圈而构成干簧管继电器。

2. 继电器的识别

（1）继电器的图形符号

因为继电器是由线圈和触点组两部分组成的，所以继电器在电路图中的图形符号也包括两部分：用长方框表示线圈，用一组触点符号表示触点组合。如果继电器有两个线圈，就画两个并列的长方框，同时在长方框内或长方框旁标上继电器的文字符号 J 或 K。继电器的触点有两种表示方法：一种是把它们直接画在长方框一侧，这种表示法较为直观；另一种是按照电路连接的需要，把各个触点分别画到各自的控制电路中，通常在同一继电器的触点与线圈旁分别标注上相同的文字符号，并将触点组编上号码，以示区别。继电器的触点有三种基本形式，如图 2-11-8 所示。

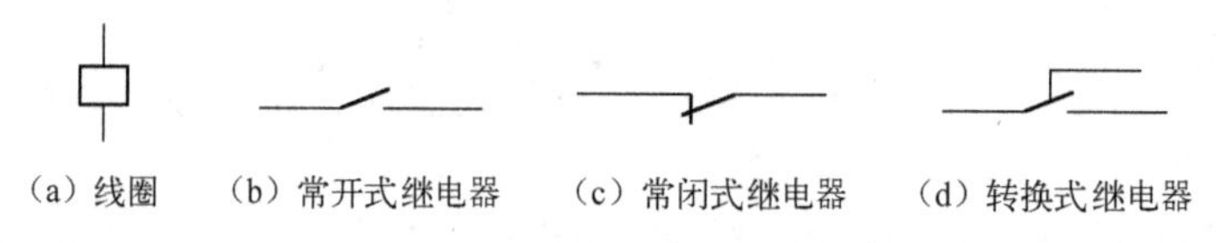

（a）线圈　（b）常开式继电器　（c）常闭式继电器　（d）转换式继电器

图 2-11-8　继电器的图形符号

常开式继电器：线圈不通电时两触点是断开的，通电后，两个触点就闭合。

常闭式继电器：线圈不通电时两触点是闭合的，通电后两个触点就断开。

转换式继电器：它有三个触点，中间是动触点，上下各一个静触点。线圈不通电时，动触点和其中一个静触点断开和另一个闭合，线圈通电后，动触点就移动，使原来断开的成为闭合、原来闭合的成为断开状态，达到转换的目的。

（2）继电器的主要参数

① 额定工作电压：继电器正常工作时线圈所需要的电压。根据继电器的型号不同，可以是交流电压，也可以是直流电压。

② 直流电阻：继电器中线圈的直流电阻，可以通过万能表测量。

③ 吸合电流：继电器能够产生吸合动作的最小电流。在正常使用时，给定的电流必须略大于吸合电流，这样继电器才能稳定地工作。而对于线圈所加的工作电压，一般不要超过额定工作电压的 1.5 倍，否则会产生较大的电流而把线圈烧毁。

④ 释放电流：继电器产生释放动作的最大电流。当继电器吸合状态的电流减小到一定程度时，继电器就会恢复到未通电的释放状态。这时的电流远远小于吸合电流。

⑤ 触点切换电压和电流：继电器允许加载的电压和电流。它决定了继电器能控制电压和电流的大小，使用时不能超过此值，否则很容易损坏继电器的触点。

（3）继电器的型号命名

继电器的型号命名一般由五部分组成。第一部分用字母 J 表示继电器，第二部分用字母表示功率或形式，第三部分用字母表示外形特征，第四部分用数字表示序号，第五部分用字母表示封装，如表 2-11-3 所示。

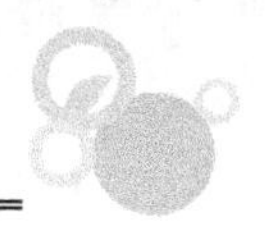

表 2-11-3　继电器的型号命名

第一部分	第二部分	第三部分	第四部分	第五部分
继电器主称	功率或形式	外形	序号	封装形式
J	W：微功率	W：微型	—	F：封闭式
J	R：弱功率	C：超小型	—	M：密封式
J	Z：中功率	X：小型	—	（无）常开式
J	Q：大功率	S：湿式	—	—
J	A：舌簧	G：干式	—	—
J	M：磁保持	S：湿式	—	—
J	H：极化	—	—	—
J	P：高频	—	—	—
J	L：交流	—	—	—
J	S：时间	—	—	—
J	U：温度	—	—	—

例如，JRX-13F 表示封闭式弱功率小型继电器，产品序号为 13。

3. 继电器的检测

（1）电磁继电器的检测

① 判断是交流继电器还是直流继电器。

交流继电器的线圈上常标有“AC”字样，并且在其铁芯顶端嵌有一个铜制的短路环；直流继电器上标有“DC”字样，且其铁芯顶端没有铜环。

② 判断触点的数量和类别。

只要仔细观察一下继电器的触点结构，即可知道该继电器有几对触点，还能看清在不通电的情况下，触点是闭合的还是断开的。也可用万用表测量触点两个引脚的电阻，通过电阻的阻值，来判断该继电器是常开式继电器还是常闭式继电器。若触点有三个引脚，则该继电器属于转换式继电器。若触点只有两个引脚，则该继电器只能属于常开式继电器或常闭式继电器。

③ 测量触点接触电阻。

测量触点的接触电阻，可以判断该触点是否良好。用万用表的“R×1”挡，先测量一下常闭触点之间的电阻，其阻值应为零。然后测量一下常开触点之间的电阻，接着，用手按下衔铁，这时常开触点闭合而常闭触点打开，常闭触点之间的电阻变为无穷大，常开触点之间的电阻变为零。如果触点闭合后接触电阻很大，那么该继电器不能再继续使用。

检测继电器触点时，给继电器线圈接上规定的电压，再用万用表的“R×1”挡检测触点的通断。未加上工作电压时，常闭触点应导通。当加上工作电压时，应能听到继电器吸合声，这时常开触点应导通，否则应检查触点是否清洁、氧化及触点压力是否足够。

④ 测量线圈电阻。

用万用表 R×10Ω挡测量继电器线圈的阻值，看该值是否与标称阻值基本相符，过大、过小都说明线圈存在着断线或短路现象。

⑤ 测量吸合电压和吸合电流。

用可调稳压电源给继电器输入一组电压，且在供电回路中串入电流表进行监测。慢慢

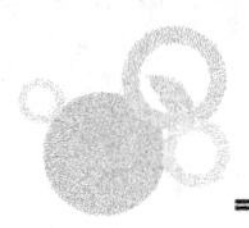

调高电源电压，听到继电器吸合声时，记下该吸合电压和吸合电流。为求准确，可以多试几次而求平均值。

⑥ 测量释放电压和释放电流。

像测量吸合电压那样连接测试，当继电器发生吸合后，再逐渐降低供电电压，当听到继电器再次发生释放声音时，记下此时的电压和电流，也可以尝试多试几次而取得平均的释放电压和释放电流。一般情况下，继电器的释放电压在吸合电压的 10%～50%，如果释放电压太小（小于 1/10 的吸合电压），就不能正常使用了，这样会对电路的稳定性造成威胁，工作不可靠。

（2）固态继电器的检测

在交流固态继电器的输入端一般标有“+”、“-”字样，在输出端则不分正/负。在直流固态继电器的输入端和输出端均标有“+”、“-”字样，并注有“DC 输入”和“DC 输出”的字样，以示区别。用万用表检测时，可用 R×10k 挡，分别测量 4 个引脚间的正、反向电阻值。其中必能测出一对引脚间的电阻值符合正向导通、反向截止的特点，据此可判断这两个引脚为输入端。对于其他各引脚间的电阻值，则无论怎样测量均应为无穷大。对于直流固态继电器，找出输入端后，一般与其横向两两相对的便是输出端的正极和负极。

（3）干簧管继电器的检测

① 常开式干簧管的检测。

用万用表 R×1 挡，测量干簧管的两个引脚间的阻值应为无穷大。用一块小磁铁靠近干簧管，此时万用表指针应向右摆至零，说明两个簧片已接通，然后将磁铁移开，万用表指针应向左摆至无穷大。测试时，若磁铁靠近干簧管，万用表指针不动或摆不到零位，说明其内部簧片不能很好地吸合，表明该簧片间隙过大或已发生位移；若移开磁铁后，簧片不能断开，说明簧片弹性不足，这样的干簧管就不能再用了。

② 转换式干簧管的检测。

转换式干簧管的检测方法与常开式干簧管的检测方法相同，但要注意三个触点之间由通到断和由断到通之间的关系，以便在测量时得出正确的结论。

任务评价

表 2-11-4　机电元件的识别与检测评价表

项　　目	考 核 内 容	配　　分	评 价 标 准	评分记录
开关的识别与测量	1．直观识别开关类型和型号； 2．测量开关的质量	10 10	1．能正确识别开关的类型和型号，每只 2 分； 2．能正确使用万用表检测其好坏	
熔断器的识别与测量	1．直观识别熔断器的类型和型号； 2．测量熔断器的质量	10 10	1．能正确识别熔断器的类型和型号，每只 2 分； 2．能正确使用万用表检测其好坏	
接插件的识别与测量	1．直观识别接插件类型； 2．检测接插件的质量	10 10	1．能正确识别接插件的类型； 2．能正确使用万用表检测其好坏	
继电器的识别与测量	1．直观识别继电器类型、型号； 2．检测继电器的质量	10 10	1．能正确识别继电器类型、型号； 2．能使用万用表检测其输入、输出端及其好坏	

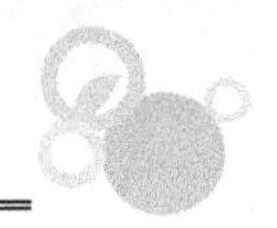

任务 12　其他元器件的识别与检测

操作：对提供的各种谐振元件、传感器件、显示器件和电声器件进行直观识别，并用万用表进行测量，将结果填入表 2-12-1 中。

表 2-12-1　谐振元件、传感器件、显示器件和电声器件的识别与测量记录表

序号	元器件名称	类型或型号	标 称 参 数	用　　途	质量判断结果
	谐振元件				
	传感器件				
	显示器件				
	电声器件				

相关知识

一、谐振元件

1. 石英晶体振荡器

（1）　石英晶体振荡器的外形及特点

石英晶体振荡器又称石英晶体谐振器，简称晶振。它是利用具有压电效应的石英晶体片制成的。这种石英晶体薄片受到外加交变电场的作用时会产生机械振动，当交变电场的频率与石英晶体的固有频率相同时，振动便变得很强烈，这就是晶体谐振特性的反应。利用这种特性，就可以用石英谐振器取代 LC（线圈和电容）谐振回路、滤波器等。由于石英谐振器具有体积小、质量轻、可靠性高、频率稳定度高等优点，被应用于家用电器和通信设备中。石英谐振器因具有极高的频率稳定性，故主要用在要求频率十分稳定的振荡电路中作为谐振元件。

石英晶体振荡器的封装外壳有玻璃真空密封型、金属壳封装型、陶瓷外壳封装型及塑

料外壳封装型等。一般有两个电极，但也有多电极式的封装。石英晶体振荡器的外形如图 2-12-1 所示。

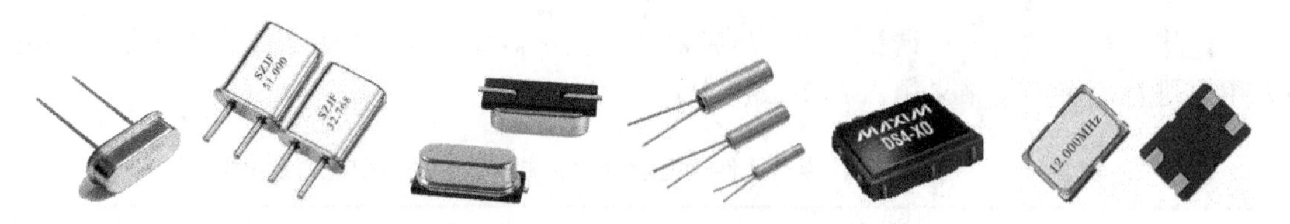

图 2-12-1　石英晶体振荡器的外形

（2）石英晶体振荡器的识别

① 石英晶体振荡器的图形符号。

在电路中用字母 Q 表示石英晶体振荡器，其图形符号如图 2-12-2 所示。

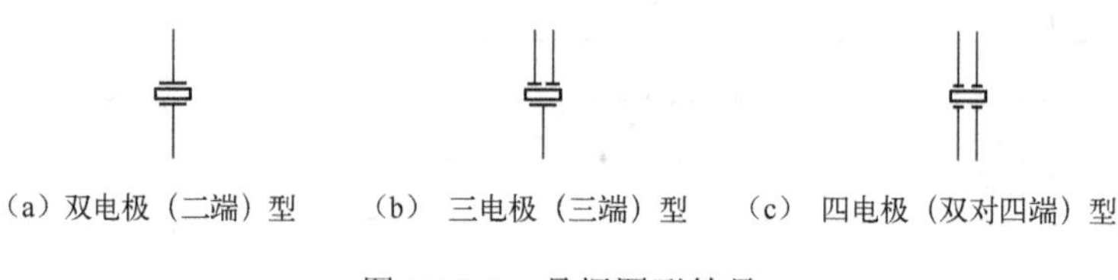

（a）双电极（二端）型　（b）三电极（三端）型　（c）四电极（双对四端）型

图 2-12-2　晶振图形符号

② 石英晶体振荡器的主要参数。

标称频率：在石英晶体成品上标有一个标称频率，当电路工作在这个标称频率时，其频率稳定度最高。

负载电容：从晶振的插脚两端向振荡电路的方向看进去的等效电容，即与晶振插脚两端相关联的集成电路内部及外围的全部有效电容之和。

③ 石英晶体振荡器的型号命名。

石英晶体振荡器的型号命名由三部分组成。第一部分用字母表示外壳材料及形状，如用 J 表示金属外壳，S 表示塑料外壳，B 表示玻璃外壳等。第二部分用字母表示晶体片的切割方式，如 A 表示晶体切型为 AT 型，B 表示晶体切型为 BT 型等。第三部分用数字表示石英晶体振荡器的主要参数性能及外形尺寸，如用 4.433 表示石英晶体振荡器的标称工作频率。

（3）石英晶体振荡器的检测

检测石英晶体振荡器通常采用以下几种方法，在实际维修中最为常用的是代换法。

① 电阻法。

将万用表置于 R×10k 挡，测量石英晶体振荡器两引脚之间的电阻值，应为无穷大。若实测电阻值不为无穷大甚至出现电阻为零的情况，则说明晶体内部存在漏电或短路性故障。

② 在路测压法。

现以鉴别彩电遥控器晶体好坏为例，介绍此法的具体操作。

将遥控器后盖打开，找到晶体所在位置和电源负端（一般彩电遥控器均采用两节 1.5V 干电池串联供电）；把万用表置于直流 10V 电压挡，黑表笔固定接在电源的负端。

先在不按遥控键的状态下，用红表笔分别测出石英晶体振荡器两引脚的电压值，正常情况下，一只脚为 0V，另一只脚为 3V（供电电压）左右；然后按下遥控器上的任一功能键，再用红表笔分别测出石英晶体振荡器两引脚的电压值，正常情况下，两脚电压均为 1.5V（供电电压的一半）左右。若所得数值与正常值差异较大，则说明石英晶体振荡器工作不正常。

③ 电笔测试法。

用一只试电笔，将其刀头插入交流市电的相线孔内，用手捏住石英晶体振荡器的任意一只引脚，将另一只引脚触碰试电笔顶端的金属部分，若试电笔氖管发光，说明石英晶体振荡器是好的，否则，说明石英晶体振荡器已损坏。

2. 陶瓷谐振器

陶瓷谐振器与石英晶体谐振器一样，也是利用"压电"效应制成的一种元件。陶瓷谐振器的基本结构、工作原理、特性、等效电路等与石英晶体谐振器相似，但其频率精度、频率稳定性等指标比石英晶体谐振器要差一些。陶瓷谐振器价格低廉，应用非常广泛，如在收音机的中放电路、电视机的中频伴音电路及遥控器中都使用陶瓷谐振器。

（1）陶瓷谐振器的分类及型号命名

陶瓷谐振器按用途和功能，可分为陶瓷陷波器、陶瓷滤波器、陶瓷鉴频器、陶瓷谐振器等；按其引出的电极数目分为两电极、三电极和四电极以上的多电极陶瓷谐振器。陶瓷谐振器一般采用塑料壳封装或复合材料封装形式，也有的采用金属壳封装形式。陶瓷谐振器的外形如图 2-12-3 所示，在电路中用字母 Z 或 ZC 表示，图形符号与晶振相同。

图 2-12-3　陶瓷谐振器

国产陶瓷谐振器的型号命名由五部分组成。第一部分用字母表示元件功能，如 L 表示滤波器、X 表示陷波器、J 表示鉴频器、Z 表示谐振器。第二部分用字母表示材料性质，如 T 表示压电陶瓷。第三部分用字母 W 或 B 表示形状。第四部分用数字和字母表示频率数值及单位，K 代表 kHz，M 代表 MHz。第五部分用字母表示序号。例如 LT6.5MB 表示谐振频率为 6.5MHz 的压电陶瓷滤波器。

（2）陶瓷谐振器的主要参数

陶瓷谐振器的主要参数有标称频率、插入损耗、陷波深度、失真度、鉴频输出电压、通带宽度、谐振阻抗等，选用和更换陶瓷谐振器时只要其型号和标称频率一致即可。

（3）陶瓷谐振器的检测

用万用表 R×10k 挡，测量陶瓷谐振器任意两脚之间的正、反向电阻均应为无穷大，若测得阻值较小或为零，可判断陶瓷谐振器已漏电或损坏。但要注意，测得正、反向电阻为无穷大，不能完全确定陶瓷谐振器完好，业余条件下可用代换法试验。

3. 声表面波滤波器

声表面波滤波器（SAWF）是采用石英晶体、压电陶瓷等压电材料，利用其压电效应和声表面波传播的物理特性而制成的一种滤波专用器件，广泛应用于电视机及录像机中频电路中，以取代LC中频滤波器，使图像、声音的质量大大提高。

（1）声表面波滤波器的外形和图形符号

声表面波滤波器的外形和图形符号如图2-12-4所示，在电路中用Z或ZC表示。

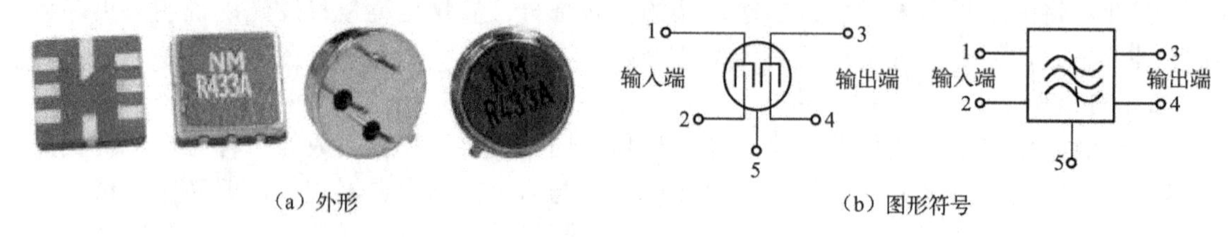

图2-12-4　声表面波滤波器的外形及图形符号

声表面波滤波器（SAWF）的主要参数有：中心频率、带宽、矩形系数、插入损耗、最大带外抑制、幅度波动、线性相位偏移等。

（2）声表面波滤波器的检测

用万用表R×10k挡测量声表面波滤波器各引脚之间的正、反向电阻值。正常时，只有2脚与5脚之间的正、反向电阻值为零（两引脚均与金属外壳相接），其余各引脚之间的电阻值均应为无穷大。若检测结果与此不符，则说明该声表面波滤波器已损坏。

二、传感器

传感器是一种检测装置，能感受到被测量的信息，并能将检测到的信息按一定规律变换成电信号或其他所需形式的信息输出，以满足信息传输、处理、存储、显示、记录和控制等要求。传感器是实现自动检测和自动控制的首要环节。传感器已渗透到诸如工业生产、宇宙开发、海洋探测、环境保护、资源调查、医学诊断、生物工程，甚至文物保护等极其广泛的领域。可以毫不夸张地说，从茫茫的太空到浩瀚的海洋，乃至各种复杂的工程系统，几乎每一个现代化项目都离不开各种各样的传感器。

传感器通常由敏感元件和转换元件组成。敏感元件是指传感器中能直接感受或响应被测量的部分；转换元件是指传感器中将敏感元件感受或响应的被测量转换成适于传输或测量的电信号的部分。由于传感器的输出信号一般都很微弱，因此需要有信号处理、转换电路等对其进行放大、运算、调制等。

传感器的原理各种各样，其种类十分繁多，分类方法也很多。就敏感元件而言，据其基本感知功能可分为热敏元件、光敏元件、气敏元件、力敏元件、磁敏元件、湿敏元件、声敏元件、放射线敏感元件、色敏元件和味敏元件等十大类。前面介绍的敏感电阻器和光敏二极管都属于敏感元件。下面介绍其他几种常见的传感器。

1. 双金属温度传感器

双金属温度传感器又称双金属温度开关，简称双金属片。它将两种不同的金属片熔接在一起，因为金属的热膨胀系数不同，当加热时，膨胀系数大的一方因迅速膨胀而使得材料的长度变长；而膨胀系数小的一方，材料的长度略微伸长，但由于两金属片是熔接在一起的，因此二者共同作用的结果是使得材料弯曲，继而接通或断开触点，起到开关的作

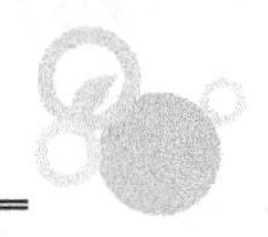

用。双金属片被广泛用在继电器、开关、控制器等元器件中。利用双金属片制成的温度计，可以测量较高的温度。双金属温度传感器的外形如图 2-12-5 所示。

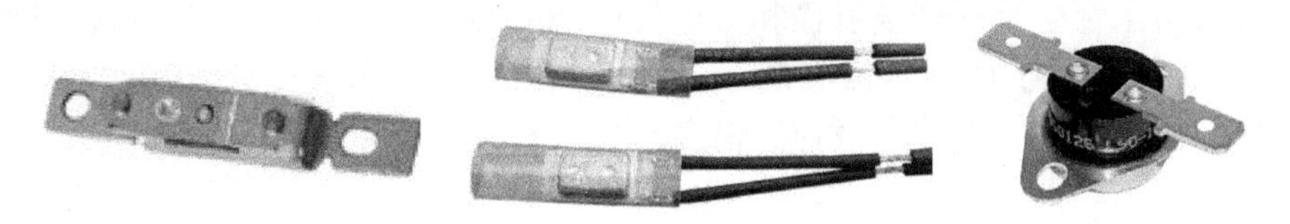

图 2-12-5　双金属温度传感器

2. 热电偶

将两种不同的金属接在一起，在升高接合点的温度时，即产生电压从而使电流流动，这种电压称为热电动势。能产生热电动势的接合在一起的这两种金属称为热电偶，如图 2-12-6 所示。使用时，热电偶直接测量温度，并把温度信号转化为热电动势信号，通过电气仪表转换为被测介质的温度。热电偶的直接测温端称为测量端，接线端称为参比端。热电偶的种类有压簧固定热电偶、铠装热电偶及装配式热电偶等。

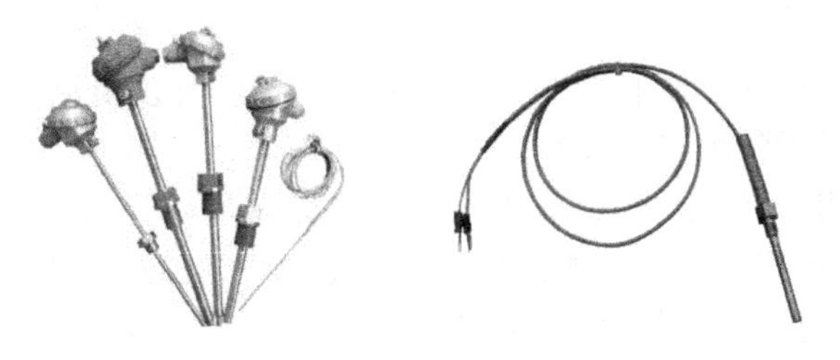

图 2-12-6　热电偶

3. 集成温度传感器

集成温度传感器是将热敏晶体管与响应的辅助电路集成在同一块芯片上的集成电路，一般用于-55～±150℃之间的温度测量。按照温度传感器输出信号的模式，可大致分为三大类：模拟式温度传感器、数字式温度传感器和逻辑输出温度传感器。集成温度传感器如图 2-12-7 所示。

图 2-12-7　集成温度传感器

4. 光电传感器

光电传感器是以光敏器件作为转换元件的传感器。它可用于检测直接引起光量变化的非电量，如光强、光照度、辐射测温、气体成分分析等；也可用来检测能转换成光量变化的其他非电量，如零件直径、表面粗糙度、应变、位移、振动、速度、加速度，以及物体的形状、工作状态的识别等。光电传感器具有非接触、响应快、性能可靠等特点，因此在工业自动化装置和机器人中获得了广泛应用。常见的光敏元器件除了光敏电阻器和光敏二极管外，还有光敏三极管。

光敏三极管与普通晶体三极管相似，也具有电流放大作用，只是它的集电极电流不只是受基极控制，同时也受光辐射的控制。光敏三极管的外形与一般三极管相差不大，一般光敏三极管只引出两个极——发射极和集电极，基极不引出，管壳开有窗口，以便光线射入，其实物和图形符号如图 2-12-8 所示。此外，还有用两个光敏三极管制成的达林顿管，这种器件的灵敏度比光敏三极管高很多。

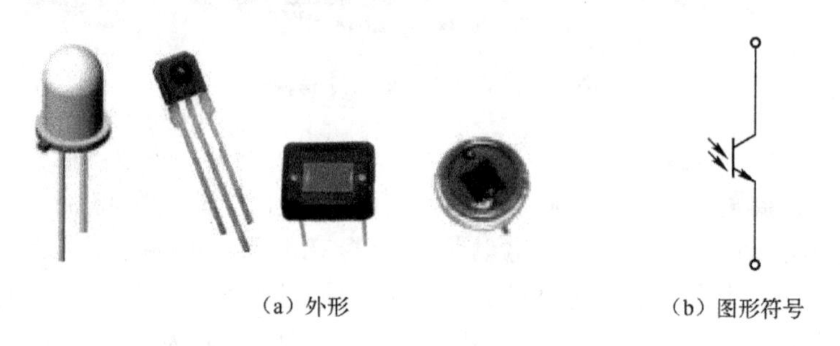

（a）外形　　（b）图形符号

图 2-12-8　光敏三极管

5. 霍尔传感器

霍尔传感器是根据霍尔效应制作的一种磁场传感器，可以检测磁场及其变化，将磁信号转换成电信号，应用于各种与磁场有关的的场合。

霍尔传感器的磁敏元件由半导体材料制成，称为霍尔元件。由于霍尔元件产生的电势差很小，故通常将霍尔元件与放大器电路、温度补偿电路及稳压电源电路等集成在一个芯片上，称之为霍尔传感器。霍尔传感器又称为霍尔集成电路，其外形和图形符号如图 2-12-9 所示。

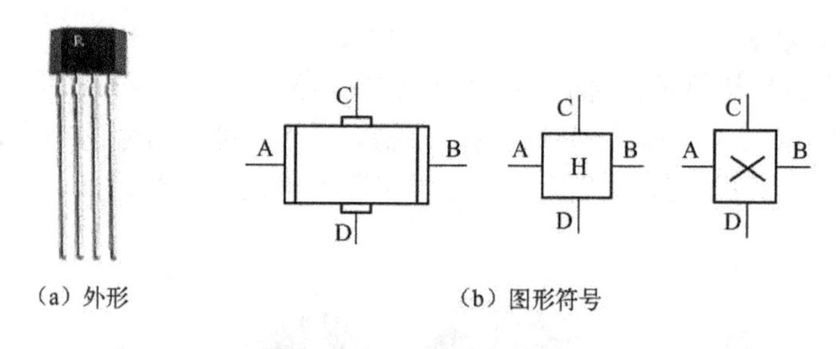

（a）外形　　（b）图形符号

图 2-12-9　霍尔传感器

三、显示器件

显示器件是把电信号转变为光信号的电光转换器件，主要用来显示字符和图像。常见的显示器件，除了发光二极管之外，主要有 LED 数码管、LED 矩阵显示屏、液晶显示器、等离子体显示器、CRT 显示器等。由显示器件配以相应的驱动电路，即可组成不同的显示终端设备，即显示器。

1. LED 数码管

（1）LED 数码管的类型

LED 数码管是将发光二极管按“8”字形排列组合而成的显示器件。应用较多的是七段数码管和八段数码管，八段数码管比七段数码管多一个小数点显示，其外形和等效电路

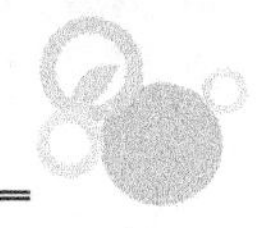

如图 2-12-10 所示。所谓的“八段”就是指数码管里有八个 LED 发光二极管，通过控制不同的 LED 的亮灭来显示不同的字形。要显示 0～9 这些数字，只要点亮数码管中相应的笔段即可。要显示小数点，只要将图中的 dp 段点亮即可。

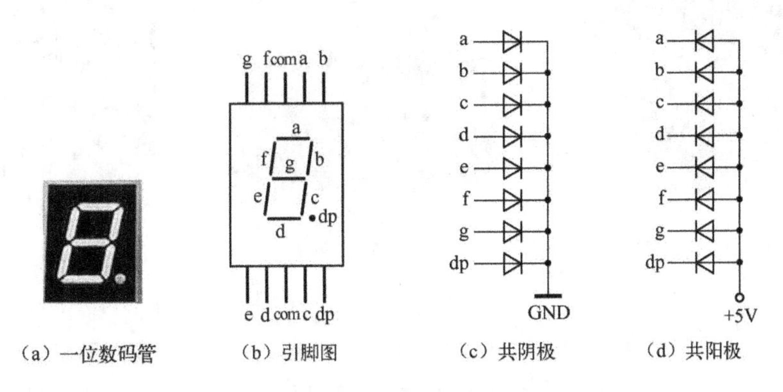

（a）一位数码管　（b）引脚图　（c）共阴极　（d）共阳极

图 2-12-10　数码管的外形和等效电路图

数码管分为共阴极和共阳极两种类型。共阴极就是将八个 LED 的阴极连在一起，而共阳极就是将八个 LED 的阳极连在一起。其中引脚图的两个 COM 端连在一起，是公共端，共阴数码管要将其接地，共阳数码管将其接+5V 电源。

一个八段数码管称为一位，多个数码管并列在一起可构成多位数码管，其外形如图 2-12-11 所示。多位数码管的显示功能比一位数码管强，被广泛应用于数字仪表、数字钟、家电等电路中作为显示器件。

图 2-12-11　多位数码管

（2）数码管的检测

以共阴极数码管为例，说明数码管的检测方法。

用指针式万用表检测：选择 R×10k 挡，红、黑表笔接公共端，黑表笔逐个接触其他各个端子，若都是低电阻，说明数码管是好的，否则说明数码管损坏。

用数字万用表检测：选择二极管挡，黑表笔接公共端，红表笔逐个接触其他各端子都应使相应的 LED 发光，否则说明数码管损坏。

2. LED 显示屏

LED 显示屏又称电子显示屏，通常由显示模块、控制系统及电源系统组成。显示模块由 LED 灯组成的点阵构成，负责发光显示；控制系统通过控制相应区域的亮灭，可以让屏幕显示文字、图片、视频等内容。LED 显示屏外形和内部点阵结构如图 2-12-12 所示。

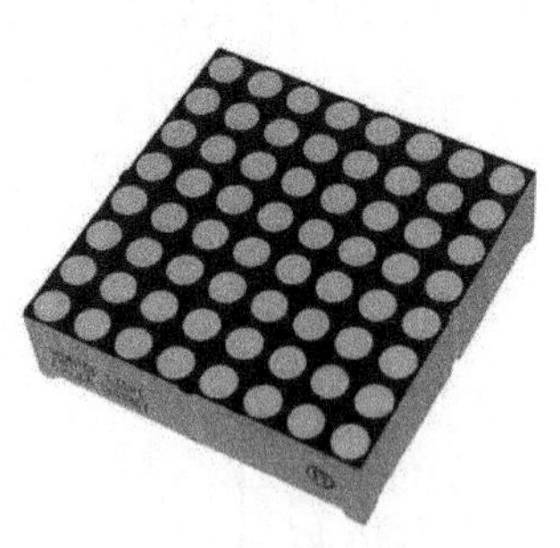

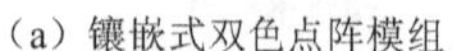

（a）镶嵌式双色点阵模组

正面

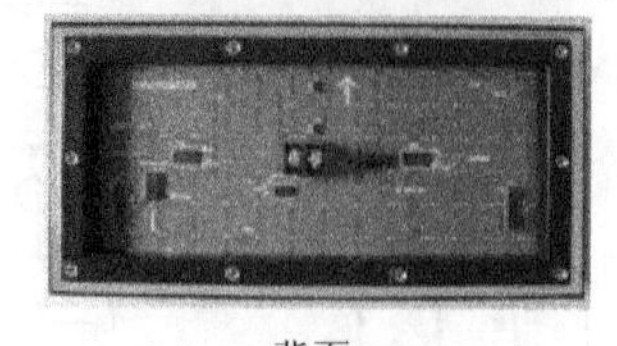

背面

（b）室外屏模组

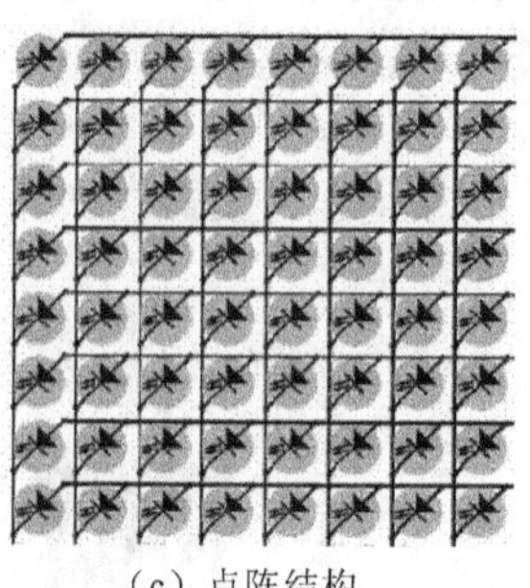

（c）点阵结构

图 2-12-12　LED 显示屏外形和内部点阵结构

LED 点阵规格有 5×7、5×8、8×8、16×8、16×16、24×24 等多种形式，型号有 2075、1288、4058 等品种，型号的后两位数字表示点阵由几列几行组成，前面的数字表示 LED 尺寸，如 1288 表示表示 LED 的尺寸为 1.2 英寸、有 8 列 8 行。图 2-12-12（c）所示为 8×8 点阵 LED 单色显示屏的内部电路。从图中可以看出，它由 64 个发光二极管组成，每个发光二极管都放置在行和列的交叉点上，当对应的某一行置高电平，某一列置低电平时，则相应的二极管点亮。

LED 显示屏按发光基色分为单基色、双基色和三基色（全彩）三种类型。单基色 LED 显示屏由一种颜色的 LED 灯组成，LED 点阵中的每个光点（像素点）只发出一种颜色的光。双基色 LED 显示屏由红色和绿色 LED 灯组成，点阵中的每个光点安装了两种管芯，可发出红、绿、黄 3 种颜色的光。全彩色 LED 显示屏由红色、绿色和蓝色 LED 灯组成，点阵中的每个光点安装了三种管芯，可显示全彩色。单基色和双基色 LED 显示屏只能显示图文内容，全彩色 LED 显示屏可同步显示视频内容。

LED 显示屏还有室内和室外之分。室内 LED 显示屏亮度适中、视角大、混色距离近、质量轻、密度高，适合较近距离观看。室外 LED 显示屏亮度高、混色距离远、防护等级高、防水和抗紫外线能力强，适合远距离观看。

3. *液晶显示器*

液晶显示器（LCD）是利用液晶的电光效应调制外界光线进行显示的器件。其显示原理简单地说，就是将置于两个电极之间的液晶通电，液晶分子的排列顺序发生改变，从而改变透射光的光路，实现对影像的控制。

目前应用最多的是薄膜晶体管液晶显示器（TFT-LCD），它由液晶面板、驱动板和电源板构成。其中，液晶面板是液晶显示器的核心部件，由表及里分别由偏光板、玻璃基板、彩色滤光片、沉积在玻璃基板上的薄膜晶体管电极、液晶、沉积在玻璃基板上的共同电极、底层偏光板、背光板及背光源组成。光由底层透射进来，经过液晶和偏光板的共同控制，借助滤光板即可产生色彩斑斓的图像。

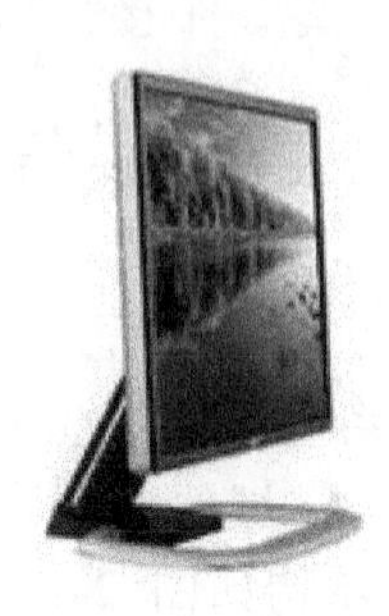

图 2-12-13　液晶显示器

液晶显示屏具有图像清晰、平面显示、厚度薄、质量轻、无辐射、低能耗、工作电压低等优点，常用于各种数字仪表、计算机显示器、液晶电视等电子产品中。液晶显示器如图 2-12-13 所示。

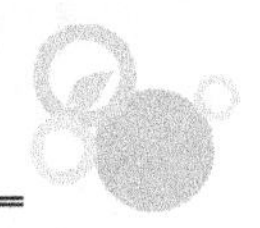

4．等离子显示器

等离子显示器（PDP）是通过气体放电时产生的紫外线去激发红、绿、蓝三基色的荧光体，使荧光体发光而显示出图像的。

PDP 的外形和基本结构如图 2-12-14 所示。显示屏幕以玻璃为基板，基板间隔一定距离，四周经气密性封接形成数百万个微小的等离子管（即放电空间），放电空间内充有氦、氖、氙等混合惰性气体。在两块玻璃基板的内面上涂有金属氧化物导电薄膜作为激励电极，其中一个电极及其周围涂有红、绿、蓝三色荧光粉。当两个电极间加上高电压时，引发惰性气体放电，产生紫外线，紫外线激发荧光粉发出由三基色混合的可见光。每个等离子体发光管对应一个像素点，所看到的画面就是由这些等离子体发光管形成的“光点”汇集而成的。

（a）外形

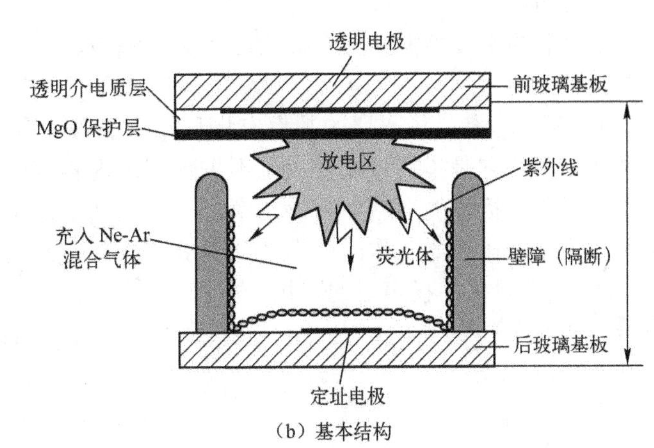

（b）基本结构

图 2-12-14　等离子显示器

等离子显示器与液晶显示器相比具有很多优点：等离子是一种自发光显示技术，不需要背景光源，因此没有 LCD 显示器的视角和亮度均匀性问题，它的视角更大、亮度和对比度更高，对色彩的还原性也更好，厚度更薄，更加适合作为家庭影院和大屏幕显示终端使用。

四、电声器件

电声器件包括两个大类：一类可将音频信号转换为声音信号，这类电声器件称为扬声器（包括耳机、蜂鸣器）；另一类可将声音信号转换为电信号，这类电声器件称为拾音器。电声器件是视听设备重要的元器件，广泛应用于收音机、电视机、计算机、电话机、手机等电子设备中。

1．扬声器

（1）扬声器的外形及图形符号

扬声器俗称喇叭，其外形和图形符号如图 2-12-15 所示。扬声器的工作原理是：音频信号通过电磁、压电或静电效应，使其纸盆或薄膜片振动并与周围的空气产生共振而发出声音。扬声器的种类很多，按其换能原理可分为电动式扬声器（即动圈式扬声器）、静电式扬声器（即电容式扬声器）、电磁式扬声器（即舌簧式扬声器）、压电式扬声器（即晶体式扬声器）等几种；按频率范围可分为低频扬声器、中频扬声器、高频扬声器，这些常在

音箱中作为组合扬声器使用；按声辐射方式可分为直射式扬声器（又称纸盆式扬声器）和反射式扬声器（又称筒式扬声器）。

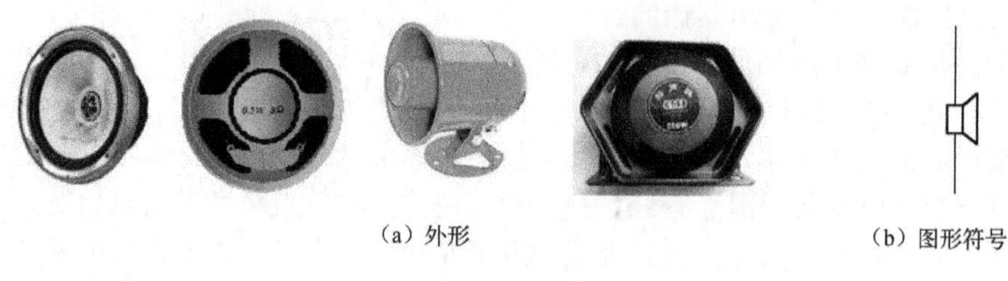

（a）外形　　（b）图形符号

图 2-12-15　扬声器

（2）扬声器的主要参数

扬声器的主要性能指标有灵敏度、频率响应、额定功率、额定阻抗、指向性及失真度等参数。

① 额定功率：扬声器的功率有标称功率和最大功率之分。标称功率又称额定功率、不失真功率。它是指扬声器在额定不失真范围内容许的最大输入功率，在扬声器的商标、技术说明书上标注的功率即为该功率值。最大功率是指扬声器在某一瞬间所能承受的峰值功率。为保证扬声器工作的可靠性，要求扬声器的最大功率为标称功率的2～3倍。

② 额定阻抗：扬声器的阻抗一般和频率有关。额定阻抗是指音频为400Hz时，从扬声器输入端测得的阻抗，它一般是音圈直流电阻的1.2～1.5倍。动圈式扬声器常见的阻抗有4Ω、8Ω、16Ω、32Ω等。

③ 频率响应：给一只扬声器加上电压相同而频率不同的音频信号时，其产生的声压将会产生变化。一般中音频时产生的声压较大，而低音频和高音频时产生的声压较小。当声压下降为中音频的某一数值时的高、低音频率范围，称该扬声器的频率响应特性。理想的扬声器频率特性应为20～20kHz，这样就能把全部音频均匀地重放出来。

④ 失真：扬声器不能把原来的声音逼真地重放出来的现象称失真。失真有两种：频率失真和非线性失真。频率失真是由于扬声器对某些频率的信号放音较强，而对另一些频率的信号放音较弱造成的，失真破坏了原来高低音响度的比例，改变了原音色。而非线性失真是由扬声器振动系统的振动和信号的波动不完全一致造成的，在输出的声波中增加了一些新的频率成分。

⑤ 指向特性：用来表征扬声器在空间各方向辐射的声压分布特性，频率越高指向性越狭窄，纸盆越大指向性越强。

（3）扬声器的检测

① 判断相位。

就一只扬声器而言，其两个引线是无相位之分的，但在安装组合音箱或用来播放立体声信号时，扬声器的相位是不能接反的。接反后各扬声器纸盆振动方向不一致，导致空气振动的部分能量被抵消。

有的扬声器在出厂时，厂家已在相应的引出端上注明了相位，但有许多扬声器的引线上没注明相位，所以正确判断出扬声器的相位是很有用处的。

视听判别法：将两只扬声器两根引脚任意并联起来，接在功率放大器输出端，给它们输入电信号后，同时发出声音。将两只扬声器口对口接近，如果声音越来越小，说明两只

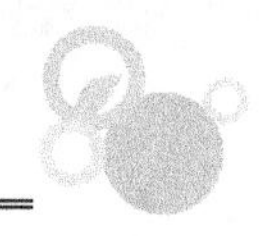

扬声器反极性并联，即一只扬声器的正极与另一只扬声器的负极并联。

用万用表测量：将万用表置于最低的直流电流挡，如 50μA 或 100μA 挡，用左手持红、黑表笔分别跨接在扬声器的两引出端，用右手食指尖快速地弹一下纸盆，同时仔细观察指针的摆动方向。若指针向右摆动，说明红表笔所接的一端为正端，而黑表笔所接的一端则为负端；若指针向左摆，则红表笔所接的为负端，而黑表笔所接的为正端。

② 质量检测

试听检查：将扬声器接在功率放大器的输出端，通过听声音来判断其好坏。音质差、声音不悦耳的扬声器需要更换。

万用表检测：用 R×1 挡测量扬声器两引脚之间的电阻，正常时应比标注的阻抗略小。例如 8Ω的扬声器，测量的电阻正常为 7Ω左右。若测量的阻值为无穷大或远大于它的标称阻抗值，说明扬声器已经损坏。测量电阻时，将一支表笔触碰引脚，应该能听到扬声器发出的“喀喀”声，指针也相应摆动。若触碰时扬声器无响声，指针也不摆动，说明扬声器内部音圈断路或引线断裂。

直观检查：检查扬声器有无纸盆破裂的现象。

检查磁性：用螺丝刀去试磁铁的磁性，磁性越强越好。

2. 耳机

耳机也是一种电声转换器件，它的结构与动圈式扬声器相似，也由磁铁、音圈、振动膜片等组成，但耳机的音圈大多是固定的。耳机的外形及图形符号如图 2-12-16 所示。

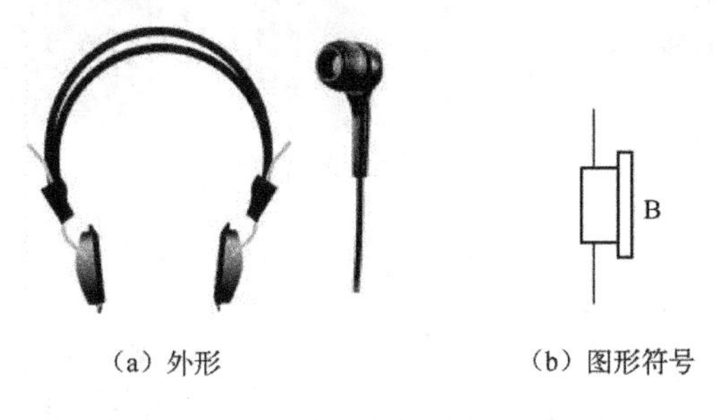

（a）外形　　（b）图形符号

图 2-12-16　耳机的外形及图形符号

耳机的主要技术参数有频率响应、阻抗、灵敏度、谐波失真等。

耳机的检测方法与扬声器检测方法类似。对于双声道耳机，其插头上有三个引出端，插头最后端的接触端为公共端，前端和中间接触端分别是左、右声道引出端。检测时，将万用表置于 R×1 挡，将任意一表笔接在耳机插头的公共端上，用另一表笔分别触碰耳机插头的另外两个引出端，相应的左或右声道的耳机应发出“喀喀”声，指针也相应摆动，而且两声道的耳机阻值应对称。如果测量时耳机无响声，万用表指针也不偏转，说明相应的耳机内部有断路故障。若指针摆至零位，说明耳机有短路的地方。若指针指示阻值正常，但发声很轻，一般是耳机振膜片与磁铁间隙不对造成的。

3. 压电陶瓷蜂鸣器

（1）压电陶瓷蜂鸣器外形及图形符号

压电陶瓷蜂鸣器是一种由压电陶瓷蜂鸣片、多谐振荡器和外壳等组成的电声元件。其中，压电陶瓷蜂鸣器是将压电陶瓷片粘贴在金属片上制成的，其外形及图形符号如图 2-12-17 所示。当压电陶瓷蜂鸣器加上交变电信号时，因为压电效应，压电陶瓷片

产生机械变形，伸展与收缩，带动金属片一起振动而发出声响。

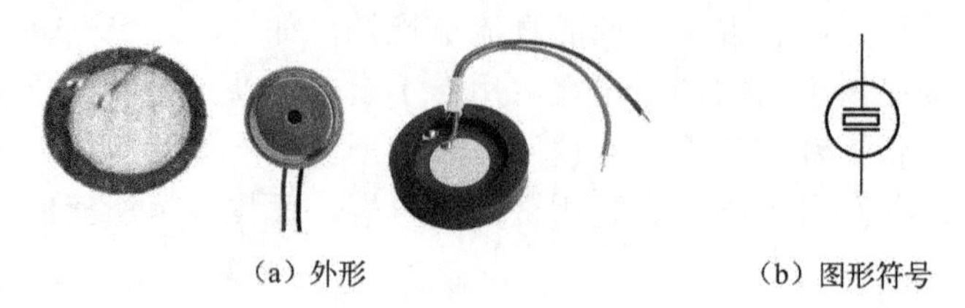

（a）外形　　（b）图形符号

图 2-12-17　压电陶瓷蜂鸣器外形及图形符号

压电陶瓷蜂鸣器可分为无源压电式蜂鸣器（外部驱动系列）、有源压电式蜂鸣器（内含驱动系列）、自激式压电蜂鸣器，如图 2-12-18 所示。

（a）无源压电式蜂鸣器

（b）有源压电式蜂鸣器

图 2-12-18　压电陶瓷蜂鸣器

压电陶瓷蜂鸣器具有体积小、质量轻、厚度薄、耗电省、可靠性好，造价低廉等优点，被广泛应用于电子手表、计算器、定时器、手机、电子门铃和电子玩具等电子用品上作为发声器件。

（2）压电陶瓷蜂鸣器的检测

将万用表置于直流 2.5V 挡，将一只表笔与蜂鸣片的金属片接触，用另一只表笔轻轻触碰陶瓷片，万用表指针应相应地摆动，摆动幅度越大，说明压电陶瓷蜂鸣器的灵敏度越高。若指针不动，说明压电陶瓷蜂鸣器已损坏。

4. 话筒

话筒是将声音转换为音频电信号的电声器件，又称为传声器、麦克风。话筒的种类很多，常见的是动圈话筒和驻极体电容话筒，在电路图中，话筒用字母“BM”表示。

（1）动圈话筒

动圈话筒由永久磁铁、音膜、音圈、输出变压器等组成，音圈位于永久磁铁的缝隙中，并与音膜粘在一起。当有声音时，声波激发音膜振动，带动音圈作切割磁感线运动而产生音频感应电压，从而实现了声电转换。动圈话筒外形及图形符号如图 2-12-19 所示。动圈话筒的主要技术参数有频率响应、灵敏度、输出阻抗、指向性等。其主要特点是音质好，不需要电源供给，但价格相对较高。

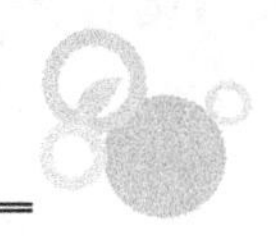

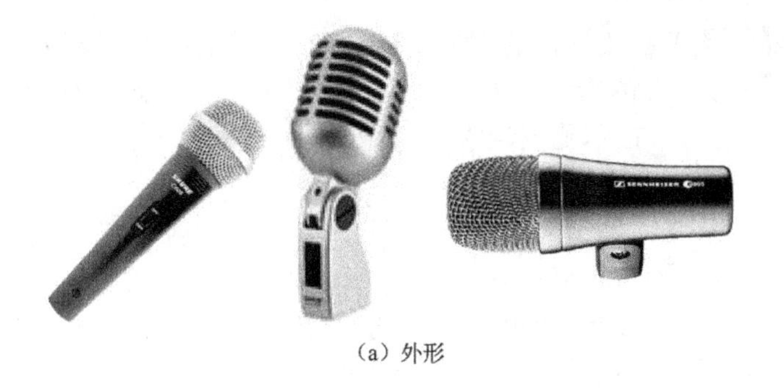

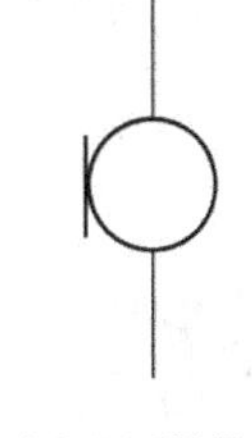

（a）外形　　（b）图形符号

图 2-12-19　动圈话筒外形及图形符号

动圈话筒的检测主要是用万用表的电阻挡测量输出变压器的初、次级绕组和音圈绕组。先用两表笔断续碰触话筒的两个引出端，话筒中应发出清脆的“咔咔”声。如果无声，则说明该话筒有故障，应该对话筒的各个线圈做进一步的检查。

测量输出变压器的次级绕组，可以直接用两表笔测量话筒的两个引出端，若有一定阻值，说明该次级绕组是好的，需要检查输出变压器的初级绕组和音圈绕组的通断。检查输出变压器的初级绕组和音圈绕组时，需要将话筒拆开，将输出变压器的初级绕组和音圈绕组断开，再分别测量输出变压器的初级绕组和音圈绕组的通断。

（2）驻极体电容话筒

驻极体电容话筒是由一个相当于极板位置可变的电容器和结型场效应管放大器组成的。当有声波传入时，电容器的极板位置发生变化，使得电容量发生变化，导致电容两端的电压发生变化，从而实现声电转换。结型场效应管起信号放大和阻抗匹配的作用。

驻极体电容话筒有两端式和三端式两种。两端式话筒有两个输出端，分别是场效应管的漏极和接地端。三端式话筒有三个输出端，分别是场效应管的漏极、源极和接地端。驻极体电容话筒外形结构及实物如图 2-12-20 所示。由于驻极体电容话筒内有场效应管，因此必须提供直流电压才能工作。驻极体话筒具有体积小、频带宽、噪声小、灵敏度高等特点，被广泛应用于助听器、录音机、无线话筒等产品中。

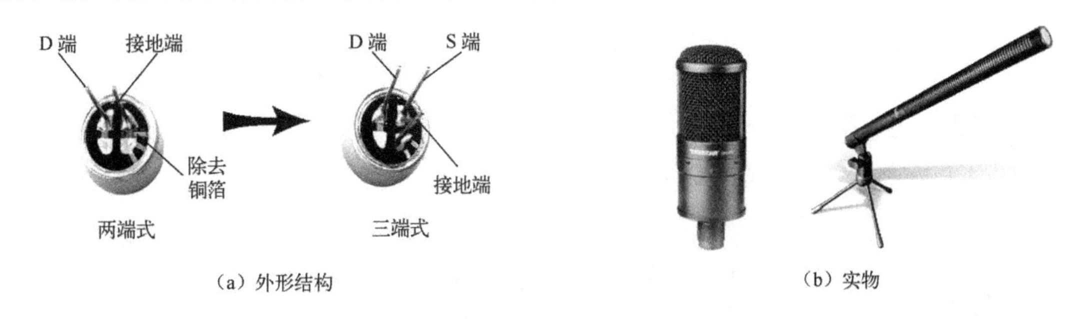

（a）外形结构　　（b）实物

图 2-12-20　驻极体电容话筒

驻极体电容话筒的检测：在场效应管的栅极和源极间有一只二极管，故可利用二极管的正、反向电阻特性来判断驻极体话筒的漏极与源极。

具体方法是：将万用表拨至 R×1k 挡，将黑表笔接任意一点，红表笔接另外一点，记下测得的数值；再交换两表笔的触点，比较两次测得的结果，阻值比较小的一次测量中，黑表笔接触的点为场效应管的源极，红表笔接触的点为场效应管的漏极。

极性判别完后，将万用表的黑表笔接话筒的漏极（D），红表笔接话筒的源极（S）和外壳（地），用嘴吹话筒，观看万用表的指示，若无指示，说明话筒已失效；有指示则话筒正常。指示范围越大，话筒灵敏度越高。

图 2-12-21　无线话筒设备

（3）无线话筒

无线话筒实际上是普通话筒和无线发射装置的组合体，其工作频率在 88～108MHz 的调频波段内，发射距离一般在 100m 以内。无线话筒发射的信号可通过一部集中接收机接收。每部无线话筒各有一个互不相同的工作频率，集中接收机可以同时接收各部无线话筒发出的不同工作频率的语音信号。它适用于舞台、讲台等场合。无线话筒设备如图 2-12-21 所示。

无线话筒的检测方法是：将无线话筒接入一个功放中，用示波器对话筒的输入端进行监测，当对着话筒讲话时，示波器应有微弱的音频信号出现，若没有信号出现，则说明该话筒有问题。将话筒拆开，很容易看出其内部结构，一般都是线圈断路所导致的故障。有时，只要将断路的线圈焊接好，就可以修复故障。

任务评价

表 2-12-2　谐振元件、传感器件、显示器件和电声器件的识别与检测评价表

项　目	考核内容	配　分	评价标准	评分记录
谐振元件的识别与测量	1．直观识别谐振元件的类型和型号； 2．测量谐振元件的质量	10 10	1．能识别谐振元件的类型、型号、主要参数、用途，每只 2 分； 2．能正确使用万用表检测其好坏	
传感器件的识别与测量	1．直观识别传感器件的类型和型号； 2．测量传感器件的质量	10 10	1．能识别传感器件的类型、型号、主要参数、用途，每只 2 分； 2．能正确使用万用表检测其好坏	
显示器件的识别与测量	1．直观识别显示器件类型和型号； 2．检测显示器件的质量	10 10	1．能识别显示器件的类型、型号、主要参数、用途，每只 2 分； 2．能正确使用万用表检测其好坏	
电声器件的识别与测量	1．直观识别电声器件的类型和型号； 2．检测电声器件的质量	10 10	1．能正确识别声电器件的类型、型号、主要参数； 2．能正确使用万用表检测其好坏	

【项目小结】

1．使用指针式万用表欧姆挡时，黑表笔接的是内部电池的正极，红表笔接的是内部电池的负极。测量电阻时，为了读数精确，量程的选择一般应使指针指在满刻度的 1/2～2/3 范围内，在每次调整量程后，都需要调零，再进行测量。

2．电阻器的主要参数有两个：阻值和额定功率。电阻器参数的标注方法主要有色标法、直标法、文字符号法和数码法四种，要学会熟练识读。特殊电阻器的表面一般不标注阻值大小，只标注型号。

3．特殊电阻器的检测：一般通过测量其不同状态下的电阻值可判断其好坏。

4．电容器的主要参数有两个：容量和耐压。其标注方法主要有直标法、文字符号法和数码法。测量电容器的方法主要是用指针式万用表的欧姆挡测量其阻值，一般阻值均应

为无穷大。也可用数字万用表的电容挡直接测量其容量。

5．电感器最常用的参数有三个：电感量、Q 值和额定电流。电感参数的标注方法主要有直标法、文字符号法、色标法和数码法。变压器最常用的参数有三个：变压比、额定功率和效率。测量电感器和变压器的方法主要是用万用表的欧姆挡测量其绕组阻值。

6．二极管最常用的参数有两个：最大正向额定电流和反向击穿电压。检测二极管常用的方法是用万用表测量 PN 结的正、反向电阻。

7．三极管最常用的参数有三个：β值、集电极最大电流和最大反向电压。检测三极管常用的方法是用万用表测量集电结和发射结的正、反向电阻，由此可判断三极管的管型和极性，也可估计三极管的放大能力。

8．场效应管有三个电极，分别是栅极 G、漏极 D、源极 S。场效应管的主要参数有跨导、饱和漏源电流、夹断电压、开启电压、漏源击穿电压、最大耗散功率和最大漏源电流等。用万用表测量场效应管各极间正、反向电阻，可判断其极性、管型和质量好坏。

9．单向晶闸管和双向晶闸管均有三个电极。晶闸管的主要参数有额定正向平均电流、正向阻断峰值电压、反向阻断峰值电压、维持电流、门极触发电压和门极触发电流等。用万用表分别测量晶闸管任意两个极之间的正、反向电阻值，可判断其极性、管型和质量好坏。

10．单结晶体管内只有一个 PN 结，故称为单结晶体管，它有三个电极，一个为发射极，另两个为基极，因其有两个基极，故又称为双基极二极管。单结晶体管的主要参数有基极间电阻、分压比、e 与 b_1 间反向电压、反向电流、发射极饱和压降和峰点电流等。用万用表测量单结晶体管各极间正、反向电阻，可判断其极性和质量好坏。

11．集成电路按其功能、结构的不同，可以分为模拟集成电路、数字集成电路和数/模混合集成电路三大类。集成电路的封装形式有直插式（通孔式）和贴片式两大类。集成电路的引脚排列顺序一般用色点、凹槽、管键、切角及封装时压出的圆形凹坑作为起始标志。通过测量集成电路各引脚对地正、反向电阻，与参考资料或另一块好的集成电路进行比较，可初步判断其好坏。

12．用万用表检测开关、熔断器、接插件或继电器两端点间的电阻可判断其好坏。

13．谐振元件的主要参数是标称频率。用万用表测量谐振元件任意两脚之间的正、反向电阻，可初步判断其好坏。

14．传感器敏感元件按感知功能可分为热敏元件、光敏元件、气敏元件、力敏元件、磁敏元件、湿敏元件、声敏元件、放射线敏感元件、色敏元件和味敏元件等十大类。

15．显示器件是把电信号转换为光信号的电光转换器件，主要用来显示字符和图像。常见的显示器件有发光二极管、LED 数码管、LED 矩阵显示屏、液晶显示器、等离子体显示器、CRT 显示器等。

16．扬声器、耳机和压电陶瓷蜂鸣片是将电信号转换为声音信号的元件，话筒是将声音信号转换为电信号的元件。通过测量其电阻值可判断其好坏。

项目三

焊接工艺

【项目说明】

焊接是电子产品组装过程中的重要工艺。焊接质量的好坏，直接影响电子产品工作的稳定性和可靠性，是电子产品质量的关键。随着电子元器件封装技术的发展，电子元器件的装接方式也由通孔安装向贴片安装转变，装接密度越来越大，焊接难度也随之增加，对焊接工艺提出了更高的要求。在焊接当中稍有不慎就会损伤元器件，或引起焊接不良，根据统计，在一般电子产品的故障中，有高达 90%的故障与焊接有关。所以从事焊接作业的人员必须对焊接原理有一定的了解，熟练掌握焊接过程、焊接方法和焊接质量要求。特别是初学者，一开始就应严格按照正确的操作步骤来实习训练，否则，一旦形成习惯性的错误，则难以纠正。

本项目主要安排了焊接基本知识，焊接材料和工具的选用，手工焊接方法、步骤和要求，元器件的安装规范，自动焊接流程等方面的训练内容。

【项目要求】

1．了解焊接原理和焊接条件，熟悉焊接材料的性能。
2．掌握焊接工具的结构、性能、用途及选用、操作要求。
3．掌握元器件成型、插装、焊接工艺标准。
4．熟练掌握手工焊接要领、拆焊方法。
5．熟悉自动焊接流程和工艺要求。

【项目计划】

时间：16 课时。
地点：电子工艺实训室或装配车间。
方法：实物展示、示范操作、讲练结合。

【项目实施】

任务 1　焊接材料和工具的选用

操作 1：对焊接材料和工具进行直观识别，明确它们的用途和作用；查看焊锡和电烙

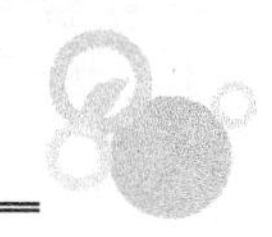

铁的产品说明书，了解其规格型号、性能特点和用途，将结果填入表 3-1-1 中。

表 3-1-1　焊接材料和工具的识别记录表

序号	焊接材料或工具名称	规 格 型 号	性 能 特 点	用　　途

操作 2：对内热式或外热式电烙铁进行拆卸和组装，查看其结构，并用万用表测量烙铁芯的电阻值；找几把已使用过的电烙铁，看看烙铁头形状，判断有无必要对它们进行处理。将结果填入表 3-1-2 中。

表 3-1-2　电烙铁拆装记录表

序　　号	电烙铁 规格型号	部 件 名 称	烙铁头 形状	烙铁芯 电阻值	重新组装结果

相关知识

一、焊接的基本知识

1. 焊接原理

采用锡铅焊料进行的焊接称为锡焊。锡焊是最早得到广泛应用的一种电子产品布线连接方法。当前，虽然焊接技术发展很快，但锡焊在电子产品装配中仍占连接技术的主导地位。

锡焊的原理是：通过加热的烙铁将固态焊锡丝加热熔化，再借助助焊剂的作用，使其流入被焊金属之间，待冷却后形成牢固可靠的焊接点。

锡焊过程是：焊料先对焊接表面产生润湿，伴随着润湿现象的发生，焊料逐渐向金属铜扩散，在焊料与金属铜的接触面形成附着层（金属化合物），使两者牢固地结合起来。所以锡焊是通过润湿、扩散和形成金属化合物三个阶段来完成的。

（1）润湿

润湿是形成良好焊点的先决条件。润湿过程是指已经熔化了的焊料，借助毛细管力沿

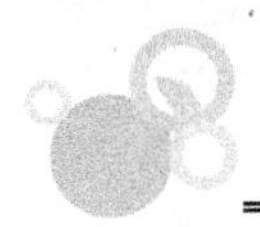

着母材金属表面细微的凹凸和结晶的间隙向四周漫流，从而在被焊母材表面形成附着层，使焊料与母材金属的原子相互接近，达到原子引力起作用的距离。

引起润湿的环境条件：被焊母材的表面必须是清洁的，不能有氧化物或污染物。

（2）扩散

伴随着润湿的进行，焊料与母材金属原子间的相互扩散现象开始发生。通常原子在晶格点阵中处于热振动状态，一旦温度升高，原子活动加剧，使熔化的焊料与母材中的原子相互越过接触面进入对方的晶格点阵，原子的移动速度与数量取决于加热的温度与时间。

（3）形成金属化合物

由于焊料与母材相互扩散，在两种金属之间形成了一个中间层——金属化合物。要获得良好的焊点，被焊母材与焊料之间必须形成金属化合物，从而使母材达到牢固的结合状态。

2. 锡焊必须具备的条件

（1）焊件必须具有良好的可焊性

不是所有的材料都可以用锡焊实现连接，只有一部分金属如铜及其合金、金、银、锌、镍等具有较好的可焊性，而铝、不锈钢、铸铁等的可焊性较差，一般需要采用特殊焊剂及方法才能锡焊。

（2）焊件表面必须保持清洁

为了使熔化焊锡能良好地润湿固体金属表面，要求被焊金属表面一定要清洁，以便使焊锡与焊件表面原子间的距离最小，彼此间充分吸引扩散，形成合金层。即使是可焊性好的焊件，由于长期存储和污染等原因，焊件的表面可能产生氧化膜、油污等。所以，在实施焊接前必须清洁焊件表面，否则难以保证焊接质量。

（3）合格的焊料

铅锡焊料成分不合格或杂质超标都会影响锡焊的质量，特别是某些杂质，如锌、铝、镉等，即使有微小含量也会明显影响焊料的润湿性和流动性，降低焊接质量。

（4）要使用合适的助焊剂

焊接不同的材料要选用不同的助焊剂，即使同一种材料，采用不同的工艺时也往往要用不同的助焊剂。对于手工锡焊而言，采用松香或松香水即能满足大部分电子产品的装配要求。另外，助焊剂的用量要适当，过多、过少都不利于焊接。

（5）合理的焊点

焊点的几何形状对保证锡焊的质量至关重要。图 3-1-1 表示不同的导线连接方式对焊接质量的影响。图 3-1-1（a）中导线的接头不够牢靠，很难保证焊点有足够的强度；图 3-1-1（b）中这种接头可以保证焊点有足够的强度。图 3-1-2 表示印制电路板上的焊盘及焊孔大小对焊接质量的影响。相对元器件的引脚而言，焊孔过小，焊锡不能浸润；焊孔过大，焊锡浸润不饱满、有缝隙。表面贴装中焊盘的设计对焊接质量影响更大，对焊盘尺寸、形状、位置及相互间距都有更加严格的要求。

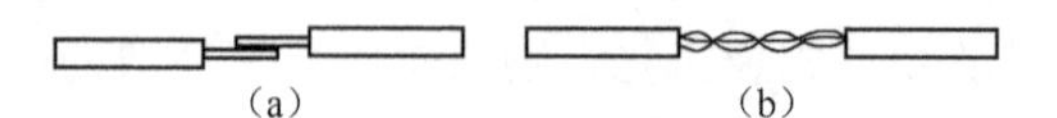

图 3-1-1　导线连接方式对焊接质量的影响

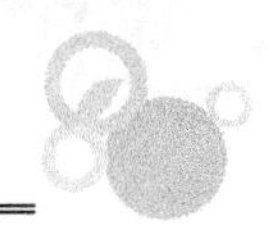

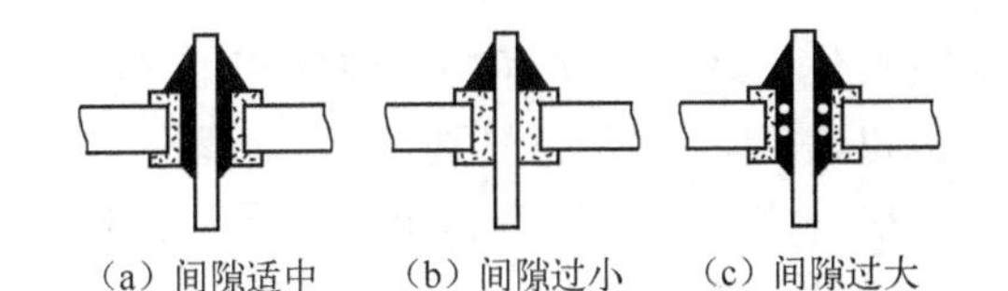

图 3-1-2　间隙大小对焊接质量的影响

（6）焊件要加热到适当的温度

焊接时，将焊料和被焊金属加热到合适温度，才能使熔化的焊料在被焊金属表面润湿扩散并形成金属化合物。因此要保证焊点牢固，一定要有适当的焊接温度。焊接温度一般在 280～350℃之间。

（7）合适的焊接时间

焊接时间是指在焊接过程中，进行物理反应和化学反应所需要的时间。它包括被焊金属材料达到焊接温度的时间、焊锡熔化的时间、助焊剂发生作用并生成金属化合物的时间等几部分。焊接时间的长短应合适，过长会损坏焊接部位或元器件，过短则达不到焊接要求。一般的焊点通常掌握在 3s 以内。反复焊接次数不得超过三次，要一次成型。

二、焊接材料

1. 焊料

在一般的电子焊接中，主要使用锡铅合金焊料，俗称焊锡。焊锡的熔点为 183℃左右，一般形状为管状，里面填有助焊剂，焊锡丝的直径有 0.5mm、0.8mm、1.0mm、1.2mm、1.5mm、2.0mm、2.5mm、3mm 等规格，如图 3-1-3 所示。直径为 0.8mm 或 1.0mm 的焊锡丝，通常用于一般电子元件的焊接；焊接超小型电子元件，通常选用直径为 0.5mm 的焊锡丝。

焊锡中锡铅比例不同，其性能和用途也不同。焊锡除锡和铅外，也不可避免地含有其他微量金属，即杂质。这些杂质会对焊锡的性能产生有利或不利的影响。属于生产工艺造成的含杂，会影响焊接质量。有时为了使焊锡获得某种性能，人为掺入某些金属，如掺入银，可降低熔点，增加强度；掺入铜，可使焊锡变为高温焊锡等。市面上出售的焊锡，质量和价格差别很大，应注意鉴别。质量好的焊锡丝表面光洁、明亮，形成的焊点质量也好。

图 3-1-3　焊锡

2. 助焊剂

要形成一个好的焊点，被焊物必须要有一个完全无氧化层的表面，但金属一旦曝露于空气中就会生成氧化层，这种氧化层无法用传统溶剂清洗，此时必须依赖助焊剂与氧化层起化学反应，当助焊剂清除氧化层之后，干净的被焊物表面才可与焊锡结合。

锡焊中常采用松香作为助焊剂，松香加热到 70℃时熔化后就能去除金属表面的氧化物。将松香溶入酒精可制成松香水，将其涂在覆铜板上可起到防氧化和助焊的作用。松香在反复使用变黑后，就失去了助焊的作用。

3. 阻焊剂

在进行浸焊、波峰焊时，往往会发生焊锡桥连，造成短路的现象，尤其是高密度的印制电路板更为明显。阻焊剂是一种耐高温的涂料，它可使焊接只在需要焊接的点上进行，而将不需要焊接的部分保护起来。应用阻焊剂可以防止桥连、短路等现象的发生，减少返修，提高劳动生产率，节约焊料，并可使焊点饱满，减少虚焊的发生，提高了焊接质量。印制电路板板面部分由于受到阻焊膜的覆盖，热冲击小，使板面不易起泡、分层，焊接成品合格率上升。使用带有色彩的阻焊剂，还可使印制电路板显得整洁美观。

三、焊接工具

1. 电烙铁

使用合适的工具，可以大大提高装配工作的效率和产品质量。电烙铁是手工施焊的主要工具，是电子产品装配人员常用工具之一，选择合适的电烙铁，合理地使用它，是保证焊接质量的基础。

（1）电烙铁的类型和结构

由于用途、结构的不同，电烙铁有多种类型。按加热方式不同可分为直热式、感应式、气体燃烧式等；按电烙铁的功率大小可分为 20W、25W、30W、35W、50W 等；按功能可分为单用式、两用式、调温式等。

① 直热式电烙铁。

直热式电烙铁有内热式和外热式两种类型，其外形和内部结构如图 3-1-4 所示，它主要有以下几部分组成。

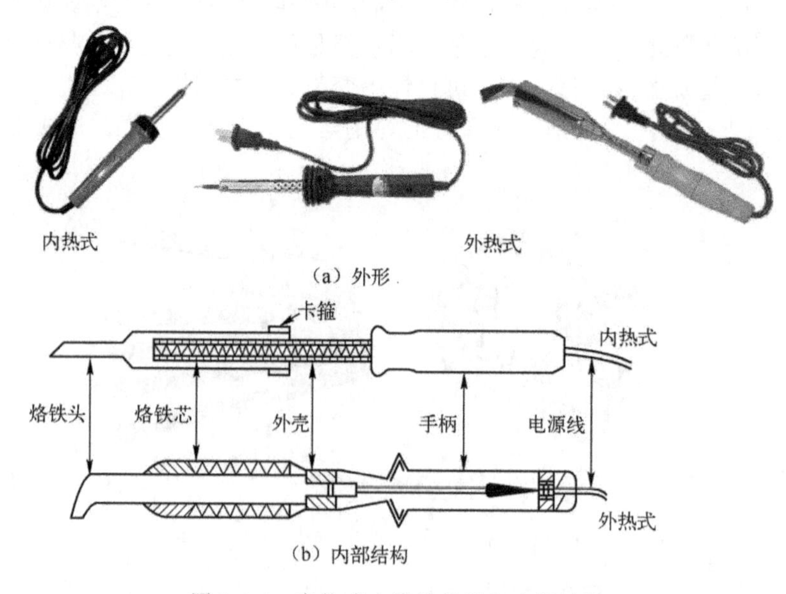

图 3-1-4　直热式电烙铁外形和内部结构

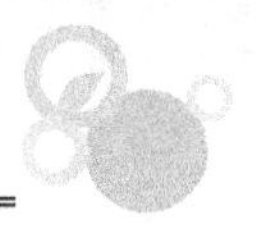

烙铁头：一般用紫铜制成，其形状有尖头、斜面等样式。

烙铁芯：即电烙铁的加热器，它是将镍镉电阻丝缠在云母、陶瓷等耐热、绝缘材料上制成的。内热式电烙铁和外热式电烙铁的主要区别是：内热式烙铁头套在烙铁芯的外面，具有体积小、加热快、效率高、价格便宜、使用灵活等优点；外热式烙铁芯套在烙铁头的外面，所以体积较大、加热速度慢、效率较低、使用不够灵活，但其功率较大，主要用来焊接粗导线和较大的器件。

手柄：一般用木料或胶木制成。

另外还有外壳、电源线、卡箍等。

② 吸锡电烙铁。

吸锡电烙铁在普通直热式电烙铁的基础上增加了吸锡装置，使其具有加热、吸锡两种功能，其形状如图 3-1-5 所示。使用吸锡电烙铁时，要注意及时清理吸入的锡渣，保持吸锡孔畅通。

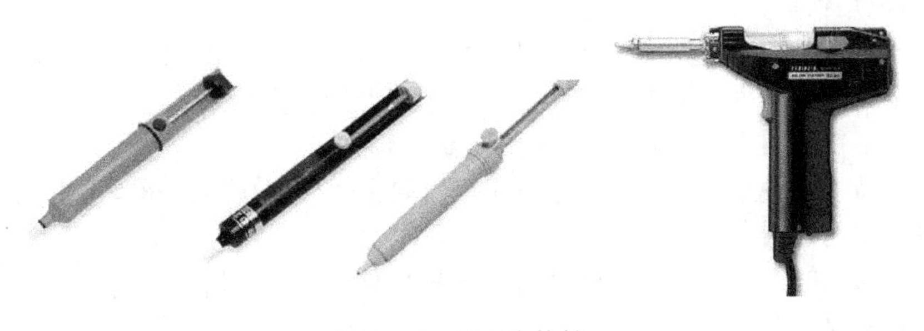

图 3-1-5　吸锡电烙铁

③ 调温及恒温电烙铁。

调温电烙铁的手柄上安装有温度调节旋钮，可根据需要设置温度，其实物如图 3-1-6 所示。这种电烙铁也有将供电电压降为 24V、12V 低压或直流供电的，对操作安全性大有益处。

恒温电烙铁则在电烙铁体内装有恒温装置，并且使用带有强磁传感器的烙铁头。使用时只需更换烙铁头即可在 260～450℃之间任意选定温度。

④ 电焊台。

电焊台实际是一种台式调温电烙铁，如图 3-1-7 所示。其功率一般在 50～200W 之间，温度在 200～480℃之间可调。多数电焊台具有防静电功能，在安全和焊接性能方面比普通电烙铁要好，一般用于要求较高的焊接。

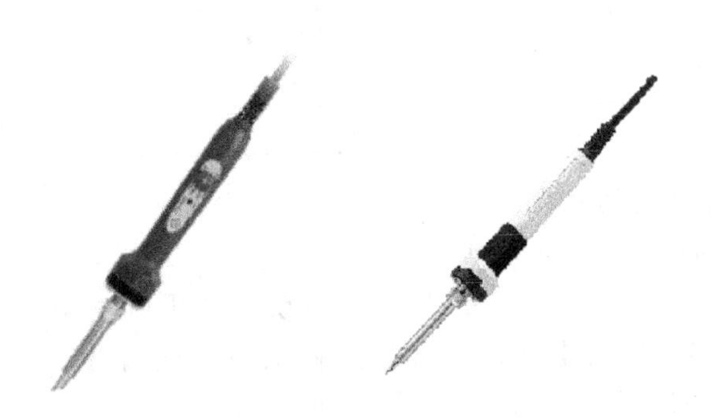

图 3-1-6　调温电烙铁

图 3-1-7　电焊台

⑤ 热风枪。

热风枪是维修通信设备的重要工具之一，主要由气泵、气流稳定器、线性电路板、手柄、外壳等基本组件构成，如图 3-1-8 所示。其主要作用是拆焊小型贴片元件和贴片集成电路。

图 3-1-8　热风枪

⑥ 其他电烙铁。

感应式电烙铁：又称速热电烙铁，俗称焊枪。其特点是加热速度快、使用方便、节能，但一些电荷敏感器件，如 MOS 电路，不宜使用这种电烙铁。

储能式电烙铁：用于集成电路和 MOS 电路的焊接。

碳弧电烙铁：一种采用蓄电池供电，可同时除去焊件氧化膜的超声波电烙铁。

（2）电烙铁的选用

根据焊接对象的不同，选择电烙铁时主要从种类、功率和烙铁头的形状三方面考虑。

① 电烙铁的种类和功率的选择。

电烙铁的种类和功率很多，应根据实际需要灵活选用。一般的焊接首选内热式电烙铁；焊接较大器件及较粗的导线通常使用功率较大的外热式电烙铁；在工作时间长时，可使用恒温电烙铁。电烙铁的功率选择一定要合适，过大易烫坏元器件或印制电路板，过小易出现虚焊或假焊。表 3-1-3 列出了选择电烙铁的依据，仅供参考。

表 3-1-3　选择电烙铁的依据

焊件及工作性质	选用电烙铁
一般元器件、细导线、印制电路板	20W 内热式电烙铁，30W 外热式电烙铁，恒温式电烙铁
集成电路	20W 内热式电烙铁，恒温式电烙铁，储能式电烙铁
MOS 管	储能式电烙铁
焊片，电位器，2～8W 电阻器，大功率晶体管	35W 内热式电烙铁，调温式电烙铁，50～75W 外热式电烙铁
8W 以上大电阻器，直径 2mm 以上导线等较大元器件	100W 内热式电烙铁，150～200W 外热式电烙铁
金属板	300W 以上外热式电烙铁
SMT 表贴元器件	恒温式电烙铁，电焊台

图 3-1-9　烙铁头的形状

② 烙铁头的选择。

常用的烙铁头的形状如图 3-1-9 所示，可根据焊接对象和个人习惯选用。目前内热式烙铁头从里到外都经过铁、镍、铬 3 层电镀，可保护烙铁头不易被腐蚀。使用时除特殊需要外，一般不要修锉或打磨，否则会破坏金属镀层。

2. 其他工具

① 尖嘴钳：主要作用是在连接点上网绕导线、元件引脚及对元件引脚成型等。

② 偏口钳：又称斜口钳、剪线钳，主要用于剪切导线，剪掉元器件多余的引脚。不要用偏口钳剪切螺钉、较粗的钢丝，以免损坏钳口。

③ 剥线钳：用于剥去导线的绝缘皮。

④ 镊子：主要用途是摄取微小器件，在焊接时夹持被焊件以防止其移动和帮助散热。

⑤ 螺丝刀：又称改锥，分为十字改锥、一字改锥。主要用于拧动螺钉及调整可调元器件的可调部分。

⑥ 小刀：主要用来刮去导线和元件引脚上的绝缘物和氧化物，使之易于上锡。

另外还有用来清洁的钢刷、纱布、砂纸及锉刀；用来拆焊的吸锡器和吸锡线；用来放置电烙铁的烙铁架及松香盒；防静电手腕带、防静电指套等。

任务评价

表 3-1-4　焊接材料和工具的选用评价表

项　　目	考 核 内 容	配　　分	评 价 标 准	评分记录
认识焊接材料和工具	1. 认识焊接材料； 2. 认识常用焊接工具	10 10	1. 能说出焊接材料的名称和用途，能识别焊锡的规格型号及应用场合，错一项扣 2 分； 2. 能说出常用焊接工具的名称和作用，错一项扣 2 分	
拆装电烙铁	1. 拆卸电烙铁； 2. 测量烙铁芯电阻值； 3. 重新组装电烙铁	10 10 10	1. 能正确拆卸，操作规范，无损坏； 2. 能正确测量烙铁芯电阻值； 3. 组装完好，无损坏	

任务 2　手工焊接与拆焊训练

操作 1：做焊接前的准备工作，将结果填入表 3-2-1 中。

表 3-2-1　焊接用具的准备记录表

序号	工 作 内 容	检查或准备情况
1	检查电烙铁	
2	烙铁头上锡	
3	检查吸锡海绵	
4	检查静电防护用具	
5	阅读原理图和印制电路板装配图	
6	按材料清单检查元器件型号及数量，必要时用万用表进行质量检测	

操作 2：将元器件引脚加工成型并插装到印制电路板上，将结果填入表 3-2-2 中。

表 3-2-2　引脚成型及插装记录表

序　　号	元器件名称	安 装 方 式	引脚加工所用工具	引脚成型质量	有 无 损 伤	插 装 质 量

操作 3：将加工成型的元器件焊接到印制电路板上，将结果填入表 3-2-3 中。

表 3-2-3　焊接记录表

序　　号	元器件名称	电烙铁规格	焊锡规格	焊点用时	不良焊点及成因	操作是否规范

操作 4：在旧印制电路板上进行拆焊练习，将结果填入表 3-2-4 中。

表 3-2-4　拆焊记录表

序号	元 件 名 称	主 要 工 具	检测元器件或铜箔是否损伤及原因分析

操作 5：用电烙铁或热风枪在含有贴片元器件的旧印制电路板上，进行贴片元件拆焊与焊接练习，将结果填入表 3-2-5 中。

表 3-2-5　贴片元件拆焊与焊接记录表

序号	贴片元件名称	电烙铁或热风枪规格	焊锡规格	其 他 工 具	拆焊或焊接方法	拆焊或焊接质量	操作是否规范

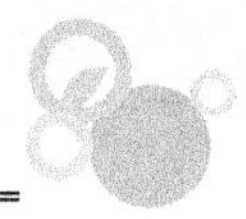

相关知识

一、操作前准备

1. 安全检查

查看电烙铁手柄上的螺钉是否紧固、电源线有无破损、烙铁头是否松动。用万用表检查电源线有无短路、开路，电烙铁是否漏电。

2. 烙铁头上锡处理

使用新的电烙铁前，要先对烙铁头进行上锡处理。方法是给电烙铁通电，将烙铁头压在松香上，等到松香冒烟较大时，将烙铁头迅速与焊锡丝接触，直到烙铁头上均匀镀上一层焊锡为止。

低档次的电烙铁，由于烙铁头表面没有涂敷防氧化的合金或镀层不完善，在使用一段时间以后，其表面会变得凹凸不平，而且氧化严重，在使用过程中需要经常进行修整。方法是先用锉刀将其表面修整为焊接所需要的形状，再用细砂纸打磨，露出光洁的铜面，然后做上锡处理。

注意：如果使用的是镀有合金的电烙铁，就不需要经常对烙铁头进行处理，更不能轻易用锉刀或砂纸打磨烙铁头。

3. 检查吸锡海绵

检查吸锡海绵是否有水和清洁，若没水，要加入适量的水（适量是指把海绵按到常态的一半厚时有水渗出，具体操作为：海绵全部湿润后，握在手掌心，五指自然合拢即可），海绵要清洗干净，不干净的海绵中含有金属颗粒，会损坏烙铁头；含硫的海绵也会损坏烙铁头。

4. 防静电检查

保证焊接人员戴防静电手腕带、绝缘手套、防静电工作服。

5. 其他准备工作

熟悉印制电路板的装配图，并按检查元器件型号、规格及数量是否符合图纸上的要求。

二、元器件引脚成型与插装

1. 去除氧化层

放置时间较长的元器件，其引脚表面或多或少均会发生氧化，在焊接前，要先用小刀或砂纸去除引脚的氧化层。

2. 引脚成型

为使元器件在印制电路板上的装配排列整齐，在安装前需要用尖嘴钳或镊子，根据印制电路板上焊盘孔的距离不同，把元器件引脚弯曲成所需要的形状，如图 3-2-1 所示。

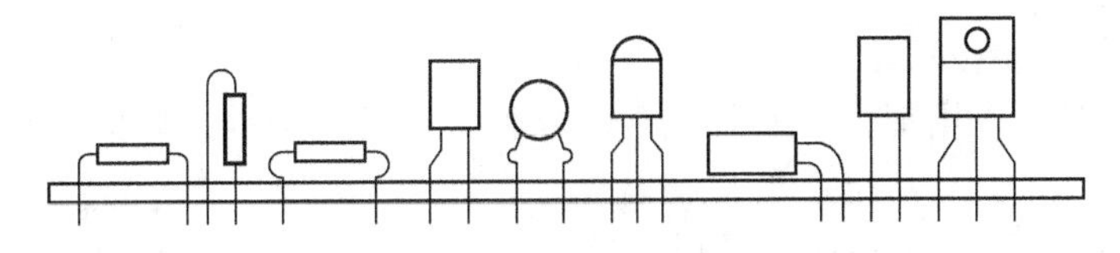

图 3-2-1　元器件引脚成型示意图

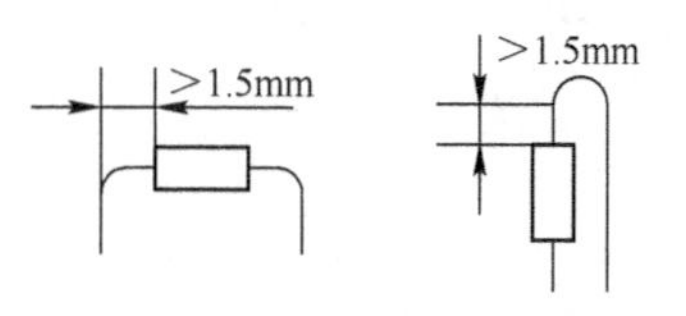

图 3-2-2　元器件引脚弯曲度

对元器件加工成型有以下要求：加工时，注意不要将引脚齐根弯折，一般应留 1.5mm 以上，如图 3-2-2 所示。弯曲不要成死角，圆弧半径应大于引脚直径的 1～2 倍，并用工具保护好引脚的根部，以免损坏元器件。同类元件要保持高度一致。各元器件的符号标志向上（卧式）或向外（立式），以便于检查。

元器件引脚成型是对小型元器件而言的，如果是大型元器件，必须用支架、卡子等固定在安装位置上。

3. 插装

（1）插装方式

元器件的插装一般有以下几种形式。

① 贴板插装：安装形式如图 3-2-3（a）所示，它适用于防振要求高的产品。元器件贴紧印制电路板面，安装间隙小于 1mm。当元器件为金属外壳，安装面又有印制导线时，应加垫绝缘衬垫或绝缘套管。

② 悬空插装：安装形式如图 3-2-3（b）所示，它适用于发热元件的安装。元器件距印制电路板面要有一定的距离，安装距离一般为 2～6mm。

③ 垂直插装：安装形式如图 3-2-3（c）所示，它适用于安装密度较高的场合。元器件垂直于印制电路板面，但大质量、细引脚的元器件不宜采用这种形式。

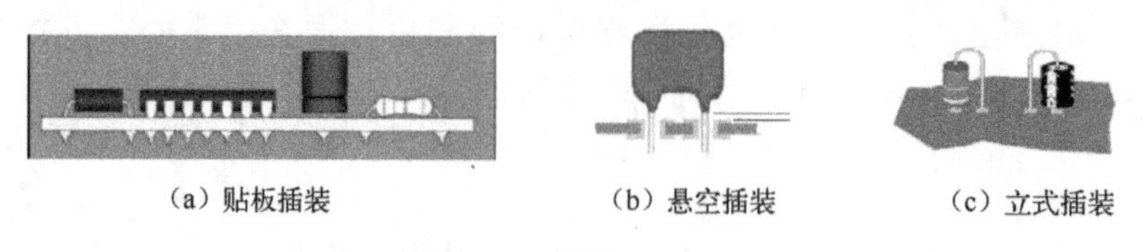
（a）贴板插装　（b）悬空插装　（c）立式插装

图 3-2-3　元器件插装形式

（2）插装原则

插装元器件时应遵循以下原则。

① 手工插装、焊接，应该先插装那些需要机械固定的元器件，如功率器件的散热器、支架、卡子等，然后再插装需焊接固定的元器件。插装时不要用手直接碰元器件引脚和印制电路板上的铜箔。手工插焊遵循先低后高、先小后大的原则。

② 元器件插装要求做到整齐、美观、稳固，元器件应插装到位，无明显倾斜、变形现象；卧式插装的元器件，尽量使两端的引脚长度对称，元器件放在两孔中央。

③ 插装有极性的元器件，按线路板上的丝印进行插装，不得插反和插错；对于有空间位置限制的元器件，应尽量将元器件放在丝印范围内。

④ 各种元器件的安装，应该使它们的标记（用色码或字符标注的数值、精度等）朝左和朝下，并注意标记方向的一致性（从左到右），以符合阅读习惯。

（3）长短脚的插装技巧

① 长脚插装时可以用拇指和食指夹住元器件，再准确地插入印制电路板，如图 3-2-4 所示。

② 短脚插装的元器件成型后，引脚很短，靠板插装，当元器件插装到位后，用镊子将穿过孔的引脚向内折弯，以免元器件掉出，如图 3-2-5 所示。

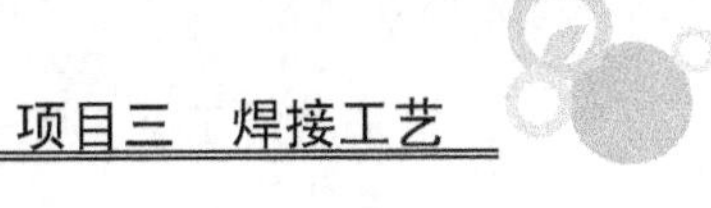

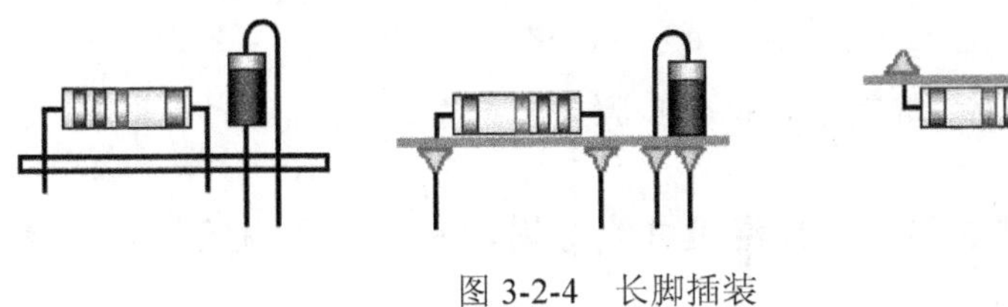

图 3-2-4　长脚插装

图 3-2-5　短脚插装

三、焊接要领

使用手工电烙铁进行焊接，掌握起来并不困难，但是要有一定的技术要领。掌握正确的操作姿势，可以保证操作者的身心健康，减轻劳动伤害，为减少焊锡加热时挥发出的化学物质对人的危害，减少有害气体的吸入量，一般情况下，烙铁到鼻子的距离应不少于20cm，通常以 30cm 为宜。

1. 电烙铁的握法

根据电烙铁的大小、形状和焊件的要求等不同情况，电烙铁的握法有三种，即反握法、正握法和握笔法，如图 3-2-6 所示。反握法是用右手五指把烙铁手柄握在手掌内，这种握法焊接时动作稳定，长时间操作不易疲劳，适用于大功率的电烙铁和热容量大的焊件。正握法适用于弯烙铁头的操作。握笔法适用于印制电路板上的焊接，这种方法长时间操作容易疲劳。

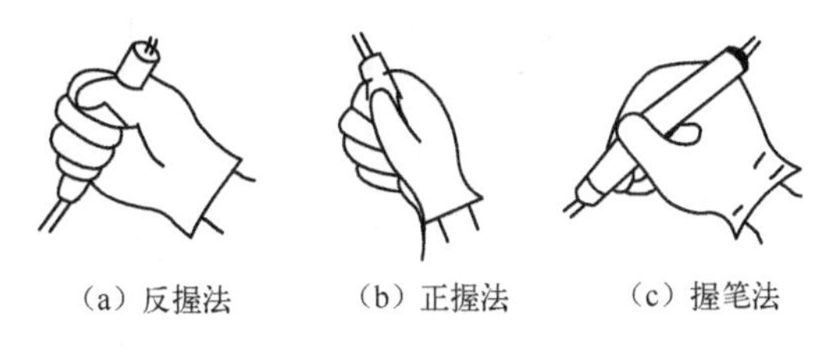

图 3-2-6　电烙铁的握法

2. 焊锡丝的拿法

焊锡丝的拿法一般有两种：一种是用左手的拇指、食指和小指夹住焊锡丝，如图 3-2-7（a）所示，用另外两个手指配合就能将焊锡丝连续向前送进；另一种方法是用左手拇指和食指夹住焊锡丝，并搭在左手虎口处，如图 3-2-7（b）所示，这种拿法在只焊接几个焊点或断续焊接时适用，不适合连续焊接。

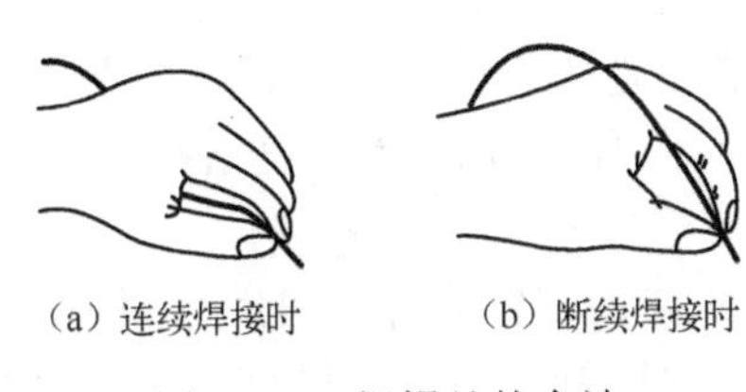

图 3-2-7　焊锡丝的拿法

3. 操作步骤

电子焊接通常采用五步焊接法，操作步骤如下。

（1）准备施焊

准备好焊件，烙铁加热到工作温度并吃好锡，左手拿焊锡丝，右手握电烙铁，如图 3-2-8（a）所示。

（2）加热焊件

烙铁头同时接触焊件引脚和印制电路板焊盘，根据引脚和焊盘体积相对大小调节加热位置，使它们同步升温，均匀受热，如图 3-2-8（b）所示。

（3）送入焊锡

当焊件加热到能熔化焊锡的温度后，立即将左手中的焊锡丝放到被焊部位，让焊锡丝自由熔化，如图 3-2-8（c）所示。

（4）移开焊锡丝

当焊锡丝熔化一定量后，迅速向左上 45° 方向移开焊锡丝，如图 3-2-8（d）所示。

（5）移开电烙铁

当焊锡已经覆盖引脚和焊盘后，向右上 45° 方向迅速移开电烙铁，结束焊接，如图 3-2-8（e）所示。

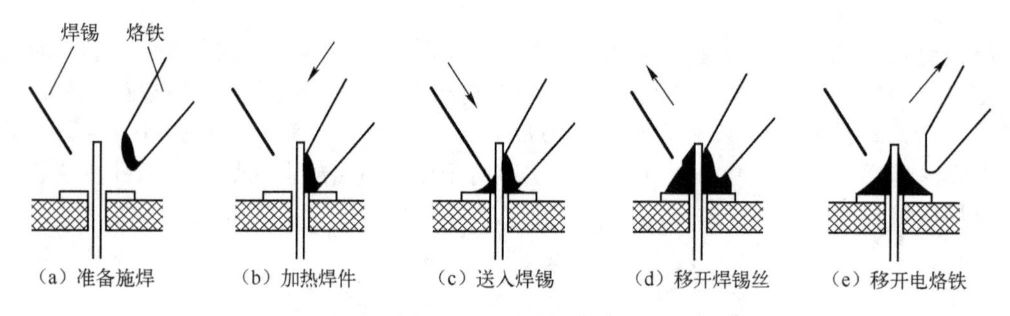

图 3-2-8　五步焊接法

4. 注意事项

（1）保持烙铁头的清洁

焊接时烙铁头长期处于高温状态，其表面很容易形成一层黑色氧化物，这种氧化物具有隔热作用，使得烙铁头难以对焊件加热。因此，在焊接过程中要随时在一块湿布或湿海绵上擦拭烙铁头，除去氧化物。同时，在烙铁头上应保留少量焊锡，这样可在烙铁头与焊件之间起到传热桥梁的作用，因为金属的导热性能远高于空气，能使焊件很快受热。但应注意烙铁头上的焊锡保留量不能过多，否则影响焊点质量。

（2）焊锡用量要适中

焊接时焊锡用量不能过多，也不能太少。过量的焊锡不仅浪费，而且容易造成电路短路；焊锡太少则焊接不牢固，容易造成焊件脱落。要想形成良好的焊点，首先要掌握好送入焊锡丝的量，其次要注意烙铁头撤离的方向。要做好这两点，必须经过一定的练习才行。

（3）助焊剂用量要适度

用焊锡丝在印制电路板上焊接时，一般不需要另加助焊剂，因为焊锡丝本身的助焊剂基本能达到要求。焊接较大器件时需要另加松香等助焊剂，但用量不宜过多。松香过量，

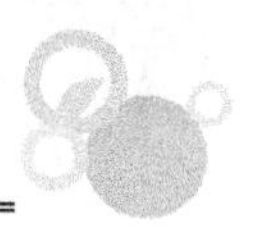

焊接后需要对焊点周围进行清洗，否则影响美观；当加热不足时容易使松香夹杂在焊锡中形成“松香焊”的缺陷；对开关类元器件的焊接，过量的助焊剂容易流到触点处，从而造成接触不良。

（4）掌握好烙铁温度和焊接时间

适当的温度对形成良好的焊点是必不可少的。经过试验得出，烙铁头在焊件上停留的时间与焊件温度的升高是正比关系。同样的烙铁，加热不同热容量的焊件时，想达到同样的焊接温度，可以通过控制加热时间来实现。但在实践中又不能仅依此关系决定加热时间。例如，用小功率烙铁加热较大的焊件时，无论烙铁停留的时间多长，焊件的温度也上不去，原因是烙铁的供热量小于焊件和烙铁在空气中散失的热量。此外，为防止内部过热损坏，有些元器件也不允许长期加热，过量加热，除有可能造成元器件损坏以外，还有如下危害和外部特征。

① 焊点外观差。如果焊锡浸润焊件以后还继续进行过量的加热，将使助焊剂全部挥发完，造成熔态焊锡过热；当烙铁离开时容易拉锡尖，同时焊点表面发白，出现粗糙颗粒，失去光泽。

② 高温造成所加松香助焊剂的分解碳化。松香一般在 210℃开始分解，不仅失去助焊剂的作用，而且造成焊点夹渣而形成缺陷。如果在焊接中发现松香发黑，则是加热时间过长所致。

③ 过量受热会损坏印制电路板上铜箔的黏合层，导致铜箔焊盘的剥落。因此，在适当的加热时间里，准确掌握加热火候是优质焊接的关键。

判断烙铁温度的简便方法是：将烙铁头在松香里蘸一下，观察冒烟量和速度，判断其温度是否合适，如图 3-2-9 所示。温度低时，发烟量小，持续时间长；温度高时，烟量大，消散快；在中等发烟状态，6～8s 消散时，温度约为 300℃，这时是焊接的合适温度。

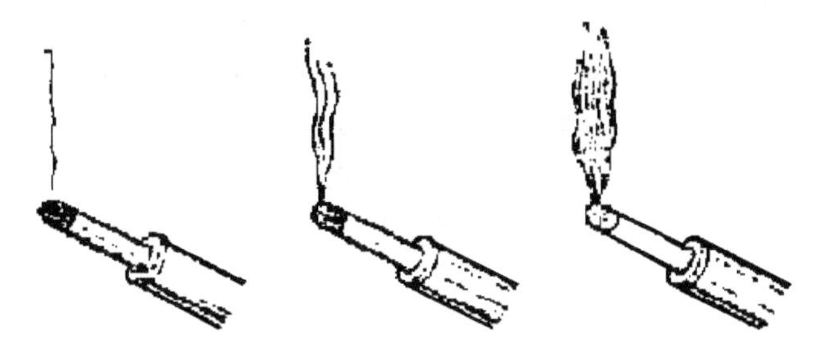

图 3-2-9　判断烙铁温度的简便方法

焊接时间要根据焊件的大小、烙铁温度等情况决定，一般不能超过 3s。如果超过 3s 焊接没完成，应停止焊接，等到冷却后再进行第二次焊接。

（5）焊接时焊件不能晃动

在焊锡凝固前不要使焊件晃动，焊件一旦晃动会使焊点表面无光泽且呈豆渣状；焊点内部结构松散有空隙，造成焊点强度降低，导电性能变差。

四、常用元器件的焊接要求

1. 电阻器的焊接

按图将电阻器准确地装入规定位置，并要求标记向上、字向一致。装完一种规格再装另一种规格，尽量使电阻器高低一致。焊接后将露在印制电路板表面上多余的引脚齐根剪去。

2. 电容器的焊接

将电容器按图纸要求装入规定位置，并注意有极性的电容器其“+”与“-”极不能接错。电容器上的标记方向要易看见。先装玻璃釉电容器、金属膜电容器、瓷介电容器，最后装电解电容器。

3. 二极管的焊接

正确辨认正、负极后按要求装入规定位置，型号及标记要易看见。焊接立式二极管时，对最短的引脚焊接时，时间不要超过2s。

4. 三极管的焊接

按要求将e、b、c三根引脚装入规定位置。焊接时间应尽可能地短些，焊接时用镊子夹住引脚，以帮助散热。焊接大功率三极管时，若需要加装散热片，应将接触面平整，打磨光滑后再紧固，若要求加垫绝缘薄膜片，千万不能忘记引脚与线路板上焊点需要连接时，要用塑料导线。

5. 集成电路的焊接

将集成电路插装在印制线路板上，按照图纸要求，检查集成电路的型号、引脚位置是否符合要求。焊接时先焊集成电路边沿的两只引脚，以使其定位，然后从左到右或从上至下逐个焊接。焊接时，烙铁一次蘸取的锡量为焊接2～3只引脚的量，烙铁头先接触印制电路的铜箔，待焊锡进入集成电路引脚底部时，烙铁头再接触引脚，接触时间以不超过3s为宜，而且要使焊锡均匀地包住引脚。焊接完毕后要检查一下，是否有漏焊、碰焊、虚焊之处，并清理焊点处的焊料。

五、贴片元件焊接技巧

随着时代和科技的进步，现在越来越多的印制电路板使用了贴片元件。贴片元件以其体积小和便于维护越来越受大家的喜爱。但对于不少人来说，对贴片元件感到“畏惧”，特别是对于初学者，觉得它不像传统的直插元件那样易于焊接，其实这些担心是完全没有必要的。只要使用合适的工具和掌握一些手工焊接贴片元件的知识和技巧，很快就会成为焊接贴片元件的高手。

1. 焊接贴片元件常用工具

（1）电烙铁

手工焊接贴片元件时，电烙铁的烙铁头通常选用尖头的或平口的。

（2）热风枪

热风枪是利用其枪芯吹出的热风来对元件进行焊接与拆卸的工具，其使用的工艺要求相对较高。对于普通的贴片焊接，可以不用热风枪而使用电烙铁。

（3）放大镜

放大镜用来观察贴片元件引脚和焊盘是否精确对准，检查引脚是否焊接正常、有无短路现象等。放大镜放大倍数最小为4倍，且带日光灯，如图3-2-10所示。

图3-2-10　放大镜

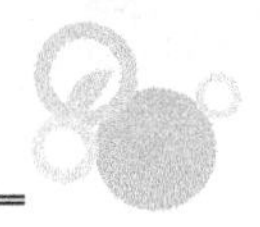

（4）镊子

镊子的主要作用在于方便夹起和放置贴片元件，镊子要求前端尖而且平，以便于夹元件。另外，对于一些需要防静电的芯片，要用到防静电镊子。

（5）吸锡带

焊接贴片元件时，很容易出现上锡过多的情况，特别是在焊密集多引脚贴片芯片时，很容易导致芯片相邻的两脚甚至多脚被焊锡短路。此时，传统的吸锡器是不管用的，这时候就需要用到编织的吸锡带。

除此之外，焊锡丝、松香、焊锡膏、酒精、海绵等（见图 3-2-11）都是必不可少的。在焊接贴片元件时，尽可能地使用细的焊锡丝，这样容易控制给锡量。

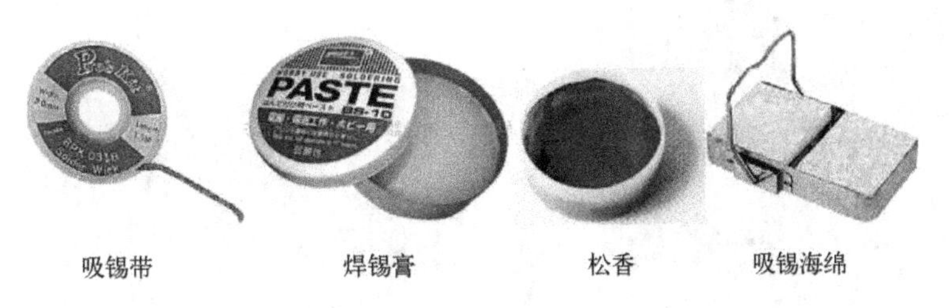

图 3-2-11　焊接常用工具

2. 贴片元件手工焊接步骤

（1）焊前准备

清洗焊盘，然后在焊盘上涂上助焊剂。

（2）固定贴片元件

贴片元件的固定是非常重要的。根据贴片元件的引脚多少，其固定方法大体上可以分为两种：单脚固定法和多脚固定法。

对于引脚数目少的贴片元件，如电阻器、电容器、二极管、三极管等，一般采用单脚固定法。即先在一个焊盘上点上焊锡，然后放上元件的一头，用镊子夹住元件，焊上一头之后，再看看是否放正了；如果已放正，再焊上另外一头即可，如图 3-2-12 所示。

对于引脚多而且多面分布的贴片芯片，单脚是难以将芯片固定好的，这时就需要多脚固定，一般可以采用对角固定的方法，如图 3-2-13 所示。定位好芯片，点少量焊锡到尖头烙铁上，焊接两个对角位置上的引脚，使芯片固定而不能移动。需要注意的是，引脚多且密集的贴片芯片，引脚精准地对齐焊盘尤其重要，应仔细检查核对，因为焊接的好坏是由这个前提决定。

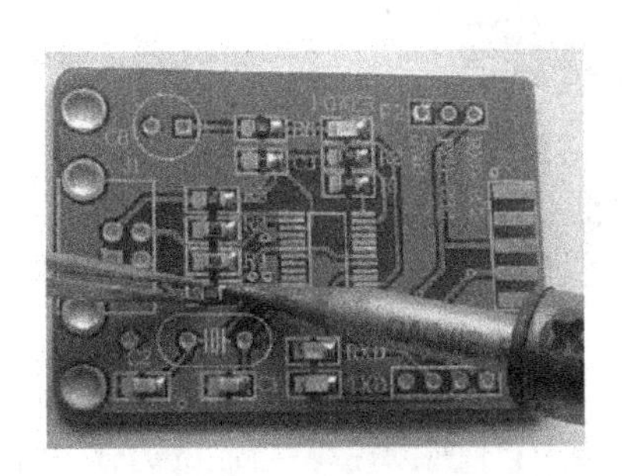

图 3-2-12　对引脚少的元件进行单脚固定焊接

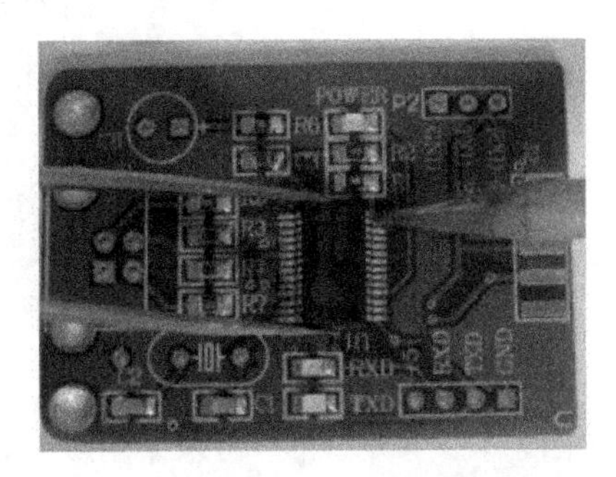

图 3-2-13　对引脚多的元件进行对角线定位焊接

（3）焊接剩下的引脚

元件固定好之后，再对剩下的引脚进行焊接。对于引脚少的元件，依次点焊即可。对于引脚多而且密集的芯片，除了点焊外，可以采取拖焊或拉焊。方法是：擦干净烙铁头，给烙铁上锡，焊锡丝融化并粘在烙铁头上，直到融化的焊锡呈球状将要掉下来的时候停止上锡。在芯片引脚未固定一侧，用电烙铁拖动焊锡球，沿芯片的引脚从一端慢慢移动到另一端；或者将印制电路板倾斜 70° 左右，用电烙铁拉动焊锡球，沿芯片的引脚从上到下慢慢滚下，滚到头儿的时候将电烙铁提起。至此，芯片的一边已经焊完，按照此方法焊接其他引脚，如图 3-2-14 所示。

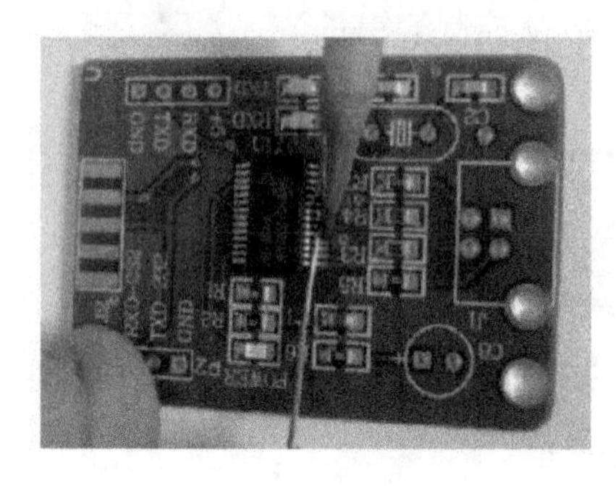

图 3-2-14　对引脚较多的贴片芯片进行拖焊或拉焊

值得注意的是，无论是点焊还是拖焊，都很容易造成相邻引脚的桥连短路现象，这点不用担心。焊完之后，用放大镜观察结果，检查一下是否有未焊好或短路的地方，适当修补。

（4）清除多余的焊锡

在步骤（3）中提到了焊接时所造成的引脚短路现象，可以用吸锡带将多余的焊锡吸掉。吸锡带的使用方法很简单，向吸锡带加入适量助焊剂（如松香），然后紧贴焊盘，将干净的烙铁头放在吸锡带上，待吸锡带被加热到要吸附焊盘上的焊锡融化后，慢慢地从焊盘的一端向另一端轻压拖拉，焊锡即被吸入带中，如图 3-2-15 所示。应当注意的是，吸锡结束后，应将烙铁头与吸上锡的吸锡带同时撤离焊盘，此时如果吸锡带粘在焊盘上，千万不要用力拉吸锡带，而是再向吸锡带上加助焊剂或重新用烙铁头加热后，再轻拉吸锡带使其顺利脱离焊盘，并且要防止烫坏周围元器件。

图 3-2-15　用自制的吸锡带吸去芯片引脚上多余的焊锡

如果没有专用吸锡带，可以采用多股电线中的细铜丝来自制吸锡带。自制的方法如下：将电线的外皮剥去之后，露出其里面的细铜丝，此时用烙铁熔化一些松香在铜丝上就可以了。

（5）酒精清洗印制电路板

用棉签擦拭印制电路板，将芯片引脚周围残留的松香擦拭干净，如图 3-2-16 所示。清洗擦除时酒精要适量，擦除的力度要控制好，不能太大，以免擦伤阻焊层及伤到芯片引脚等。

图 3-2-16　用酒精清除所残留的松香

综上所述，焊接贴片元件总体而言经过固定—焊接—清理这样一个过程。其中元件的固定是焊接好坏的前提，一定要有耐心，确保每个引脚和其所对应的焊盘对准精确。

3．用热风枪吹焊贴片元件

（1）吹焊小贴片元件的方法

小贴片元件主要包括片状电阻器、片状电容器、片状电感器及片状晶体管等。对于这些小型元件，可以使用热风枪进行吹焊。吹焊时一定要掌握好风量、风速和气流的方向。如果操作不当，不但会将小元件吹跑，还会损坏大的元器件。

吹焊小贴片元件一般采用小嘴喷头，热风枪的温度调至 2～3 挡，风速调至 1～2 挡。待温度和气流稳定后，便可用手指钳夹住小贴片元件，使热风枪的喷头离欲拆卸的元件 2～3cm，并保持垂直，在元件的上方均匀加热，待元件周围的焊锡熔化后，用手指钳将其取下。如果焊接小元件，要将元件放正，若焊点上的焊锡不足，可用烙铁在焊点上加注适量的焊锡，焊接方法与拆卸方法一样，只要注意温度与气流方向即可。

（2）吹焊贴片集成电路的方法

用热风枪吹焊贴片集成电路时，首先应在芯片的表面涂上适量的助焊剂，这样既可防止干吹，又能帮助芯片底部的焊点均匀熔化。由于贴片集成电路的体积相对较大，在吹焊时可采用大嘴喷头，热风枪的温度可调至 3～4 挡，风量可调至 2～3 挡，热风枪的喷头离芯片 2.5cm 左右为宜。吹焊时应在芯片上方均匀加热，直到芯片底部的锡珠完全熔解，此时应用手指钳将整个芯片取下。需要说明的是，在吹焊此类芯片时，一定要注意是否影响周边元件。另外，芯片取下后，印制电路板会残留余锡，可用烙铁将余锡清除。若焊接芯片，应将芯片与印制电路板相应位置对齐，焊接方法与拆卸方法相同。

使用热风枪时要注意：热风枪的喷头要垂直焊接面，距离要适中；热风枪的温度和气流要适当；吹焊结束时，应及时关闭热风枪电源，以免手柄长期处于高温状态，缩短使用寿命。

六、焊接后续工作及印制电路板清洗

1．焊接后续工作规范

（1）手工焊完后，先检查一遍所焊元器件有无错误、有无焊接质量缺陷，确认无误后将已焊接的线路板或部件转入下道工序的生产。

（2）将未用完的材料或元器件分类放回原位，将桌面上残余的锡渣或杂物扫入指定的周转盒中；将工具归位放好；保持台面整洁。

（3）关掉电源，按照电烙铁使用要求放好电烙铁，并做好防氧化保护工作。

（4）工作人员应先洗净手后才能喝水或吃饭，以防锡珠对人体的危害。

2. 印制电路板清洗

清洗印制电路板分两道工序。

第一步：用牙刷将焊接完成的印制电路板上的焊锡渣、松香、灰尘等污渍去除。在清洗过程中，操作员只允许用手套拿住印制电路板的两侧，在清洗剂未干透之前，不要用手触摸印制电路板，以免出现手指纹。

第二步：在首次清理后，使用防静电牙刷进行二次清理。操作时需在清洗台上进行操作，印制电路板呈 30°～45° 放置，清洗时要求方向一致，自上而下地进行操作，且等清洗剂完全挥发后再放回存放区。

所有生产的印制电路板中的精密电位器、碳墨电位器、双刀双掷开关等易腐蚀的元器件，都应在印制电路板完成清洗后再安装。清洗时要注意刷板水不能流到正面，更不能流到印制电路板正面的双刀双掷开关等易腐蚀的元器件上。特别是小印制电路板，清洗时刷板水不能流到正面，如果流到正面须及时用干净刷板水清洗干净。

将所有有贴片器件的印制电路板贴片焊接完成后，先清洗再焊接插件元器件，在清洗贴片元器件时，不能太用力，以免将正面的贴片元件损坏。

在补料后，如果补料元件与双刀双掷开关等易腐蚀元件比较近，可以用棉签蘸刷板水后将印制电路板清洗干净。

所有的印制电路板清洗必须在清洗台上进行，在清洗后不应有松香、刷板水的痕迹，印制电路板应光滑、无污渍。

七、焊接质量检查

1. 合格焊点的标准

（1）焊点接触良好、无虚焊

所谓虚焊，是指未形成合金的焊料简单堆附，焊点有裂缝或空隙。虚焊的焊点在短期内可能会稳定、可靠地通过电流，用仪器测量也可能发现不了什么问题，但时间一长，未形成合金的焊点表面经过氧化就会出现电流变小或时断时续现象。造成虚焊的主要原因有：焊件表面不清洁；焊接时焊件晃动；烙铁头温度过高或过低；焊剂不符合要求；焊锡太少或太多等。

（2）焊点要有足够的机械强度

焊接不仅起电连接的作用，同时也是固定元器件的一种方法。因此要求焊点要有足够的机械强度，保证焊件不致脱落。造成机械强度不够的原因是：焊锡过少、焊点不饱满、虚焊及焊接时焊件晃动引起的豆渣状、裂纹、夹渣等。

（3）焊点表面整齐、美观

良好的焊点要求大小恰到好处，充满整个焊盘并与焊盘大小比例合适；外观应光滑、对称、整齐、美观，没有棱角、拉尖、短接、针孔、结晶松散等现象，导线端子无缺陷、绝缘层无损伤。

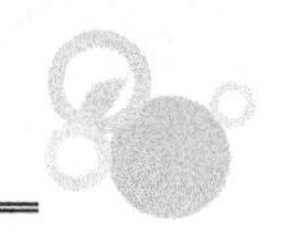

满足上述三个条件的焊点，才算是合格的焊点。几种合格焊点的形状如图 3-2-17 所示，可以此为标准检查焊点的质量。

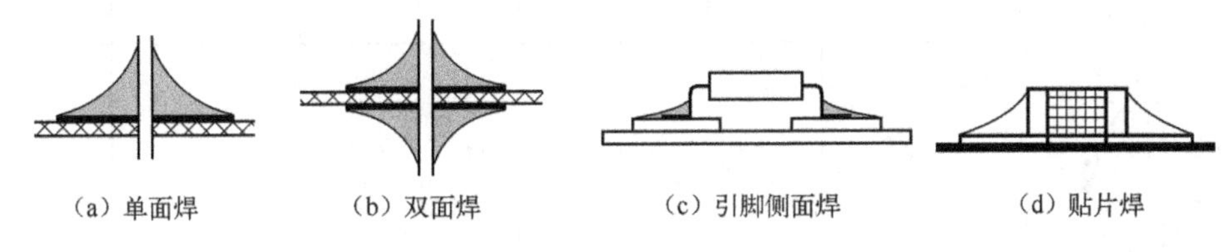

图 3-2-17　合格焊点外观

2. 焊点质量检查

在焊接结束后，为保证产品质量，要对焊点进行检查。由于焊接检查与其他生产工序不同，没有一种机械化的检查测量方法，主要通过人工目视检查、手触检查和通电检查来实现。

目视检查就是从外观上检查焊接质量是否合格，在有条件的情况下，建议用 3～10 倍放大镜进行目检，目视检查的主要内容有：

① 是否有错焊、漏焊、虚焊；

② 有没有连焊，焊点是否有拉尖现象；

③ 焊盘有没有脱落，焊点有没有裂纹；

④ 焊点外形润湿应良好，焊点表面是不是光亮、圆润；

⑤ 焊点周围是否有残留的助焊剂；

⑥ 焊接部位有无热损伤和机械损伤现象。

手触检查是用手触摸、摇动元器件，查看焊点有无松动、脱落的现象，或用镊子夹住元器件引脚轻轻用力拉动，看有无松动现象。

通电检查是在外观检查无误后才可进行的工作，这是检验电路性能的关键步骤，通电检查可以发现目测难以发现的问题，如虚焊、短路等。

表 3-2-6 和表 3-2-7 分别列出了插装和贴装中印制电路板上常见不规范焊点的外观形状及原因分析。

表 3-2-6　插装常见不规范焊点及原因

常见的不良焊点及其形成原因			
不良焊点形状	说　明	原　因	备　注
毛刺	焊点表面不光滑，有时伴有熔接痕迹	1. 焊接温度或时间不够； 2. 选用焊料成分配比不当，液相点过高或润湿性不好； 3. 焊接后期助焊剂已失效	—
引脚太短	元器件引脚没有伸出焊点	1. 人工插件未到位； 2. 焊接前元器件因振动而位移； 3. 焊接时因可焊性不良而浮起； 4. 元器件引脚成型过短	—
焊盘剥离	焊盘铜箔与基板材料脱开或被焊料熔蚀	1. 烙铁温度过高； 2. 烙铁接触时间过长	—

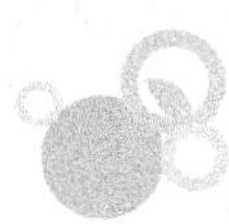

续表

常见的不良焊点及其形成原因			
不良焊点形状	说　明	原　因	备　注
焊料过多	元器件引脚端被埋，焊点的弯月面呈明显的外凸圆弧	1. 焊料供给过量； 2. 烙铁温度不足，润湿不好，不能形成弯月面； 3. 元器件引脚或印制电路板焊盘局部不润湿； 4. 选用焊料成分配比不当，液相点过高或润湿性不好	—
焊料过少	焊料在焊盘和引脚上的润湿角＜15°或呈环形回缩状态	1. 波峰焊后润湿角＜15°时，印制电路板脱离波峰的速度过慢；回流角度过大；元器件引脚过长；波峰温度设置过高； 2. 印制板上的阻焊剂侵入焊盘（焊盘环状不润湿或弱润湿）	—
凹坑	焊料未完全润湿双面板的金属化孔，在元件面的焊盘上未形成弯月形的焊缝角	1. 波峰焊时，双面板的金属化孔或元器件引脚可焊性不良；预热温度或时间不够；焊接温度或时间不够；焊接后期助焊剂已失效；设备缺少有效驱赶气泡装置（如喷射波）； 2. 元器件引脚或印制电路板焊盘在化学处理时化学品未清洗干净； 3. 金属化孔内有裂纹且受潮气侵袭； 4. 烙铁焊中焊料供给不足	—
焊料疏松无光泽	焊点表面粗糙无光泽或有明显龟裂现象	1. 焊接温度过高或焊接时间过长； 2. 焊料凝固前受到震动； 3. 焊接后期助焊剂已失效	—
开孔	焊盘和元器件引脚均润湿良好，但总是呈环状开孔	焊盘内径周边有氧化毛刺（常见于印制电路板焊盘人工钻孔后又未及时防氧化处理或加工至使用时间隔过长）	—
桥接	相邻焊点之间的焊料连接在一起	1. 焊接温度、预热温度不足； 2. 焊接后期助焊剂已失效； 3. 印制电路板脱离波峰的速度过快；回流角度过小，元器件引脚过长或过密； 4. 印制电路板传送方向设计或选择不恰当； 5. 波峰面不稳，有湍流	—

表 3-2-7　贴装常见焊点缺陷

焊点缺陷	说　明
焊料不足	焊料不足，焊接不牢固

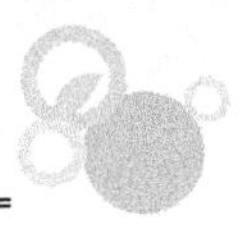

续表

焊点缺陷	说　明
焊料过多	焊料过多，既不美观，也容易造成桥接
SMD　铜箔　漏焊（未润湿）	元器件一端或多端未上焊锡
球焊	通常片状元件侧面或细间距引脚之间常常出现焊锡球，焊锡球多为焊接过程中加热的急速造成焊料飞散所致
桥接	桥接经常出现在引脚较密的IC上或间距较小的片状元件间
两端焊点不对称	两端焊点明显不一致
	立碑（在表面贴装工艺的回流焊接过程中，贴片元件呈直立状，人们形象地称之为“立碑”现象，也称之为“曼哈顿”现象）

八、拆焊方法

拆焊又称解焊，它是指把元器件从原来已经焊接的安装位置上拆卸下来。当焊接出现错误、损坏或进行调试维修电子产品时，就要进行拆焊。同焊接一样，拆焊也是一项基本技能，掌握正确的拆焊方法十分重要。

1. 拆卸引脚少的元器件

对于电阻器、电容器、晶体管等引脚不多的元器件，可使用电烙铁进行拆焊。方法是一边用电烙铁依次熔化各焊点的焊锡，一边用镊子或尖嘴钳夹住元器件或引脚，稍微用力拉拔即可拆下。拆焊时要掌握好时间和用力，时间长了容易烫坏元器件或使印制电路板焊盘翘起、剥离；拉拔力量过大容易拉断元器件引脚。特别注意在一个焊点上不要反复拆焊，否则很容易使焊盘脱落，造成印制电路板损坏。拆焊后要对焊点的位置进行清理，检查是否因拆焊造成电路短路或开路。

2. 拆卸引脚多的元器件

当需要拆下多个焊点且引脚较硬的元器件时，如集成电路等，采用分点拆焊就比较困难，可以采用以下方法拆焊。

（1）采用专用工具

采用专用烙铁头或拆焊热风枪等专用工具，同时加热各个引脚，等到各引脚的焊锡全部熔化后，用镊子或尖嘴钳夹住元器件，轻轻拉拔即可拆下。对于表面安装元件，用热风枪拆焊更方便。

（2）用吸锡烙铁或吸锡器

用吸锡烙铁依次熔化各个焊点的焊锡，并将焊锡吸走，等全部引脚都悬空后即可取下元器件。用普通电烙铁配合吸锡器也可进行相同的操作，拆焊时先用电烙铁对焊点加热，待焊锡熔化后再用吸锡器将焊锡吸走。上述方法很实用，但必须逐个焊点除锡，而且要及时清理吸入的锡渣，效率不高。

（3）用吸锡材料

在没有专用工具和吸锡烙铁时，可采用吸锡带或多股导线、屏蔽线电缆作为吸锡材料进行拆焊。操作方法是：将吸锡材料浸上松香水，用电烙铁将吸锡材料压到焊点上加热，通过吸锡材料传热使焊锡熔化。熔化后的焊锡被吸附在吸锡材料上，取走吸锡材料后焊点即被拆开。这种方法简便易行，但拆焊后的板面较脏，需要用酒精等溶剂擦拭干净。

（4）用排锡管

排锡管是一根空心金属管，可以用注射针头改制，将针头头部锉平，尾部装上手柄即可。使用时将排锡管的针孔对准待拆元件引脚，等到电烙铁熔化焊锡后迅速将排锡管套住引脚，边按压边左右转动，这样元器件引脚便和焊盘分离了。

任务评价

表 3-2-8　手工焊接与拆焊训练评价表

项　　目	考 核 内 容	配　　分	评 价 标 准	评分记录
焊接用具的准备	1. 检查电烙铁及烙铁头上锡； 2. 阅读电路原理图和印制电路板装配图，按材料清单检查元器件型号及数量	10 10	1. 能对电烙铁进行安全检查，会给烙铁头正确上锡； 2. 能看懂电路原理图和印制电路板装配图，能按材料清单检查元器件	
元器件加工成型、插装与焊接	1. 元器件引脚加工成型； 2. 元器件插装； 3. 五步焊接法	10 10 10	1. 引脚成型符合规范，错一个扣 2 分； 2. 元器件插装符合规范，错一个扣 2 分； 3. 能用五步焊接法正确焊接，操作不规范扣 5 分，不合格焊点，每个扣 1 分	
焊点检查	判断焊接质量	10	能正确判断焊点质量，误判、错判，每个扣 2 分	
拆焊	1. 根据元件类型选择拆焊工具； 2. 实用工具进行常见元件的拆焊	10 10	1. 工具选择不当，每件扣 2 分； 2. 操作错误，扣 5 分；元件、焊盘损坏，每个扣 1 分	
贴片焊接	1. 用电烙铁拆焊和焊接贴片元件； 2. 用热风枪拆焊和焊接贴片元件	10 10	1. 操作错误，扣 5 分； 2. 元件、焊盘损坏，每个扣 1 分； 3. 焊点不合格，每个扣 1 分	

任务 3　自动焊接技术

操作：参观自动焊接生产线，查阅相关资料并做成 PPT 文件，将结果填入表 3-3-1 中。

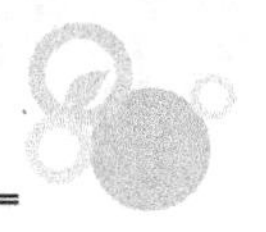

表 3-3-1　自动焊接技术

自动焊接技术	工 艺 流 程	特　　点	备　　注
浸焊			
波峰焊			
回流焊			

相关知识

为提高电子产品的生产效率，先后出现了浸焊、波峰焊、回流焊等自动焊接技术。目前，在电子产品生产中，自动焊接技术已非常普遍。自动焊接机一般由涂焊剂装置、预热装置、焊料槽、冷却装置、清洗装置和传动装置等组成。

1. *浸焊*

浸焊是将插装好元器件的印制电路板浸入有熔融状态料的锡锅内，一次完成印制电路板上所有焊点的焊接，如图 3-3-1 所示。浸焊比手工焊接生产效率高，操作简单，适用于批量生产，但浸焊的焊接质量不如手工焊接和波峰焊，补焊率较高。手工浸焊的操作过程如下。

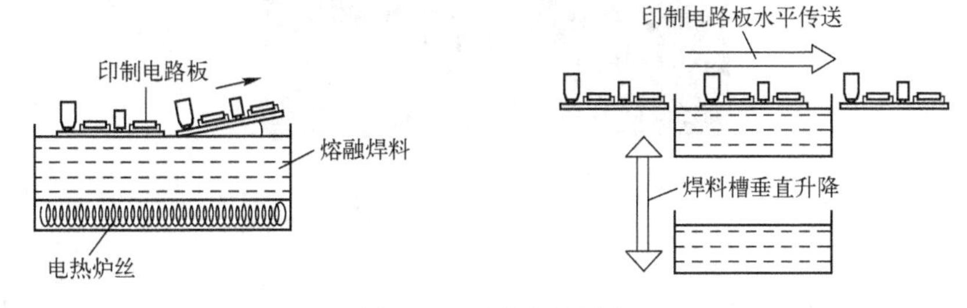

图 3-3-1　浸焊示意图

① 锡锅加热。浸焊前应先将装有焊料的锡锅加热，焊接温度控制在 240～260℃为宜，温度过高，会造成印制电路板变形，损坏元器件；温度过低，焊料的流动性较差，会影响焊接质量。为去掉焊锡表面的氧化层，可随时添加松香等焊剂。

② 涂敷助焊剂。在需要焊接的焊盘上涂敷助焊剂，一般是在松香酒精溶液中浸一下。

③ 浸焊。用简单夹具夹住印制电路板的边缘，浸入锡锅时让印制电路板与锡锅内的锡液成 30°～45°的倾角，然后将印制电路板与锡液保持平行浸入锡锅内，浸入的深度以印制电路板厚度的 50%～70%为宜，浸焊时间为 3～5s，浸焊完成后仍按原浸入的角度缓慢取出。

④ 冷却。刚焊接完成的印制板上有大量余热未散，如果不及时冷却则可能会损坏印制电路板上的元器件，所以一旦浸焊完毕应马上对印制电路板进行风冷。

⑤ 检查焊接质量。焊接后可能出现一些焊接缺陷，常见的缺陷有虚焊、假焊、桥接、拉尖等。

⑥ 修补。浸焊后如果只有少数焊点有缺陷，可用电烙铁进行手工修补。若有缺陷的焊点较多，可重新浸焊一次。但印制电路板只能浸焊两次，超过这个次数，印制电路板铜箔的黏结强度就会急剧下降，或使印制电路板翘曲、变形，元器件性能变坏。

除手工浸焊外，还可使用机器设备浸焊。机器浸焊与手工浸焊的不同之处在于：浸焊时先将印制电路板装到具有振动头的专用设备上，让印制电路板浸入锡液并停留 2～3s 后，开启振动器，使之振动 2～3s 即可。这种焊接效果好，并可振动掉多余的焊料，减少焊接缺陷，但不如手工浸焊操作简便。

2. 波峰焊

波峰焊就是采用波峰焊机一次完成印制电路板上全部焊点的焊接。波峰焊机的主要结构是一个温度能自动控制的熔锡缸，缸内装有机械泵和具有特殊结构的喷嘴。机械能根据焊接要求，连续不断地从喷嘴压出液态锡波，当印制电路板由传送机以一定速度进入时，焊锡以波峰的形式不断溢出至印制电路板面进行焊接。图 3-3-2 所示为波峰焊机，图 3-3-3 为波峰焊示意图。波峰焊的工艺流程为：焊前准备→涂焊剂→预热→波峰焊接→冷却→清洗。

图 3-3-2　波峰焊机

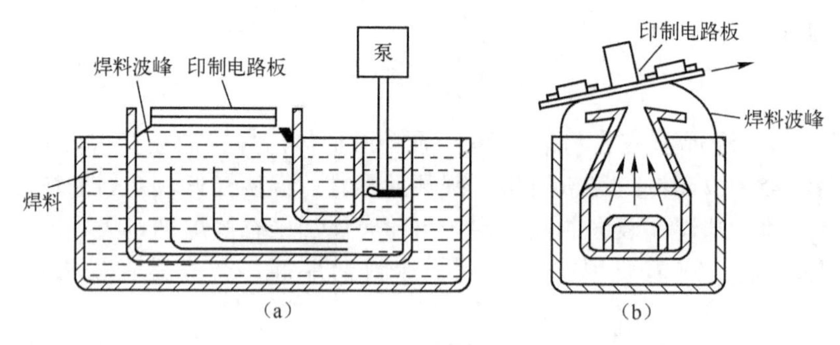

图 3-3-3　波峰焊示意图

（1）焊前准备

焊前准备主要是对印制电路板进行去油污处理，去除氧化膜和涂阻焊剂。

（2）涂焊剂

涂敷焊剂可利用波峰机上的涂敷焊剂装置，把焊剂均匀涂敷到印制电路板上，涂敷的形式有发泡式、喷流式、浸渍式、喷雾式等，其中发泡式是最常用的形式。涂敷的焊剂应注意保持一定的浓度，焊剂浓度过高，印制电路板的可焊性好，但焊剂残渣多，难以清

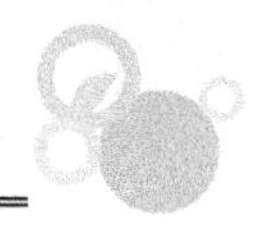

除；焊剂浓度过低，则可焊性变差，容易造成虚焊。

（3）预热

预热是给印制电路板加热，使焊剂活化并减少印制电路板与锡波接触时遭受的热冲击。预热时应严格控制预热温度。预热温度高，会使桥接、拉尖等不良现象减少。预热温度低，对插装在印制电路板上的元器件有益。一般预热温度为 70～90℃，预热时间约为40s。印制电路板预热后可提高焊接质量，防止虚焊、漏焊。

（4）波峰焊接

印制电路板经涂敷焊剂和预热后，由传送带送入焊料槽，印制电路板的板面与焊料波峰接触，使印制电路板上所有的焊点被焊接好。

波峰焊通常有两个波峰，焊接时，焊接部位先接触第一个波峰，然后接触第二个波峰。第一个波峰是由高速喷嘴形成的窄波峰，它流速快，具有较大的垂直压力和较好的渗透性，同时对焊接面具有擦洗作用，提高了焊料的润湿性，克服了因元器件的形状和取向复杂带来的问题。另外，高速波峰向上的喷射力足以使焊剂气体排出，大大减少了漏焊、桥接和焊缝不充实等焊接缺陷，提高了焊接的可靠性。第二波峰是一个平滑的波峰，流动速度慢，有利于形成充实的焊缝，同时有利于去除引脚上过量的焊料，修正焊接面，消除桥接和虚焊，确保焊接的质量。

为提高焊接质量，进行波峰焊接时应注意以下操作。

① 按时清除锡渣。熔融的焊料长时间与空气接触，会生成锡渣，从而影响焊接质量，使焊点无光泽，所以要定时（一般为 4h）清除锡渣；也可在熔融的焊料中加入防氧化剂，这不但可防止焊料氧化，还可使锡渣还原成纯锡。

② 波峰的高度。焊料波峰的高度最好调节到印制电路板厚度的 1/2～2/3 处，波峰过低会造成漏焊，过高会使焊点堆锡过多，甚至烫坏元器件。

③ 焊接速度和焊接角度。传送带传送印制电路板的速度应保证印制电路板上每个焊点在焊料波峰中的浸渍有必需的最短时间，以保证焊接质量；同时又不能使焊点浸在焊料波峰里的时间太长，否则会损伤元器件或使印制电路板变形。焊接速度可以调整，一般控制在 0.3～1.2m/min 为宜。印制电路板与焊料波峰的倾角约为 6°。

④ 焊接温度。一般指喷嘴出口处焊料波峰的温度，通常焊接温度控制在 230～260℃之间，夏天可偏低一些，冬天可偏高一些，并随印制电路板质的不同可略有差异。

（5）冷却

印制电路板焊接后，板面温度很高，焊点处于半凝固状态，轻微的震动都会影响焊接的质量，另外，印制电路板长时间承受高温也会损伤元器件。因此，焊接后必须进行冷却处理，一般采用风扇冷却。

（6）清洗

波峰焊接完成后，要对板面残存的焊剂等污物及时清洗，否则既不美观，又会影响焊件的电性能。其清洗材料要求只对焊剂的残留物有较强的溶解和去污能力，而对焊点不应有腐蚀作用。目前普遍使用的清洗方法有液相清洗法和汽相清洗法两类。

① 液相清洗法：液相清洗法一般采用工业纯酒精、汽油、去离子水等做清洗液。这些液体溶剂对焊剂残渣和污物有溶解、稀释和中和作用。清洗时可用手工工具蘸一些清洗液去清洗印制电路板，或用机器设备将清洗液加压，使之成为大面积的宽波形式去冲洗印制电路板。液相清洗法清洗速度快、质量好，有利于实现清洗工序自动化，只是

设备比较复杂。

② 汽相清洗法：汽相清洗法是在密封的设备里，采用毒性小、性能稳定、具有良好清洗能力、防燃、防爆和绝缘性能较好的低沸点溶剂做清洗液，如三氯三氟乙烷。清洗时，溶剂蒸气在清洗物表面冷凝形成液流，液流冲洗掉清洗物表面的污物，使污物随着液流流走，达到清洗的目的。

汽相清洗法比液相清洗法效果好，对元器件无不良影响，废液回收方便，并可循环使用，减少了溶剂的消耗和对环境的污染，但清洗液价格昂贵。

为保证焊点质量，不允许用机械的方法去刮焊点上的焊剂残渣或污物。

3. 回流焊

回流焊也称再流焊，是伴随微型电子产品的出现而发展起来的焊接技术，主要应用于各类表面贴装式元器件的焊接。回流焊技术是将焊料加工成一定颗粒，并拌以适当的液态黏合剂，使之成为具有一定流动性的糊状焊膏，用它将贴片元器件粘在印制电路板上，然后通过加热使焊膏中的焊料熔化而再次流动，达到将元器件焊接到印制电路板上的目的。

（1）STM 印制电路板回流焊接工艺流程

焊前准备→制作焊锡膏丝网→丝网漏印焊锡膏→贴装 SMT 元器件→回流焊→印制电路板（清洗）测试。图 3-3-4 所示为大型 STM 生产线，图 3-3-5 所示为 STM 生产设备。

图 3-3-4　大型 STM 生产线

（a）制作焊锡膏丝网（网板）

（b）手动刮锡膏

图 3-3-5　STM 生产设备

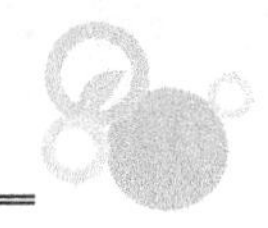

（c）自动刮锡膏（锡膏印刷机）

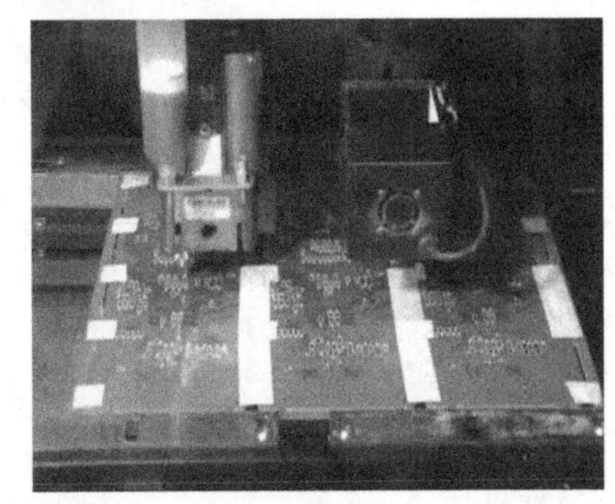

（d）点胶机

（e）贴片机

（f）回流焊机

（g）印制电路板焊接检测设备

图 3-3-5　STM 生产设备（续）

（2）回流焊技术的特点

回流焊技术是采用局部加热的方式完成焊接任务的，因而被焊接的元器件不易损坏，并可以避免桥接等焊接缺陷。回流焊技术中，焊料只是一次性使用的，不存在再次利用的情况，因而焊料很纯净，没有杂质，保证了焊点的质量。

4. 自动焊接工艺

自动焊接工艺可归纳为一次焊接和二次焊接两类。

① 一次焊接。一次焊接的工艺流程为：焊前准备→涂敷焊剂→预热→焊接→冷却→清洗。

一次焊接工艺简单，设备成本低，操作和维修容易，适用于批量不大、品种较多的电子产品的生产。

② 二次焊接。为了提高整机产品的质量，采取二次焊接来提高焊接的可靠性和焊点的合格率。二次焊接包括浸焊和波峰焊两种方法，因此二次焊接的类型有：浸焊→浸焊、浸焊→波峰焊、波峰焊→波峰焊、波峰焊→浸焊四种组合方式。

常用的二次焊接的工艺流程为：焊前准备→涂敷焊剂→预热→浸焊→冷却→涂敷焊剂→预热→波峰焊→冷却→清洗。

可见，二次焊接是一次焊接的补充，采用二次焊接可对一次焊接中存在的缺陷进行完善和弥补，焊接可靠性高但焊料的消耗较大，由于经过二次焊接加热，对印制电路板的要求也较高。

任务评价

表 3-3-2 自动焊接技术评价表

项　目	考核内容	配　分	评价标准	评分记录
自动焊接技术	1. 参观生产线； 2. 查阅相关资料并做成 PPT 文件	10 10	1. 遵守纪律，文明礼貌，记录详细，每项不符合要求扣 3 分； 2. 资料整理完善、正确，PPT 文件规范，每项不符合要求扣 3 分	

【项目小结】

1．一般的焊接首选 20W 或 25W 内热式电烙铁；焊接较大器件及较粗的导线通常使用功率较大的外热式电烙铁；在长时间工作时，可使用恒温电烙铁；拆卸或焊接贴片元器件通常使用热风枪。

2．焊接一般的电子元件通常使用直径为 0.8mm 或 1.0mm 的焊锡丝；焊接超小型电子元件可选用直径为 0.5mm 的焊锡丝。

3．对元器件引脚加工成型时，除了注意焊盘孔的距离外，还应符合以下要求：不要将引脚齐根弯折；不要弯曲成死角；同类元件要保持高度一致；各元器件的符号标志向上（卧式）或向外（立式）。

4．五步焊接法：准备施焊、加热焊件、送入焊锡、移开焊锡丝、移开电烙铁。移开焊锡丝和电烙铁的方向分别为向左上和右上 45° 方向。

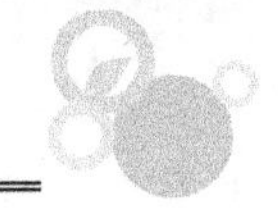

5．焊接注意事项：烙铁头清洁；焊锡和焊剂用量要适中；掌握好烙铁温度和焊接时间；焊件不能晃动。

6．贴片元件手工焊接步骤：上助焊剂→固定元件→焊接剩下的引脚→清除多余焊锡→清洗印制电路板。用热风枪吹焊时一定要掌握好风量、风速和气流的方向。

7．检查焊点质量可采取目视、手触和通电三种方法。

8．目前普遍采用的自动焊接技术有：浸焊、波峰焊、回流焊。

项目四

印制电路板制作工艺

【项目说明】

印制电路板是重要的电子部件，是电子电路的载体，任何电路设计都需要将电子元器件安装在印制电路板上，才可以实现其功能。作为电子产品装配人员，了解印制电路板的设计、制作工艺流程和要求，熟悉其特性，对提高装配质量和工作效率大有益处。

本项目主要安排了认识印制电路板、印制电路板的设计流程、印制电路板的制作工艺等内容，旨在使学生对印制电路板相关知识有一个初步认识。

【项目要求】

1. 了解印制电路板的类型与基材。
2. 熟悉印制电路板的相关术语、设计流程与要求。
3. 了解印制电路板专业生产工艺流程，学会业余制作印制电路板。

【项目计划】

时间：6 课时。
地点：电子工艺实训室或装配车间。
方法：实物展示、查阅资料、实际操作。

【项目实施】

任务 1　认识印制电路板

操作：对各种类型和材料的印制电路板进行直观识别，将结果填入表 4-1-1 中。

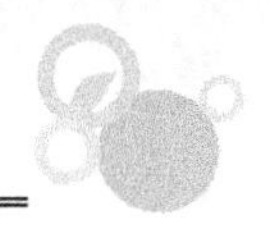

表 4-1-1　认识印制电路板

序号	印制电路板名称	类型、材料、规格	性能特点	用　途

相关知识

印制电路板（Printed Circuit Board，PCB）是按照电路设计要求，在覆铜板（在绝缘基板上镀上铜薄膜，专门用来制作印制电路板的材料）上刻蚀出印制导线、焊盘等导电图形，并钻出安装孔而制成的。由于印制电路板上的导电图形、元件图形及文字标识等都是通过印刷方法实现的，因此又称印刷电路板。印制电路板具有容易实现标准化设计、机械化和自动化生产、电子设备的小型化及生产效率高、成本低等优点，因此几乎所有的电子设备都使用印制电路板。

一、印制电路板的类型

根据不同的目的，印制电路板有很多种分类方法。

1. 按导电结构分类

印制电路板按导电结构分为单面板、双面板和多层板，如图 4-1-1 所示。

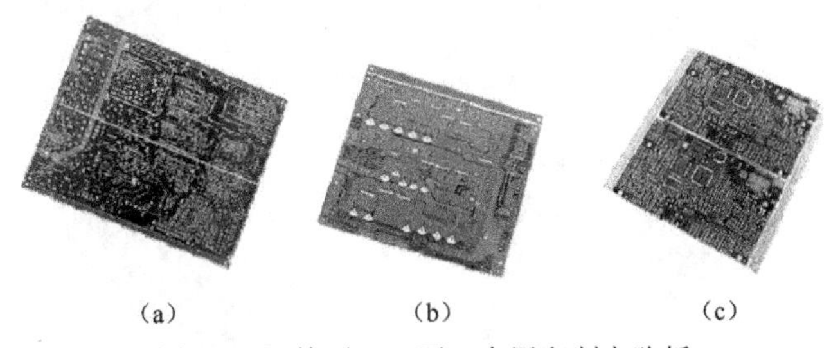

(a)　　(b)　　(c)

图 4-1-1　单面、双面、多层印制电路板

（1）单面板

单面板是仅有一面有导电图形的印制电路板。单面板是在绝缘基板的一面覆有铜箔，另一面没有覆铜。通过印制和腐蚀的方法，在铜箔上形成印制电路，无覆铜的一面放置元器件。它适用于一般的电子设备，如收音机、电视机等。

（2）双面板

双面板是两面均有导电图形的印制电路板。双面板是由两面都覆有铜箔的层压板经印制和腐蚀加工而成的。由于两面都有铜箔，因此上下两面都可以印制导电图形，而两面的铜箔印制导线的连接可通过金属化孔实现。采用双面板布线密度较高，易于产品小型化，在计算机、电子仪表等设备中应用较多。

（3）多层板

多层板是由 3 层或 3 层以上导电图形与绝缘材料（半固化片）交替粘结在一起，层压

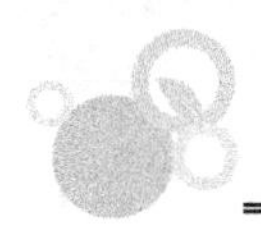

而制成的印制电路板。用一块双面板作内层、两块单面板作外层，或两块双面板作内层、两块单面板作外层的印制电路板，通过定位系统及绝缘黏结材料压制在一起，就成为四层印制电路板、六层印制电路板了，也称为多层印制电路板。为了把夹在绝缘基板中间的电路引出，多层电路板上的元器件安装孔都需经过金属化处理，即在小孔内表面涂敷金属层，使之与夹层中的印制导线相连接。现在已有超过 100 层的印制电路板了。

多层板的特点是：与集成电路块配合使用，可以减小产品的体积和重量；可以增设屏蔽层，以提高电路的电气性能；电路连线方便，布线密度高，提高了板面的利用率。

2. 按机械性能分类

印制电路板按机械性能可分为刚性印制电路板、柔性印制电路板和刚柔性印制电路板。

① 刚性印制电路板：顾名思义，刚性印制电路板是指由不易变形的基板材料制成的，在使用时始终处于平展状态，多数电子设备中使用的都是这种印制电路板。

② 柔性印制电路板：用柔性材料制成的印制电路板，又称软性印制板。它是利用聚酯薄膜或其他软质绝缘材料为基板与铜箔压制而成的，使用时可以将其弯曲，如图 4-1-2（a）所示。主要用来制作柔性的印制电缆，用于可移动部件与印制电路板之间的连接。柔性印制电路板也有单层、双层和多层之分，此类印制电路板最突出的特点是能够折叠、弯曲、卷曲，广泛应用与计算机、笔记本、照相机、摄像机、通信等电子设备中。

③ 刚柔性印制电路板：利用柔性基材，并在不同区域与刚性基材结合制成的印制电路板，如图 4-1-2（b）所示。多层刚柔性印制电路板是在柔性印制电路板上再黏结两个（或两个以上）刚性外层，刚性层上的电路与柔性层上的电路通过金属化孔相互连通。每块刚柔性印制电路板有一个或多个刚性区和一个或多个柔性区。该电路板最适合用于小巧、轻便的设备之中。

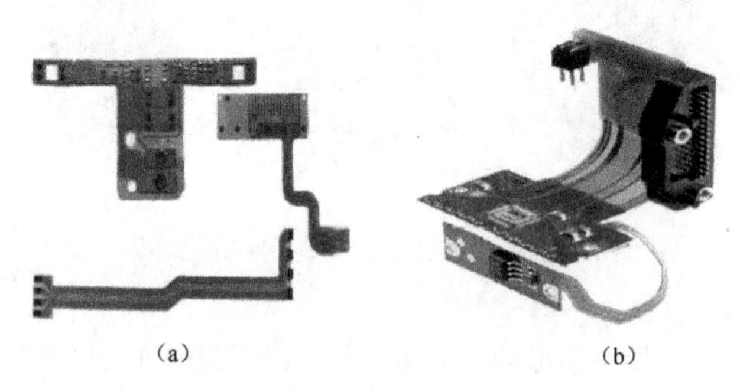

（a）　　（b）

图 4-1-2　柔性印制电路板与刚柔性印制电路板

3. 根据印制电路板表面涂覆制作工艺分类

① 上松香板：在孔和贴装焊盘铜表面铺上一层助焊剂（松香）的印制电路板，主要适用于单面板。

② 喷锡板：在孔和贴装焊盘铜表面采取热风整平工艺（上锡）的印制电路板。

③ 全板电金板：在覆铜箔层压板面上采取电化学工艺分别镀上一层一定厚度的镍、金的印制电路板。

④ 插头镀金板：该类型制作工艺主要适用于插卡板（如计算机网卡板、显卡板等），

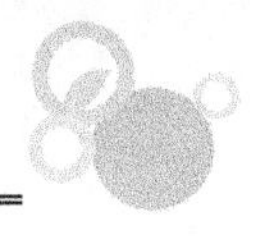

板上连接插槽的部分（金手指区）电镀一层一定厚度的镍、金，其余在孔和贴装焊盘铜表面区域采取喷锡工艺的印制电路板。

⑤ 防氧化板：在孔和贴装焊盘铜表面铺上一层有机防氧化物层的印制电路板。

⑥ 沉金板：在孔和贴装焊盘铜表面采取化学反应机理镀上一层一定厚度的镍、金的印制电路板。

4. 根据印制电路板孔的制作工艺分类

① 非孔化印制电路板：此类印制电路板采用丝网印刷，然后蚀刻出印制电路板的方法生产。非孔化印制电路板主要用于单面板的生产，也有部分用于双面板（也叫假双面板）。

② 孔化印制电路板：在已经钻孔的覆铜箔层压板上，采用化学镀和电镀等方法，使两层或两层以上的导电图形之间的孔由绝缘成为电气连接。孔化印制电路板主要用于双面和三层以上多层板的生产。

另外，根据印制电路板板面阻焊颜色可分为绿油板、蓝油板、白油板、黑油板、黄油板、红油板及哑光油板。

二、印制电路板的材料

1. 覆铜板的构成

覆铜板是制作印制电路板的主要材料，主要由铜箔、树脂和增强材料等组成。它是在绝缘基板的单面或双面覆以铜箔，以木浆纸或玻璃布作为增强材料，浸入树脂（黏合剂），经过热压等工艺制成的。绝缘基板是高分子合成树脂和增强材料的绝缘层压板。合成树脂的种类比较多，常用的有酚醛树脂、环氧树脂、聚四氟乙烯等，这些树脂材料的性能，决定了基板的物理性质、介电损耗、表面电阻率等。增强材料一般有纸质和布质两种，它决定了基板的机械性能，如浸焊性、抗弯强度等。

铜箔是覆铜板的关键材料，必须有较高的电导率和良好的可焊性。铜箔质量直接影响到铜板的质量，要求铜箔不得有划痕、沙眼和皱折，其铜纯度不低于99.8%。

2. 覆铜板的种类

根据覆铜板材料的不同可分为4种。

（1）酚醛纸质层压板

酚醛纸质层压板又称纸铜箔板，它是由纸浸以酚醛树脂，在一面或两面覆以电解铜箔，经热压而成的。这种板的缺点是机械强度低、易吸水、不耐高温，但价格便宜。一般用于低频和民用产品中。

（2）三氯氰胺树脂板

三氯氰胺树脂板具有良好的抗热性和电性能，基板介质损耗小，耐浸焊性和抗剥强度高，是一种高性能的板材，一般用于特殊电子仪器和军工产品的印制电路板。

（3）环氧玻璃布层压板

它是以环氧树脂浸渍无碱玻璃丝布为原料，经热压制成板并在其表面敷上铜箔做成的。这种板工作频率可达100MHz，耐热性、耐湿性、机械强度等都比较好。

（4）聚四氟乙烯板

它是用聚四氟乙烯树脂烧结压制成的板材。它的工作频率可高于100MHz，有良好的高频特性、耐热性和耐湿性，但其价格比较高。

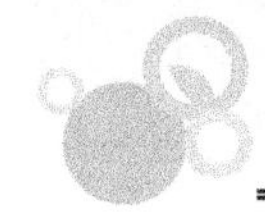

任务评价

表 4-1-2　认识印制电路板评价表

项　目	考 核 内 容	配　分	评 价 标 准	评分记录
印制电路板的类型与材料	1．印制电路板的类型、材料及规格的识别； 2．印制电路板的性能、特点及用途	10 10	1．识别错误，每块扣 2 分； 2．能说出其主要性能特点及用途，每错一项扣 2 分	

任务 2　印制电路板的设计

操作：查阅印制电路板设计的相关资料，总结归纳，将结果填入表 4-2-1 中。

表 4-2-1　准备工作

工 作 项 目	工作内容（要点）	备　注
相关术语		
基本原则		
设计流程		
布局		
布线		

相关知识

印制电路板的设计是将电路原理图转化成印制电路板图，并确定加工技术要求的过程。它是电子产品整机工艺设计中的重要一环，也是一项极其烦琐、复杂的工作，一般由专业设计人员来完成。印制电路板设计有两种方法，即人工设计和计算机辅助设计。无论采用哪种方法，都必须符合电路原理图的电气连接和电气性能、机械性能的要求。下面简要介绍印制电路板设计应遵循的一般原则和工艺要求，至于电路图设计软件（如 Protel）的使用和具体设计方法，由于篇幅所限在此不做详述，读者可参考有关书籍。

一、相关术语

① 元件面：安装有主要器件（IC 等主要器件）和大多数元器件的印制电路板一面，其特征表现为元器件复杂，对印制电路板组装工艺流程有较大影响，通常以顶面定义。

② 焊接面：与印制电路板的元件面相对应的另一面，其特征表现为元器件较为简单。通常以底面定义。

③ 金属化孔：孔壁沉积有金属的孔，主要用于层间导电图形的电气连接。

④ 非金属化孔：没有用电镀层或其他导电材料涂覆的孔。

⑤ 引脚孔（元件孔）：印制电路板上用来将元器件引脚电气连接到印制电路板导体上

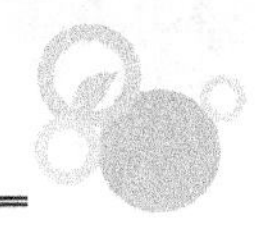

的金属化孔。

⑥ 过孔：从印制板的一个表层延展到另一个表层的金属化孔。

⑦ 盲孔：多层印制电路板外层与内层层间导电图形电气连接的金属化孔。

⑧ 埋孔：多层印制电路板内层层间导电图形电气连接的金属化孔。

⑨ 测试孔：设计用于印制电路板及印制电路板组件电气性能测试的电气连接孔。

⑩ 安装孔：为穿过元器件的机械固定脚，固定元器件于印制电路板上的孔，可以是金属化孔，也可以是非金属化孔，形状因需要而定。

⑪ 塞孔：用阻焊油墨阻塞通孔。

⑫ 阻焊：印制电路板表面不需焊接零件的区域，以永久性的覆膜加以覆盖，此覆膜通常为绿色，除了具有防焊功能外，也能对被覆盖的线路起到保养与绝缘的作用。

二、基本原则

在进行印制电路板设计时，应考虑以下四个基本原则。

1．电气连接的准确性

电气连接的准确性是印制电路板设计最基本、最重要的要求。印制电路板应准确实现电原理图的连接关系，避免出现短路和断路等错误；应使用电路原理图所规定的元器件，印制电路板和电路原理图上元器件的序号必须一一对应，非功能跳线除外。这一基本要求在手工设计绘制和用简单 CAD 软件设计印制电路板中并不容易做到，较复杂的产品都要经过试制修改、完善，功能较强的 CAD 软件则有校验功能，可以保证电气连接的准确性。

2．可靠性和安全性

印制电路板设计应符合电磁兼容和电器安全规范标准要求。影响印制电路板可靠性的因素很多，印制电路板的结构、基材的选用、印制电路板的制造和装配工艺及印制电路板的布线、导线宽度和间距等都会影响印制电路板的可靠性。设计时必须综合考虑以上的因素，按照规范的要求，并尽可能多地保留余量，以提高可靠性。

3．合理性

一个印制电路板组件，从印制电路板的制造、装配、调试到整机装配、维修，直到使用，都与印制电路板设计的合理与否关系甚大，如果印制电路板形状选得不好将使加工困难，引脚孔太小将使装配困难，没预留测试点将使调试困难，板外连接选择不当将使维修困难等，这些困难都可能导致成本增加，工期延长。因此，在印制电路板设计时，应考虑制造工艺和电控装配工艺的要求，尽可能有利于制造、装配和维修，使之合理化。

4．经济性

印制电路板设计在满足使用性能、安全性和可靠性要求的前提下，应充分考虑其设计方法、选择的基材、制造工艺等成本最低的原则，力求经济适用。

三、印制电路板设计流程及工艺要求

一般印制电路板基本设计流程如下：前期准备→印制电路板结构设计→布局→布线→布线优化和丝印→网络和 DRC 检查、结构检查→制版。

1．前期准备

（1）审读原理图和工艺文件

接受设计任务后，首先要仔细阅读原理图和工艺文件，全面了解电路组成、工作原理和技术要求，以及印制电路板工作环境和结构图、元器件的型号和外形等内容。对于原理图中不符合硬件原理图设计规范的地方，要协助原理图设计者进行修改。特别注意印制电路板结构图标明的外形尺寸、安装孔大小及定位尺寸、接插件定位尺寸、禁止布线区等相关数据，以及元件封装资料。对于新器件，即无 MRPII 编码的器件，需要根据所选器件的标准尺寸自己制作元件库。

（2）绘制原理图

将用户提供的电路原理图电子文档导入 PCB 设计环境中。若用户没有提供电路原理图电子文档，则需要按照图纸进行绘制。然后，创建网络表。网络表是原理图与印制电路板的接口文件，设计人员应根据所用的原理图和 PCB 设计工具的特性，选用正确的网络表格式，创建符合要求的网络表。

2. PCB 结构设计

在绘制印制电路板之前，需要对其有一个初步的规划，如电路板的尺寸、层数、厚度、单面板还是双面板、各元件采用何种封装形式及其安装位置等，这项工作称为 PCB 板结构设计。

（1）选择印制电路板

印制电路板的选择是一项很重要的工作，选材恰当，既能保证整机质量，又能降低成本；选材不当，既不能保证整机质量，又可能造成浪费。在设计时，印制电路板的选择应根据产品的技术要求、工作环境、工作频率、整机的结构尺寸和性价比等方面综合考虑。

印制电路板板层：一般能用单面板设计就不要用双面板设计。

印制电路板材料：常用的有纸板、环氧树脂板、玻璃纤维板及复合材料板等，选用时根据设计的电气特性、机械要求和成本综合考虑。

印制电路板形状尺寸：印制电路板的尺寸原则上可以为任意的，但考虑到整机空间的限制、经济上的原因和易于加工、提高生产效率，在满足空间布局与线路的前提下，力求形状规则、简单，最好能做成长宽比例不太悬殊的长方形，最佳长宽比参考为 3∶2 或 4∶3。印制板的两条长边应平行，不平行的要加工艺边，以便于波峰机焊接。对于板面积较大、容易产生翘曲的印制电路板，须采用加强筋或边框等措施进行加固，以避免在生产线上生产加工或过波峰时变形，影响合格率。

印制电路板厚度：印制电路板的厚度应根据印制电路板的功能及所安装的元器件的质量、与之配套的插座的规格、印制电路板的外形尺寸及其所承受的机械负荷来选择，常见的印制电路板厚度有 0.5mm、1mm、1.5mm、2mm 等。为考虑实用性及经济性，应在能满足要求的前提下，尽量选用薄的印制电路板。一般而言，带强电的印制电路板，应选择 1.2mm 以上的厚度，只有弱电且板形规则、面积较小的可选用 1mm 以下的印制电路板。

（2）绘制印制电路板板面

根据已经确定的印制电路板尺寸和各项机械定位，在 PCB 设计环境下绘制印制电路板板面。元器件离板边缘的距离要遵循以下两点：一是画定布线区域距印制电路板板边≤1mm 的区域内，以及安装孔周围 1mm 内，禁止布线；二是所有的元器件均尽量放置在离板的边缘 3mm 以内或至少大于板厚，这是由于在大批量生产的流水线插件和进行波峰焊时，要提供给导轨槽使用，同时也为了防止由于外形加工引起边缘部分的缺损，如果印制电路板上元器件过多，不得已要超出 3mm 范围时，可以在板的边缘加上 3mm 的辅边，

辅边开 V 形槽，在生产时用手掰断即可。

3. 布局

所谓布局，就是将元器件摆放在印制电路板上。布局要做的工作是：根据结构图设置板框尺寸，按结构要素布置安装孔、接插件、按键/开关等需要定位的器件，给这些器件赋予不可移动属性，按工艺设计规范的要求进行尺寸标注；根据结构图和生产加工时所需的夹持边设置印制电路板的布线区域和非布线区域；摆放其他元器件等。布局应遵循以下原则。

① 按电气性能合理分区，一般分为：电源电路区、数字电路区和模拟电路区。使模拟信号与数字信号分开；高频信号与低频信号分开；大电流信号与小电流、低电压的弱信号分开。同时将同一功能的电路尽量靠近放置，使连线最短、最简捷。按照信号流向从左到右或自上而下的顺序，安排各单元电路，避免输入与输出交叉。按照均匀分布、重心平衡、版面美观的原则布局，相同结构的电路，尽可能采用“对称式”布局。

② 遵循“先大后小，先主后次”的布置原则，即重要的单元电路、核心元器件应当优先布局。一般按照以下顺序进行：首先放置与结构有紧密配合的固定位置的元器件，如电源插座、指示灯、开关、连接件之类，这些器件放置好后用软件的锁定功能将其锁定，使之以后不会被误移动；然后放置特殊元件和大的元器件，如发热元件、变压器、IC 等；其次放置小型元器件。

③ 定位孔、标准孔等非安装孔周围 1.27mm 内不得贴装元器件，螺钉等安装孔周围 3.5mm 内不得贴装元器件；卧装电阻器、电感器、电解电容器等元件的下方避免布过孔，以免波峰焊后过孔与元件壳体短路；元器件的外侧距板边的距离为 5mm；贴装元件焊盘的外侧与相邻插装元件的外侧距离大于 2mm。

④ 金属壳体元器件和金属件（屏蔽盒等）不能与其他元器件相碰，不能紧贴印制线、焊盘，其间距应大于 2mm。定位孔、紧固件安装孔、椭圆孔及板中其他方孔外侧距板边的尺寸大于 3mm。

⑤ 发热元器件应远离其他元器件，通常放置在边缘位置，为安装散热片留出空间。

⑥ 可调元器件应放在便于调节的位置，对于机外调节元器件，还要考虑整机的结构要求。大型元器件和更换率较高的元器件（如熔丝）周围要留出一定的维修空间。

⑦ IC 去耦电容器要尽量靠近 IC 的电源引脚，并使之与电源和地之间形成的回路最短。

⑧ 放置同类型元器件时，其标示应朝一个方向，便于检验、查看。

⑨ 通常情况下，所有元器件均应布置在印制电路板的同一面上，只有在密度过大时才可将一些小型元器件如贴片电阻器、贴片电容器等放置在底层。

⑩ 元器件排列方式有随机排列和规则排列两种方式。随机排列也称不规则排列，元器件轴线沿任意方向排列，如图 4-2-1（a）所示。用这种方式排列元器件，看起来杂乱无章，但是由于元件不受位置与方向的限制，因而印制导线布设方便，并且还可以做到短而少，使印制面的导线大为减少，这对减少电路板的分布参数、抑制干扰，特别是对高频电路有利。规则排列也称坐标排列，元器件轴线方向排列一致，并与板的四边垂直或平行，如图 4-2-1（b）所示。它的特点是排列规范，美观整齐，安装调试及维修较方便。但由于元器件排列要受一定方向和位置的限制，因而布线复杂，印制导线也会相应增加。

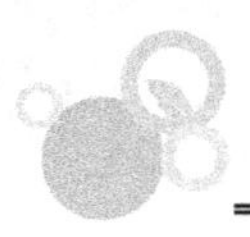

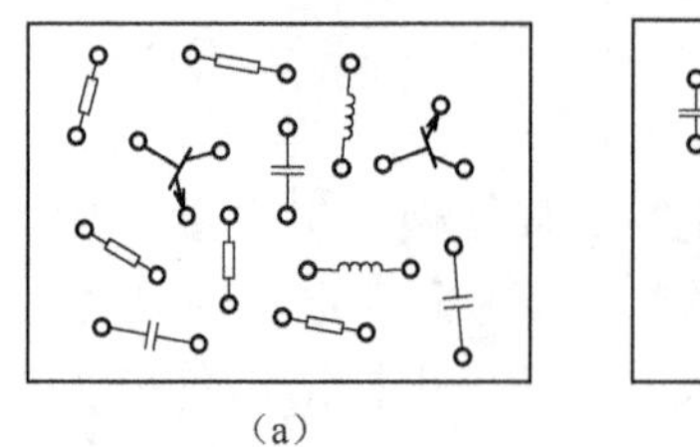

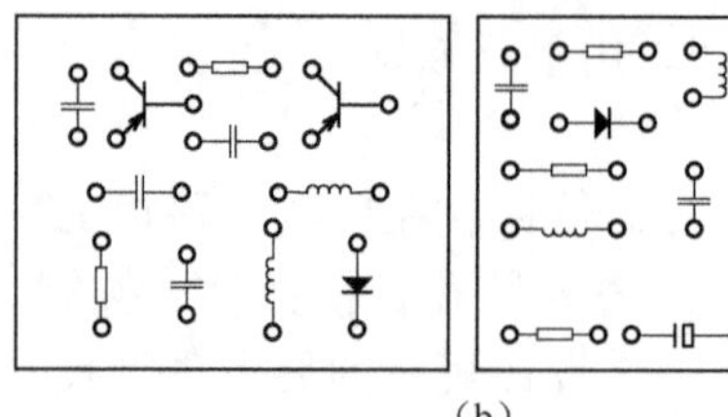

（a）　　　　　　　　　　　　（b）

图 4-2-1　元器件排列方式

布局完成后打印出装配图供原理图设计者检查器件封装的正确性，并且确认单板、背板和接插件的信号对应关系，经确认无误后方可开始布线。

4. 布线

所谓布线，就是利用印制导线完成元器件的连接关系。布线是整个印制电路板设计中最重要的工序，这将直接影响印制电路板性能的好坏。在印制电路板的设计过程中，布线一般有三个层面的要求：首先是布通，这是印制电路板设计时最基本的要求；然后是电器性能的满足，这是衡量一块印制电路板是否合格的标准；其次是美观、整齐。布线时主要按以下原则进行。

① 布线顺序：一般情况下，首先应对电源线和地线进行布线，以保证电路板的电气性能，然后对要求比较严格的线（如高频线）进行布线。

② 走线形状：同一层上的信号线改变方向时应该走 135° 的斜线或弧形，避免 90° 的拐角；双面板布线时，两面的导线宜相互垂直、斜交或弯曲走线，避免相互平行，以减小寄生耦合；作为电路的输入及输出用的印制导线，应尽量避免相邻平行，以免发生回授，在这些导线之间最好加接地线。

③ 走线长度：印制导线的布设应尽可能短，特别对于小信号电路，线越短电阻越小、干扰越小。

④ 走线宽度和走线间距：在印制电路板设计中，网络性质相同的印制电路板线条的宽度要求尽量一致，这样有利于阻抗匹配。通常信号线宽为 0.2～0.3mm，电源线一般为 1.2～2.5mm，在条件允许的范围内，尽量加宽电源线、地线宽度，最好是地线比电源线宽，它们的关系是：地线＞电源线＞信号线。焊盘、线、过孔的间距一般可取 0.3mm。在布线密度较低时，信号线的间距可适当地加大，对高、低电平悬殊的信号线，应尽可能地短且加大间距。

⑤ 焊盘和过孔尺寸：焊盘的直径比孔的直径一般要大 0.6mm。例如，通用插脚式电阻器、电容器和集成电路等，采用盘/孔尺寸 1.6mm/0.8mm，实际应用中，应根据实际元件的尺寸来定，有条件时，可适当加大焊盘尺寸。过孔的直径通常情况下比元件引脚直径大 0.2～0.4mm。当焊盘直径为 1.5mm 时，为了增加焊盘抗剥强度，可采用长不小于 1.5mm、宽为 1.5mm 的椭圆形焊盘，此种焊盘在集成电路引脚焊盘中最常见。

⑥ 印制电路中不允许有交叉电路，对于可能交叉的线条，可以用“钻”、“绕”两种办法解决。即，让某引脚从别的电阻器、电容器、三极管引脚下的空隙处“钻”过去，或从可能交叉的某条引脚的一端“绕”过去，在特殊情况下，如果电路很复杂，为简化设计也允许用导线跨接，解决交叉电路问题。

⑦ 印制导线的屏蔽与接地：印制导线的公共地线，应尽量布置在印制电路板的边缘部分。在印制电路板上应尽可能多地保留铜箔做地线，这样得到的屏蔽效果，比一长条地

线要好，传输线特性和屏蔽作用将得到改善，另外起到了减小分布电容的作用。印制导线的公共地线最好形成环路或网状，这是因为当在同一块板上有许多集成电路，特别是有耗电多的元件时，由于图形上的限制，产生了接地电位差，从而引起噪声容限的降低，当做成回路时，接地电位差减小。另外，接地和电源的图形尽可能要与数据的流动方向平行，这是抑制噪声能力增强的秘诀；多层印制电路板可取其中若干层作为屏蔽层，电源层、地线层均可视为屏蔽层，一般地线层和电源层设计在多层印制电路板的内层，信号线设计在内层和外层。

⑧ 大面积敷铜要求：印制电路板上的大面积敷铜通常有两种作用：一种是散热，一种用于屏蔽以减小干扰。初学者设计印制电路板时常犯的一个错误是大面积敷铜上没有开窗口，而由于印制电路板板材的基板与铜箔间的黏合剂在浸焊或长时间受热时，会产生挥发性气体，无法排除，热量不易散发，以致产生铜箔膨胀、脱落现象。因此在使用大面积敷铜时，应将其开窗口设计成网状。

⑨ 跨接线的使用要求：在单面的印制电路板设计中，有些线路无法连接时，常会用到跨接线，在初学者中，跨接线常是随意的，有长有短，这会给生产上带来不便。放置跨接线时，其种类越少越好，通常情况下只设 6mm、8mm、10mm 三种，超出此范围的会给生产上带来不便。

⑩ 关键信号应预留测试点，以方便生产和维修检测用。

为了使读者对布线有一个感性认识，图 4-2-2 给出了印制导线走向和形状的部分实例。

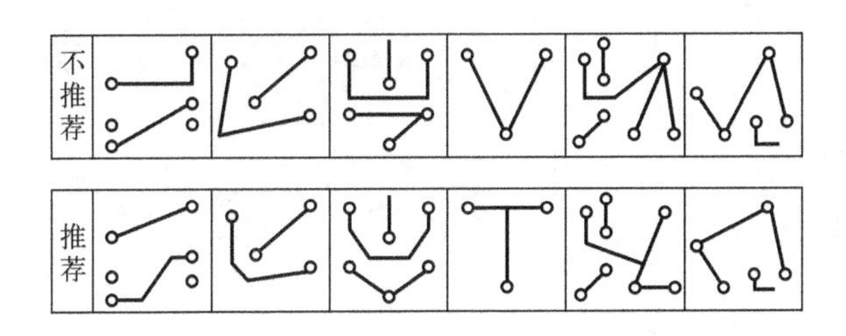

图 4-2-2　印制导线走向和形状实例

5. 布线优化和丝印

布线完成后，应对布线进行优化。同时，对未布线区域进行地线填充，将大面积铜层做地线用，在印制电路板上把没被用上的地方都与地相连接，作为地线用。

为了方便电路的安装和维修等，在印制电路板的上、下两表面印刷上所需要的标志图案和文字代号等，如元件标号和标称值、元件外廓形状和厂家标志、生产日期等，这一过程叫做丝印。丝印字符尽量遵循从左至右、从下往上的原则，对于电解电容器、二极管等有极性的器件，在每个功能单元内尽量保持方向一致。为了保证器件的焊接可靠性，要求器件焊盘上无丝印；为了保证搪锡的锡道连续性，要求需搪锡的锡道上无丝印；为了便于器件插装和维修，器件位号不应被安装后的器件所遮挡；丝印不能压在导通孔、焊盘上，以免开阻焊窗时造成部分丝印丢失，影响识别。

此外，设计时正视元件面，底层的字应做镜像处理，以免混淆层面。

6. 网络和 DRC 检查及结构检查

首先，在确定电路原理图设计无误的前提下，将所生成的 PCB 网络文件与原理图网络文件进行物理连接关系的网络检查，并根据输出文件结果及时对设计进行修正，以保证

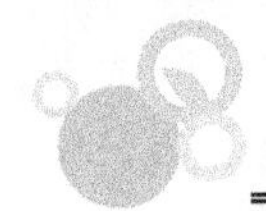

布线连接关系的正确性。网络检查通过后，对 PCB 进行设计规则检验（Design Rules Check，DRC），并根据输出文件结果及时对设计进行修正，以确保符合设计规则的要求。最后需进一步对印制电路板的机械安装结构进行检查和确认。

7. 制版

印制电路板设计完成并生成三维效果图后，下面的工作就是打印和输出。PCB 打印输出中的打印机设置与一般 Windows 打印机的设置类似，但由于 PCB 图是分层的，所以需要分层打印，输出的光绘文件则提交给制版单位。

任务评价

表 4-2-2　印制电路板的设计评价表

项　目	考核内容	配　分	评价标准	评分记录
印制电路板设计流程及要求	1. 归纳总结印制电路板设计流程及布局、布线工艺要求； 2. 解释相关术语	10 10	1. 资料整理完善、正确，每项不符合要求扣 2 分； 2. 解释错误，每个扣 2 分	

任务 3　印制电路板的制作

操作：根据图 4-3-1 所示的声控 LED 旋律灯电路原理图，自制一块印制电路板，将结果填入表 4-3-1 中。

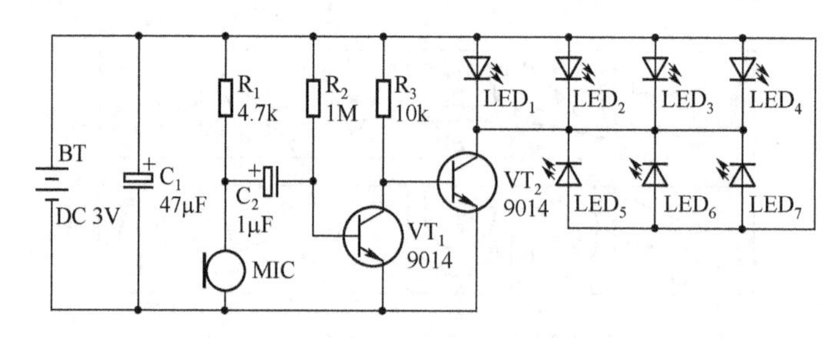

图 4-3-1　声控 LED 旋律灯电路原理图

有兴趣的读者，还可自购元器件进行组装。电路说明如下。

电路功能：随着音乐或其他声音的响起，LED 灯便跟随着声音的变化（节奏的快、慢，声音的大、小）闪动起来。在焊接成功后，可感受到声音与光的美妙组合。

电路原理：声控 LED 旋律灯电路由电源电路、话筒放大电路、LED 发光指示电路组成，电源采用两节 5 号电池。MIC 将声音信号转化为电信号，经 C_2 耦合到 VT_1 放大，放大后的信号送到 VT_2 基极，由 VT_2 推动 LED 发光，声音越大，LED 亮度越高。

安装注意事项：驻极体话筒有正负之分，与铝壳相连的一端为负端，安装时不要弄错了。

表 4-3-1　自制印制电路板记录表

印制电路板类型	印制电路板尺寸	绘图方法	制版方法
所用工具和材料			
制作步骤			
备注			

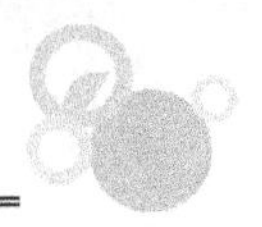

相关知识

印制电路板的生产过程较为复杂，它涉及的工艺范围较广，从简单的机械加工到复杂的机械加工，有普通的化学反应，还有光化学、电化学、热化学等工艺。由于其生产过程是一种非连续的流水线形式，任何一个环节出问题都会造成全线停产或大量报废的后果，印制电路板如果报废，是无法回收再利用的。

印制电路板的生产通常采用的是丝网印刷工艺，其基本过程如下：设计版图→描图→晒板（制作印刷底版）→印刷→化学方法腐蚀→清洗及表面处理→网印标识及阻焊层→切割、打孔等机械加工→检验包装。

业余条件下，由于只需要制作一块或几块电路板，采用正规的制版和印刷工序显然是不经济的，于是就有了各种简单、易操作的印制电路板制作方法。

一、业余制作印制电路板

1. 雕刻法

雕刻法最直接。将设计好的铜箔图形用复写纸复写到覆铜板铜箔面，使用钢锯片磨制的特殊雕刻刀具，直接在覆铜板上沿着铜箔图形的边缘用力刻画，尽量切割到深处，然后撕去图形以外不需要的铜箔，再钻出元件的插孔就可以了。此法的关键是：刻画的力度要够；撕去多余铜箔要从板的边缘开始，成片地逐步撕去。一些比较简单的电路板适合用此法制作。

2. 手工描绘法

手工描绘法就是用笔直接将印刷图形画在覆铜板上，然后进行化学腐蚀等步骤。现在的电子元件体积小，引脚间距小（毫米量级），铜箔走线很细，要画好这样的板，“颜料”和画笔的选用都很关键。可以用红色指甲油装在医用注射器中，描绘电路板，但针头的尖端要适当加工；也可以将漆片溶于无水酒精中，使用鸭嘴笔勾画，具体方法如下。

将漆片（即虫胶，化工原料店有售）一份，溶于三份无水酒精中，并适当搅拌，待其全部溶解后，滴上几滴医用紫药水，使其呈现一定的颜色，搅拌均匀后，即可作为保护漆来描绘电路板。

① 裁剪、擦拭覆铜板。先将覆铜板裁剪成合适的尺寸，并用锉刀将其四周边缘锉至平直整齐，然后用细砂纸把覆铜板擦亮。

② 描绘。选用绘图仪器中的鸭嘴笔进行描绘。鸭嘴笔上有调整笔画粗细的螺母，笔画粗细可调，并可借用直尺、三角尺描绘出很细的直线，且描绘出的线条光滑、均匀，无边缘锯齿，给人以顺畅、流利的感觉；同时，还可以在印制电路板的空闲处写上文字或符号标识。描绘时若做修改，可以用小棉签蘸上无水酒精擦掉，然后重新描绘即可。

③ 腐蚀。一般采用三氯化铁作为腐蚀液，腐蚀速度与腐蚀液的浓度、温度及腐蚀过程中是否抖动有关，为保证制板质量及提高腐蚀速度，可采用抖动和加热的方法。

④ 钻孔。用手持电钻或台钻打孔。

⑤ 清洗。用棉球蘸上无水酒精，将保护漆擦掉，并用清水冲洗后晾干。

⑥ 涂松香水。电路板擦拭、清洗干净后，立即涂上松香溶液。

需要说明的是：松香水是用松香粉末与无水酒精或天那水按一定比例配制而成的，其浓度应适中，以手感有一定黏性即可。三氯化铁溶液对人体皮肤无不良影响，但三氯化铁掉到衣服或地面上是难以洗掉的，所以操作时一定要特别小心。

3. 贴图法

市场上有一种“标准的预切符号及胶带”，可以根据电路设计版图，选用对应的符号及胶带，粘贴到覆铜版的铜箔面上。为了使图贴与铜箔充分粘连，可用橡皮锤敲打。图贴粘贴好后，就可以进行腐蚀工序了。

4. 油印法

把蜡纸放在钢板上，用笔将电路图按 1∶1 刻在蜡纸上，并把刻在蜡纸上的电路图按电路板尺寸剪下，剪下的蜡纸放在所印覆铜板上。取少量油漆与滑石粉调成稀稠合适的印料，用毛刷蘸取印料，均匀地涂到蜡纸上，反复几遍，印制电路板即可印上电路。这种刻板可反复使用，适合小批量制作。

5. 热转印法

使用激光打印机，将设计的 PCB 铜箔图形打印到热转印纸上，再将热转印纸紧贴在覆铜板的铜箔面上，以适当的温度加热，转印纸上原先打印上去的图形（其实是碳粉）就会受热融化，并转移到铜箔面上，形成腐蚀保护层。这种方法比常规制版印刷的方法简单，而且现在大多数电路都是使用计算机 CAD 设计的，激光打印机也相当普及，这个工艺还比较容易实现。

6. 感光胶制版法

材料：长方形木框、200～300 目丝网、重氮感光胶、激光打字膜（涤纶半透明专用膜）、紫外灯（或其他光源）、电吹风、三角板（塑料或不锈钢）。

制作方法和步骤如下。

① 用电路图设计软件（Protel）设计好电路图，并用激光打印机打印在 A4 的激光打字膜上。

② 将丝网绷紧在木框上，然后用专用打钉机或胶水将丝网固定在木框上。再用去污粉或洗涤剂将网上油污洗去并吹干。

③ 上感光胶：用三角板（塑料）或不易掉毛的平毛刷将感光胶刮涂在丝网上，均匀地上下刮动，运动中不要停顿，使感光胶均匀地涂在丝网上。一般网框内侧丝网面可刮涂两次，接触承印物一侧丝网可刮三次。每次刮涂完毕，都要用电吹风烘吹，待结膜后再刮涂第二次。

④ 烘干：烘干温度以 30～40℃为宜，最好在 30min 以内烘干。如果温度偏高则结膜太快，温度偏低则导致感光时间延长，并且会导致显影困难。烘干时间和温度和制版的质量有密切的关系，应严格控制。

⑤ 晒版：光源应使用紫外光源，20～40 W 灯管排列间距为 3cm，光源距版面约 15cm，感光时间由光源强弱实验测定。

⑥ 显影：感光后印版立即浸泡在温水中 2～3min，浸泡后用水枪冲洗显影（也可用显影剂浸泡 20～30s 显影）。

⑦ 快速吹干：将显影后版平放，用风机将图案部分快速吹干，风机与版面相距 20cm 左右为宜。

⑧ 印版修补：印版修补是必须进行的过程之一，也是产品质量的有效保证，修补时，油性版用油性感光胶、封网胶均可。

⑨ 二次感光：经修补后进行第二次感光，其目的是增强交联牢度，硬化版膜，操作方法同第一次，时间为 12～15min，日晒为 7～10min。

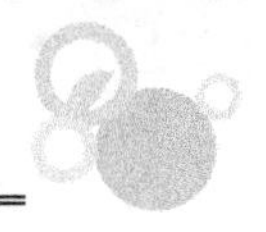

⑩ 印刷：把裁好的覆铜板放在丝板上，网上的图形与覆铜板对准，用少许快干耐腐蚀印料倒在丝网上，然后用三角板在丝网上刮动，在下面的覆铜板上即可得到与原稿一样的图形。

⑪ 腐蚀：将覆铜板放在三氯化铁溶液中腐蚀。

7. 使用预涂布感光覆铜板

使用一种专用的覆铜板，其铜箔层表面预先涂布了一层感光材料，故称为“预涂布感光覆铜板”，也称“感光板”。

① 单面板的制作：将计算机画好的 PCB 图，用喷墨专用纸打印出 1∶1 黑白 720dpi 图纸（元件面），如果用激光打印机输出图纸也可以。取一块与图纸大小相当的感光板，撕去保护膜。用玻璃板或塑料透明板把图纸与感光板压紧，在阳光下曝光 5～10min。用附带的显影药 1∶20 配水进行显影，当曝光部分（不需要的覆铜皮）完全裸露出来时，用水冲净，即可用三氯化铁进行腐蚀了。操作熟练后，可制出精度达 0.1mm 的走线。

② 双面电路板的制作：步骤参考单面板，双面板主要是两面定位要准确。可以两面分别曝光，但时间要一致，一面在曝光时另一面要用黑纸保护。

此法从原理上说是最简单、实用的方法，但因市售的“预涂布感光覆铜板”价格比较高，且不易买到，所以此法还不为多数业余爱好者所认识。

二、专业生产印制电路板流程

由于单面板、双面板和多层板的结构不同，所以它们的制作生产工艺有所区别。

1. 单面印制电路板生产流程

下料→刷洗、干燥→钻孔或冲孔→网印线路抗蚀刻图形（或使用干膜）→固化、检验修版→蚀刻铜→去抗蚀印料、干燥→刷洗、干燥→网印阻焊图形（常用绿油）、紫外线（UV）固化→网印字符标记图形、紫外线（UV）固化→预热、冲孔及外形→电气开、短路测试→刷洗、干燥→预涂助焊防氧化剂（干燥）或喷锡热风整平→检验包装→成品出厂。

2. 双面印制电路板生产流程

下料→叠板→数控钻导通孔→检验、去毛刺刷洗→化学镀（导通孔金属化）→（全板电镀薄铜）→检验刷洗→网印负性电路图形、固化（干膜或湿膜、曝光、显影）→检验、修板→线路图形电镀→电镀锡（抗蚀镍/金）→去印料（感光膜）→蚀刻铜→（退锡）→清洁刷洗→网印阻焊图形（贴感光干膜或湿膜、曝光、显影、热固化，常用感光热固化绿油）→清洗、干燥→网印标记字符图形、固化→（喷锡或有机保焊膜）→外形加工→清洗、干燥→电气通断检测→检验包装→成品出厂。

3. 多层印制电路板生产流程

内层覆铜板双面开料→刷洗→钻定位孔→贴光致抗蚀干膜或涂覆光致抗蚀剂→曝光→显影→蚀刻与去膜→内层粗化、去氧化→内层检查→（外层单面覆铜板线路制作、贴黏结片、板材黏结片检查、钻定位孔）→层压→数控钻孔→孔检查→孔前处理与化学镀铜→全板镀薄铜→镀层检查→贴光致耐电镀干膜或涂覆光致耐电镀剂→面层底板曝光→显影、修板→线路图形电镀→电镀锡铅合金或镍/金镀→去膜与蚀刻→检查→网印阻焊图形或光致阻焊图形→印制字符图形→（热风整平或有机保焊膜）→数控洗外形→清洗、干燥→电气通断检测→成品检查→包装出厂。

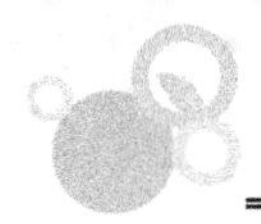

从工艺流程图可以看出，多层板工艺是从双面孔金属化工艺基础上发展起来的，它除了继承双面印制板工艺外，还有几个独特内容：金属化孔内层互连、钻孔与清污、定位系统、层压、专用材料等。

随着印制电路板高密度的发展趋势，电路板的生产工艺要求越来越高，越来越多的新技术应用于印制电路板的生产，如激光技术、感光树脂等。以上仅是一些表面的、浅显的介绍，印制电路板生产中还有许多内容，因篇幅所限在此不加详述。

任务评价

表 4-3-2 印制电路板的制作评价表

项目	考核内容	配分	评价标准	评分记录
自制印制电路板	1．制作方法、工具和材料的选用； 2．制作过程； 3．成品质量	10 10 10	1．选用的绘图、制版方法及工具和材料得当，错一项扣 2 分； 2．操作规范，正确，错一项扣 2 分； 3．布局、布线、焊盘、钻孔规范，无差错，板面干净、光亮，一项不合格扣 2 分	

【项目小结】

1．印制电路板按导电结构分为单面板、双面板和多层板。

2．一般 PCB 基本设计流程是：前期准备→PCB 结构设计→布局→布线→布线优化和丝印→网络和 DRC 检查、结构检查→制版。

3．布局要做的工作是：根据结构图设置板框尺寸，按结构要素布置安装孔、接插件、按键/开关等需要定位的器件，给这些器件赋予不可移动属性，按工艺设计规范的要求进行尺寸标注；根据结构图和生产加工时所需的夹持边设置印制电路板的布线区域和非布线区域；摆放其他元器件等。

4．布线一般有三个层面的要求：首先是布通，这是印制电路板设计时的最基本要求；其次是电器性能的满足，这是衡量一块印制电路板是否合格的标准；然后是美观、整齐。

5．印制电路板的生产通常采用的是丝网印刷工艺，其基本过程是：设计版图→描图→晒板（制作印刷底版）→印刷→化学方法腐蚀→清洗及表面处理→网印标识及阻焊层→切割、打孔等机械加工→检验包装。业余条件下，可省去一些工序，采用易操作的 PCB 制作方法。

项目五

整机装配与调试工艺

【项目说明】

电子产品的整机在结构上通常由组装好的印制电路板、接插件、底板、机箱外壳等构成。一台性能完善、品质优良、使用可靠的电子产品，除了要有先进的线路设计、合理的结构设计、采用优质可靠的电子元器件及材料外，还要选择正确、合理、先进的装配工艺，并由操作人员根据预定的装配程序，认真、细致地完成每一道工序。上述所有环节都是非常重要的。

本项目安排了电子产品装配工艺流程、印制电路板的组装、整机总装、整机调试、老化试验与质量检查等方面的训练内容。

【项目要求】

1．熟悉电子产品装配工艺流程。
2．熟练掌握印制电路板的组装工艺。
3．熟练掌握整机总装工艺。
4．掌握整机调试内容与程序。
5．了解整机老化试验的技术要求。
6．熟悉整机质量检查的内容与要求。

【项目计划】

时间：10 课时。
地点：电子工艺实训室或装配车间。
方法：考察现场、讲解示范、实际操作。

【项目实施】

 任务 1　实地考察电子装配生产线

操作：实地考察电子装配生产线或模拟生产线，全面了解电子产品装配工艺流程，将结果填入表 5-1-1 中。

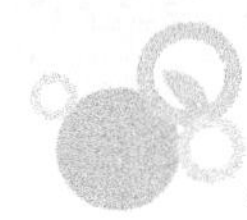

表 5-1-1　装配工艺流程记录表

考察日期	考察人数及方式	企业名称	车间名称	产品名称	生产方式
生产流程					
备　　注					

相关知识

一、电子产品装配的分级

电子产品装配可分为以下级别。

① 元件级组装：电路元器件、集成电路的组装，是组装中的最低级别。

② 插件级组装：组装和互连装有元器件的印制电路板或插件板等。

③ 系统级组装：将插件级组装件，通过连接器、电线电缆等组装成具有一定功能的、完整的电子产品。

二、电子产品装配工艺流程

电子产品装配的工艺流程因设备的种类、规模不同，其构成也有所不同。一般整机装配的工艺流程如图 5-1-1 所示。

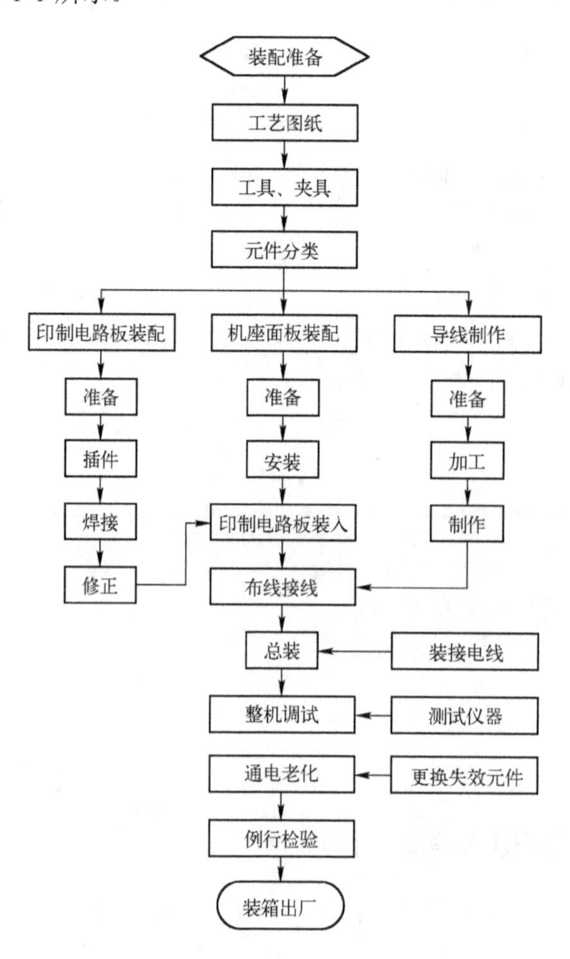

图 5-1-1　整机装配工艺流程

由于产品的复杂程度、设备条件、生产场地条件、生产批量、技术力量及操作工人技术水平等情况不同， 因此生产的组织形式和工序也并不是一成不变的，要根据实际情况进行适当调整。例如，小批量生产可按工艺流程主要工序进行，若大批量生产，则其装配工艺流程中的印制电路板装配、机座装配及线束加工等几个工序可并列进行。在实际操作中，要根据生产人数、装配人员的技术水平等条件来编制最有利于现场指导的工序。

三、装配流水线

1. 流水线与流水节拍

装配流水线就是把一部整机的装连、调试等工作划分成若干简单操作，每个装配工人在指定工位上完成指定作业的生产组织形式。在流水线上，每一位操作者必须在规定的时间内完成指定的操作，这个时间称为流水节拍。装配的设备在流水线上输送的方式主要有以下两种。

一种是把装配的设备放在固定台面上，装配工人完成本岗位装配任务后，将设备沿台面推进，传递给下一个岗位，这种输送方式时间限制不很严格。图 5-1-2 所示分别为手推式人工插件流水线和人工焊接流水线。

（a）插件流水线

（b）焊接流水线

图 5-1-2 手推式电子装配流水线

另一种是用传送带来输送设备，装配工人把设备从传送带上取下，按规定完成本岗位装配任务后，再放到传送带上，传递给下一个岗位，如图 5-1-3 所示。

图 5-1-3 皮带传送电子装配流水线

由于传送带是连续运转的，所以这种方式的时间限制很严格。传送带的运动有两种方式，一种是间歇运动（即定时运动），另一种是连续均匀运动。每个装配工人的操作必须严格按照所规定的时间节拍进行。完成一部整机所需的操作和工位（工序）的划分，要根据设备的复杂程度、日产量或班产量来确定。

2. 流水线的工作方式

目前，电子产品的生产，大都有整机装配流水线和印制电路板插焊流水线。其流水节拍的形式分自由节拍形式和强制节拍形式两种。下面以印制电路板插焊流水线为例加以阐述。

（1）自由节拍形式

自由节拍形式分手工操作和半自动化操作两种类型。手工操作时，装配工人按规定插件，剪掉多余的引线，然后在流水线上传递。半自动化操作时，生产线上配备着具有铲头功能的插件台，每个装配工人独用一台。整块线路板上元件的插装工作完成后，通过传送带送到波峰焊接机上。这种流水线方式的时间安排比较灵活，但生产效率低。

（2）强制节拍形式

采用强制节拍形式时，插件板在流水线上连续运行，每个操作工人必须在规定的时间内把所要求插装的元器件、零件准确无误地插到印制电路板上。这种方式带有一定的强制性，在选择分配每个工位的工作量时应留有适当的余地，这样既可以保证一定的劳动生产率，又可以保证产品的质量。这种流水线方式的工作内容简单，动作单纯，记忆方便，可减少差错，提高工作效率。

任务评价

表 5-1-2 实地考察电子装配生产线评价表

项 目	考核内容	配 分	评价标准	评分记录
电子装配工艺流程	1．本产品主要生产工序及方式； 2．制度、标语、作业指导书； 3．撰写考察报告	10 10 10	1．资料整理完善、正确，每项不符合要求扣 1 分； 2．观察仔细，记录、收获多，每项得 1 分； 3．能写出考察报告，且内容详尽、叙述准确、文笔流畅。无考察报告不得分，不符合要求的，酌情减分	

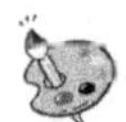 任务 2 印制电路板的组装

操作 1：角色扮演。按印制电路板装配流水线的主要工序，分班组、分岗位模拟训练，将结果填入表 5-2-1 中。

表 5-2-1 印制电路板的组装记录表（××电子有限公司装配工艺卡片）

产品名称				零部件名称	印制电路板组装		
产品型号				零部件图号			
班 组		负 责 人			日 期		
工序号	工序名称	工序内容		装配部门（人）	设 备	辅助材料	工时定额
	备料	准备：凭领料单向元件库领取本工艺所需的元器件，检查各元器件外观质量、型号规格应符合要求					

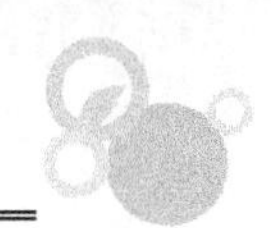

续表

产品名称			零部件名称	印制电路板组装		
产品型号			零部件图号			
班　组		负责人		日　期		
工序号	工序名称	工序内容	装配部门（人）	设　备	辅助材料	工时定额

操作 2：对提供的各种元器件和导线进行引脚成型、加工、搪锡处理，并将元器件安装到印制电路板上，将结果填入表 5-2-2 中。

表 5-2-2　处理并安装元器件

序号	元器件或导线名称类别	工作内容	使用工具	工作质量

相关知识

电子产品的装配过程是先将零件、元器件组装成部件，再将部件组装成整机，其核心工作是将元器件组装成具有一定功能的电路板部件（也称组件（PCBA））。

一、印制电路板组装工艺流程

在印制电路板组装中，根据插件方式，大致可以分为手工装配和自动装配两类。

1. 手工装配

手工装配方式分为手工独立插装和流水线手工插装。

（1）手工独立插装

手工独立插装是一人完成一块印制电路板上全部元器件的插装及焊接等工作程序的装配方式。其操作顺序是：装配准备→贴片→贴片焊→插件→调整、固定位置→焊接→剪切引脚→检验。

独立插装方式效率低，而且容易出差错。一般在产品的样机试制阶段或小批量试生产时采用这种方式。

（2）流水线手工插装

流水线手工插装是把印制电路板的整体装配分解成若干道简单的工序，每个操作者在规定的时间内完成指定的工作量的插装过程。流水线手工装配的工艺流程是：装配准备→贴片→回流焊→流水插件→引脚切割→波峰焊→手工补焊→检查。

其中，贴片和回流焊两道工序由贴片机和回流焊机完成；引脚切割用专用设备即割头机一次切割完成。

2. 自动装配

对于设计稳定、产量大、装配工作量大而元器件又无须选配的产品，宜采用自动装配方式。自动装配主要指自动贴片装配（SMT）、自动插件装配和自动焊接。其基本工艺流程如图 5-2-1 所示。

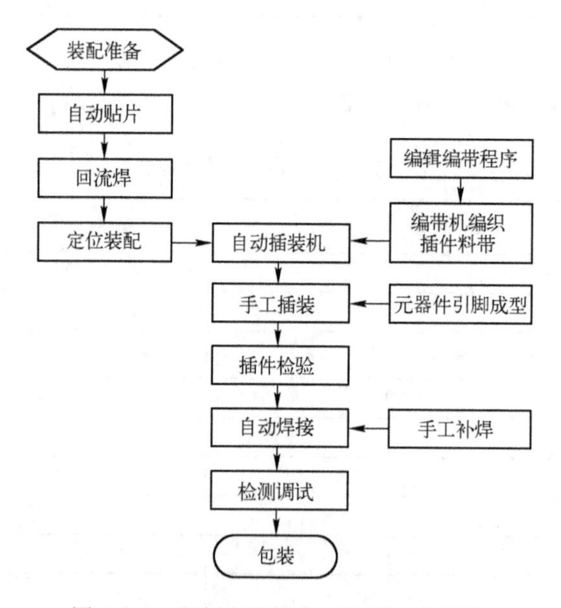

图 5-2-1　印制电路板自动装配工艺流程

装配准备是将要投入生产的原材料、元器件进行整形，如元件剪脚、弯曲成需要的形状，导线整理成所需的长度，装上插接端子等，这些工作必须在流水线开工以前完成。

自动贴片是将贴片封装的元器件用 SMT 技术贴装到印制电路板上，经回流焊工艺固定焊接在印制电路板上（参见项目三，焊接工艺中的自动焊接技术）。

将装贴有表面封装元器件的印制电路板送到自动插装机上，机器将可以机插的元器件插到印制电路板上的相应位置，经机器弯角初步固定后就可转交到手工插接线上去了。自动插件机如图 5-2-2 所示。

图 5-2-2　自动插件机

人工将那些不适合机插、机贴的元器件插好，经检验后送入波峰焊机或浸焊炉中焊接。焊接后的电路板不合格部分由人工进行补焊、修理，然后进行 ICT（在线测试仪）静态测试、功能性能的检测和调试、外观检测等检测工序，完成以上工序的印制电路板即可进行整机装配了。

在自动装配中，对元器件装配的一系列工艺措施都必须符合自动装配的一些特殊要求，并不是所有的元器件都可以进行自动装配，在这里最重要的是采用标准化元器件和尺寸。对于非标准化的元器件，或不适合自动装配的元器件，仍需要手工进行补插。为了使机器达到最大的有效插装速度，要求元器件的排列沿着 x 轴或 y 轴取向，最佳设计要指定所有元器件只有一个轴上取向（至多排列在两个方向上）。

二、装配准备工艺

1. 搪锡技术

搪锡就是预先在元器件的引脚、导线端头和各类线端子上挂上一层薄而均匀的焊锡，以便整机装配时顺利进行焊接工作。

（1）搪锡方法

导线端头和元器件引脚的搪锡方法有电烙铁搪锡、搪锡槽搪锡和超声波搪锡，三种方法的搪锡温度和搪锡时间应符合以下要求。

电烙铁搪锡：温度在 300℃左右，时间不超过 1s。

搪锡槽搪锡：温度不高于 290℃，时间掌握在 1～2s 之间。

超声波搪锡：温度在 240～260℃范围内，时间掌握在 1～2s 之间。

① 电烙铁搪锡。

电烙铁搪锡适用于少量元器件和导线焊接前的搪锡，如图 5-2-3 所示。搪锡前应先去除元器件引脚或导线端头表面的氧化层，清洁烙铁头的工作面，然后加热引脚或导线端头，在接触处加入适量的焊锡丝，烙铁头带动融化的焊锡来回移动，完成搪锡。搪锡温度在 300℃，时间不超过 1s。

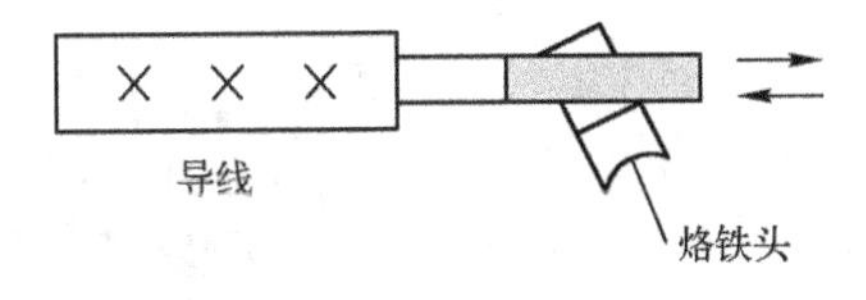

图 5-2-3　电烙铁搪锡

② 搪锡槽搪锡。

搪锡槽搪锡如图 5-2-4 所示。搪锡前应刮除焊料表面的氧化层，将导线或引脚沾少量焊剂，垂直插入搪锡槽焊料中来回移动，搪锡后垂直取出。搪锡温度不高于 290℃，时间掌握在 1～2s 之间。对温度敏感的元器件引脚，应采取散热措施，以防元器件过热损坏。

③ 超声波搪锡

超声波搪锡机发出的超声波在熔融的焊料中传播，在变幅杆端面产生强烈的空化作用，从而破坏引脚表面的氧化层，净化引脚表面。因此事先可不必刮除表面氧化层，就能使引脚被顺利地搪上锡。超声波搪锡温度控制在 240～260℃范围，时间掌握在 1～2s 之间。操作方法是把待搪锡的引脚沿变幅杆的端面插入焊料槽焊料中，并在规定的时间内垂直取出即完成搪锡，如图 5-2-5 所示。

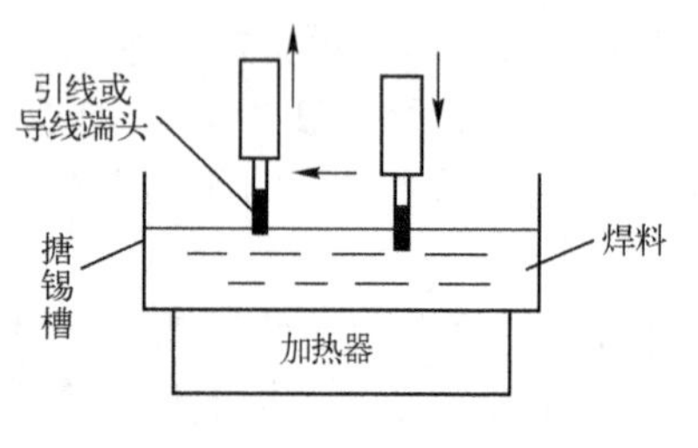

图 5-2-4　搪锡槽搪锡

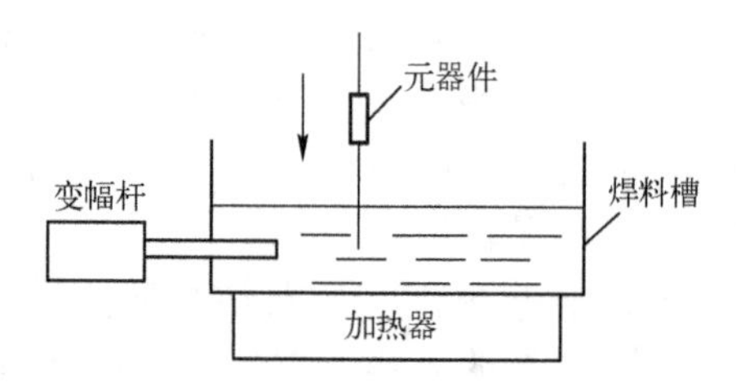

图 5-2-5　超声波搪锡

（2）搪锡的质量要求及操作注意事项

搪锡的质量要求是：经过搪锡的元器件引脚和导线端头，其根部与搪锡处应留有一定的距离，导线留 1mm，元器件留 2mm 以上。搪锡操作应注意的事项如下。

① 通过搪锡操作，熟悉并严格控制搪锡的温度和时间。

② 当元器件引脚去除氧化层且导线剥去绝缘层后，应立即搪锡，以免再次氧化或沾污。

③ 对轴向引脚的元器件搪锡时，一端引脚搪锡后，要等元器件充分冷却后才能进行另一端引脚的搪锡。

④ 部分元器件，如非密封继电器、波段开关等，一般不宜用搪锡槽搪锡，可采用电烙铁搪锡。搪锡时严防焊料和焊剂渗入元器件内部。

⑤ 在规定的时间内若搪锡质量不好，可待搪锡件冷却后，再进行第二次搪锡。若质量依旧不好，应立即停止操作并找出原因。

⑥ 经搪锡处理的元器件和导线要及时使用，一般不得超过三天，并需妥善保存。

⑦ 搪锡场地应通风良好，及时排除污染气体。

2. 元器件引脚成型

（1）引脚成型工具

为了便于安装和焊接，提高装配质量和效率，加强电子设备的防振性和可靠性，在安装前，根据安装位置的特点及技术方面的要求，要预先把元器件引脚弯曲成一定的形状。

手工操作时，为了保证成形质量和成型的一致性，也可应用简便的专用工具，如图 5-2-6 所示。图 5-2-6（a）为模具，图 5-2-6（b）为卡尺，它们均可方便地把元器件引脚成型为图 5-2-6（c）所示的形状。

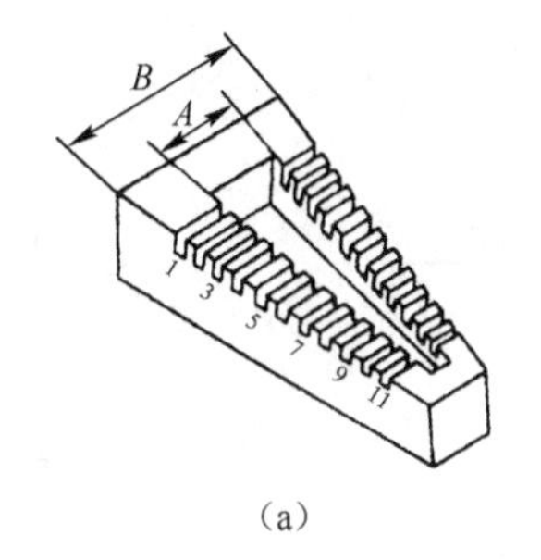

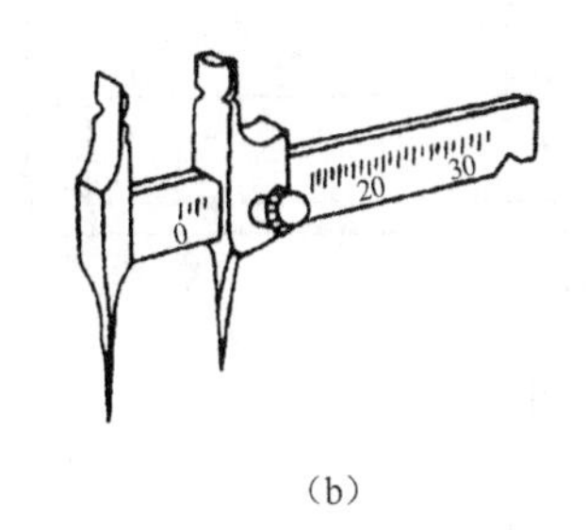

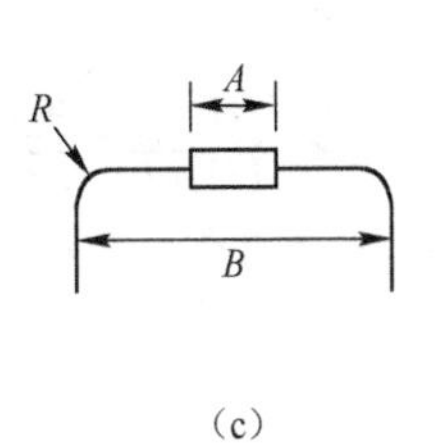

（a）　（b）　（c）

图 5-2-6　引脚成型工具

（2）引脚成型的技术要求

① 引脚成型后，元器件本体不应产生破裂，表面封装不应损坏，引脚弯曲部分不允许出现模印、压痕和裂纹。

② 引脚成型后，其直径的减小或变形不应超过 10%，其表面镀层剥落长度不应大于引脚直径的 1/10。

③ 若引脚上有熔接点，则在熔接点和元器件本体之间不允许有弯曲点，熔接点到弯曲点之间应保持 2mm 的间距。

④ 引脚成型尺寸应符合安装要求。

弯曲点到元器件端面的最小距离 A 不应小于 2mm，弯曲半径 R 应大于或等于 2 倍的引脚直径，如图 5-2-7 所示。图中，$A\geqslant$2mm；$R\geqslant 2d$ (d 为引脚直径)；h 在垂直安装时大于等于 2mm，在水平安装时为 0～2mm。

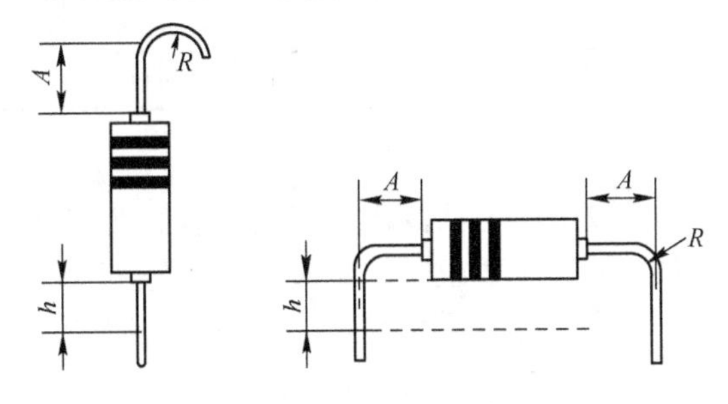

图 5-2-7　引脚成型基本要求

三极管和圆形外壳集成电路的引脚成型要求如图 5-2-8 所示。图中除角度外，单位均为 mm。

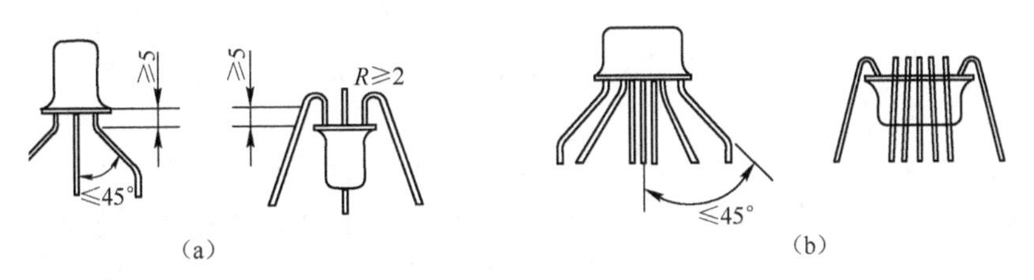

（a）　（b）

图 5-2-8　三极管及圆形外壳元件引脚成型要求

扁平封装集成电路的引脚成型要求如图 5-2-9 所示。图中 W 为带状引脚厚度，$R\geqslant 2W$，带状引脚弯曲点到引脚根部的距离应大于等于 1 mm。

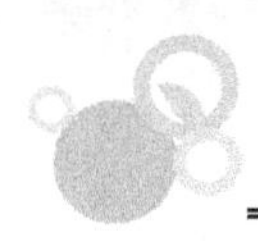

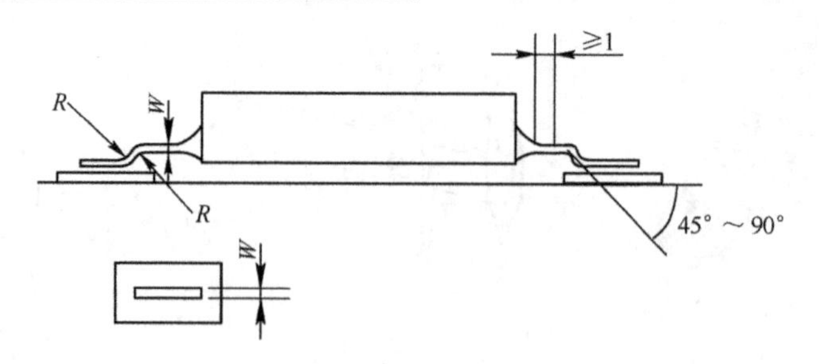

图 5-2-9　扁平封装集成电路引脚成型要求

⑤ 引脚成型后的元器件应放在专门的容器中保存，元器件的型号、规格和标志应向上。

3. 绝缘导线的加工

绝缘导线加工工序为：剪裁→剥头→清洁→捻头（对多股线）→搪锡。现将主要加工工序分述如下。

（1）剪裁

绝缘导线在加工时，应先剪长导线，后剪短导线，这样可不浪费线材。手工剪切绝缘导线时要先拉直再剪，细裸铜导线可用人工拉直再剪。剪线要按工艺文件的导线加工表所规定的要求进行，长度要符合公差要求，而且不允许损坏绝缘层。如无特殊公差要求，可按照表 5-2-3 给出的数据选择长度公差。

表 5-2-3　绝缘导线长度及公差

长度（mm）	50	50～100	100～200	200～500	500～1000	1000 以上
公差（mm）	3	5	+5～+10	+10～+15	+15～+20	30

（2）剥头

将绝缘导线的两端去掉一段绝缘层而露出芯线的过程称为剥头。剥头长度应符合工艺文件（导线加工表）的要求。无特殊要求时，可按照以下数据选择剥头长度：

芯线截面积在 $1mm^2$ 以下时，剥头长度为 8～10mm；芯线截面积在 1.1～$2.5mm^2$ 之间的，剥头长度为 10～14mm，如图 5-2-10（a）所示。

常用的方法有刃截法和热截法两种。

① 刃截法。刃截法就是用专用剥线钳进行剥头，在大批量生产中多使用自动剥线机，手工操作时也可用剪刀、电工刀。其优点是操作简单易行，只要把导线端头放进钳口并对准剥头距离，握紧钳柄，然后松开，取出导线即可。为了防止出现损伤芯线或拉不断绝缘层的现象，应选择与芯线粗细相配的钳口。刃截法易损伤芯线，故对于单股导线不宜用刃截法。

② 热截法。热截法就是使用热控剥皮器进行剥头。使用时将剥皮器预热一段时间，待电阻丝呈暗红色时便可进行截切。为使切口平齐，应在截切时同时转动导线，待四周绝缘层均被切断后用手边转动边向外拉，即可剥出端头。热截法的优点是操作简单、不损伤芯线，但加热绝缘层时会放出有害气体，因此要求有通风装置。操作时应注意调节温控器的温度。温度过高易烧焦导线，温度过低则不易切断绝缘层。

（3）清洁

绝缘导线在空气中长时间放置，导线端头易被氧化，有些芯线上有油漆层。故在浸锡

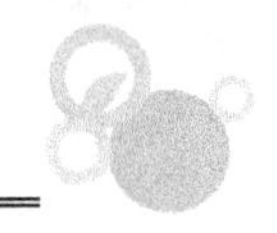

前应进行清洁处理，除去芯线表面的氧化层和油漆层，提高导线端头的可焊性。清洁的方法有两种：一是用小刀刮去芯线的氧化层和油漆层，在刮时注意用力适度，同时应转动导线，以便全面刮掉氧化层和油漆层；二是用砂纸清除掉芯线上的氧化层和油漆层，用砂纸清除时，砂纸应由导线的绝缘层端向端头单向运动，以避免损伤导线。

（4）捻头

多股芯线经过剥头、清洁后，芯线有松散现象，必须再一次捻紧，以便浸锡及焊接。捻线时用力不宜过猛，以免细线被捻断。捻线角度一般在 30°～45° 之间，如图 5-2-10（b）所示。捻线可采用捻头机，或用手工捻头。

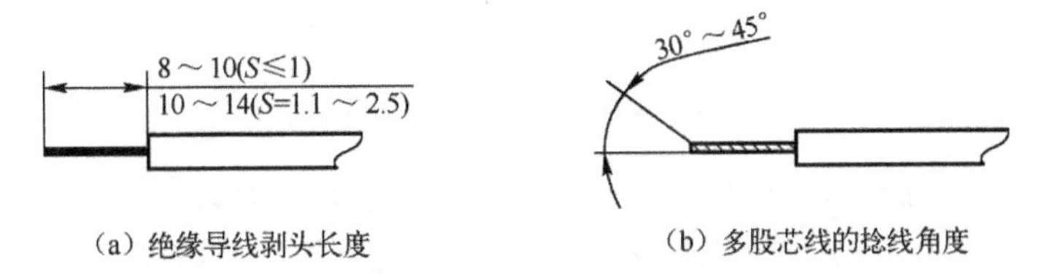

图 5-2-10　绝缘导线剥头长度及多股芯线的捻线角度

（5）搪锡

经过剥头和捻头的导线应及时搪锡，以防止氧化。搪锡时要在绝缘层前留出 1mm 的距离，不要让焊锡浸到导线的绝缘层里。给多股导线搪锡时，要边上锡边旋转，旋转方向应与导线拧合方向一致。

4. 屏蔽导线的加工

为了防止导线周围的电场或磁场干扰电路正常工作而在导线外加上金属屏蔽层，即构成了屏蔽导线。在对屏蔽导线进行端头处理时应注意去除的屏蔽层不宜太多，否则会影响屏蔽效果。屏蔽线是两端接地还是一端接地要根据设计要求来定，一般短的屏蔽线均采用一端接地。

屏蔽导线端头去除屏蔽层的长度如图 5-2-11 所示。具体长度应根据导线的工作电压而定，一般去除 10～20mm 即可。

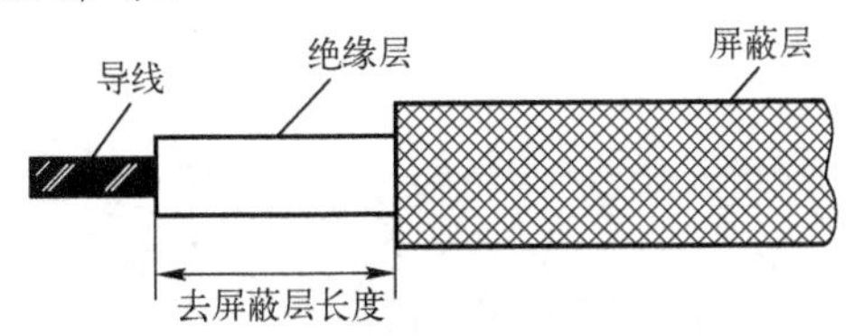

图 5-2-11　屏蔽导线去除屏蔽层的长度

通常应在屏蔽导线线端处剥落一段屏蔽层，并做好接地焊接的准备，有时还要加接导线及进行其他的处理，现分述如下。

（1）剥落屏蔽层并整形搪锡

如图 5-2-12（a）所示，在屏蔽导线端部附近把屏蔽层开个小孔，挑出绝缘导线，并按图 5-2-12（b）所示，把剥落的屏蔽层编织线整形并搪好一段锡。

（2）在屏蔽层上加接导线

有时剥落的屏蔽层长度不够，需加焊接地导线，可按图 5-2-13 所示，把一段直径为 0.5～0.8mm 的镀银铜线的一端绕在已剥落的并经过整形搪锡处理的屏蔽层上，绕 2～3 圈并焊牢。

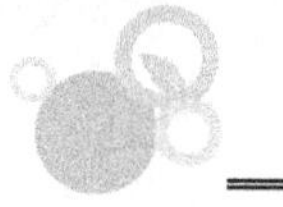

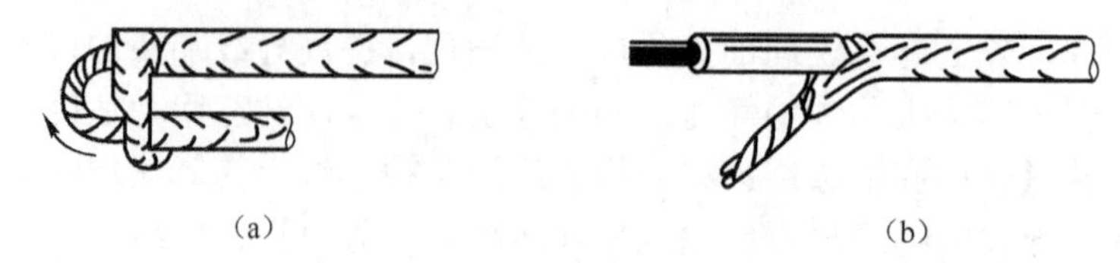

图 5-2-12　剥落屏蔽层并整形搪锡

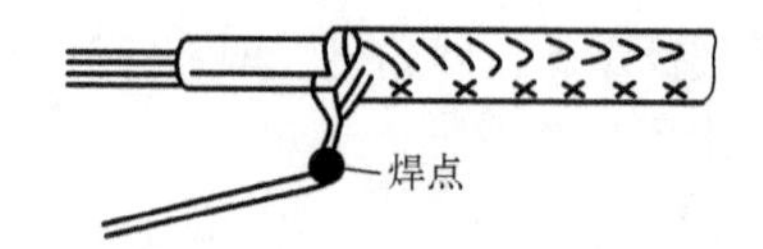

图 5-2-13　加焊接地导线

有时也可不剥落屏蔽层，而在剪除一段金属屏蔽层后，选取一段适当长度的导电良好的导线焊牢在金属屏蔽层上，再用绝缘套管或热缩性套管，从如图 5-2-14 所示的方向套住焊接处，以起到保护焊接点的作用。

图 5-2-14　加套管的接地线焊接

5. 电缆的加工

（1）棉织线套低频电缆的端头绑扎

棉织线套多股电缆一般用于经常移动的器件的连线，如电话线、航空帽上的耳机线及送话器线等。绑扎端头时，根据工艺要求，先剪去适当长度的棉织线套，然后用棉线绑扎线套端，缠绕宽度为 4～8mm，缠绕方法如图 5-2-15 所示。拉紧绑线后，将多余绑线剪掉，在绑线上涂以清漆胶。

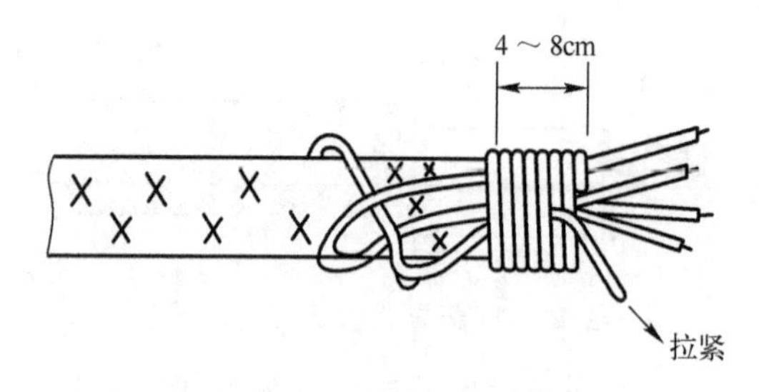

图 5-2-15　棉织线套低频电缆的端头绑扎

（2）绝缘同轴射频电缆的加工

对绝缘同轴射频电缆进行加工时，应特别注意芯线与金属屏蔽层间的径向距离，如图 5-2-16 所示。

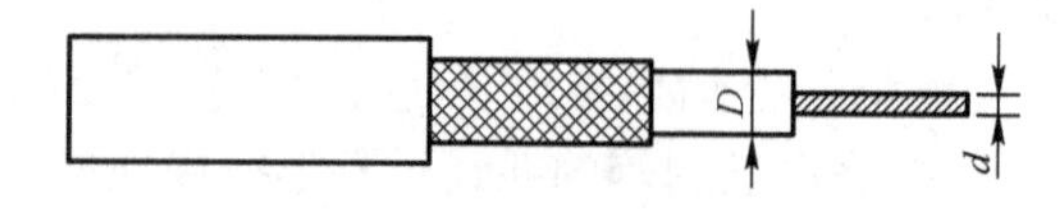

图 5-2-16　同轴射频电缆

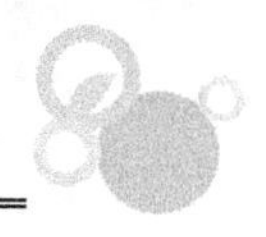

如果芯线不在屏蔽层的中心位置，则会造成特性阻抗不准确，信号传输受到损耗。焊接在射频电缆上的插头或插座要与射频电缆相匹配，如 50Ω的射频电缆应焊接在 50Ω的射频插头上。焊接处芯线应与插头同心。

（3）扁电缆的加工

扁电缆又称带状电缆，是由许多根导线结合在一起，相互之间绝缘，整体对外绝缘的一种扁平带状多路导线的软电缆。这种电缆造价低、重量轻、韧性强、使用范围广，可用做插座间的连接线、印制电路板之间的连接线及各种信息传递的输入/输出柔性连接。

剥去扁电缆绝缘层需要专门的工具和技术。最普通的方法是使用摩擦轮剥皮器的剥离法。如图 5-2-17 所示，两个胶木轮向相反方向旋转，对电缆的绝缘层产生摩擦而熔化绝缘层，然后绝缘层熔化物被抛光刷刷掉。如果摩擦轮的间距正确，就能整齐、清洁地剥去需要剥离的绝缘层。

图 5-2-18 是一种用刨刀片去除扁电缆绝缘层的方法。刨刀片可用电加热，当刨刀片被加热到足以熔化绝缘层时，将刨刀片压紧在扁电缆上，按图示方向拉动扁电缆，绝缘层即被刮去。剥去了绝缘层的端头可用抛光的方法或用合适的溶剂清理干净。

扁电缆与电路板的连接常用焊接或专用固定夹具完成。

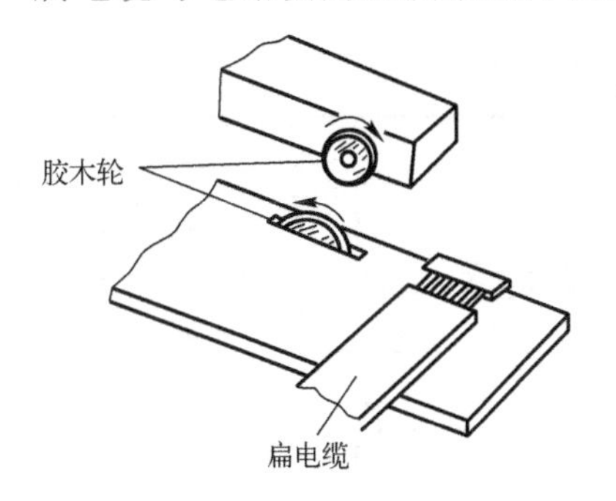

图 5-2-17　摩擦轮剥皮器

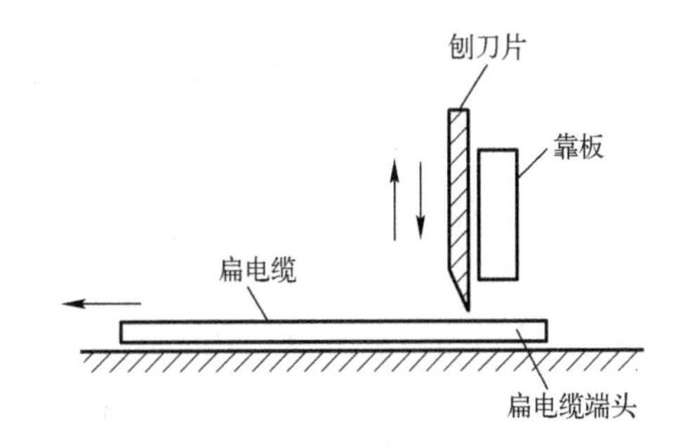

图 5-2-18　用刨刀片去除扁电缆绝缘层

三、元器件的安装

一般元器件的安装工艺前面已经做了介绍，下面就一些特殊元器件的安装方法做一说明。

（1）发热元件要采用悬空安装，不允许贴板安装。

（2）对于防振要求高的元器件应卧式贴板安装。

（3）当元器件为金属外壳、安装面又有印制导线时，应加垫绝缘衬垫或套上绝缘套管。

（4）对于较大元器件，如继电器、变压器、扼流圈等，安装时应采取粘固措施，或者使用金属支架在印制基板上将其固定，如图 5-2-19 所示。

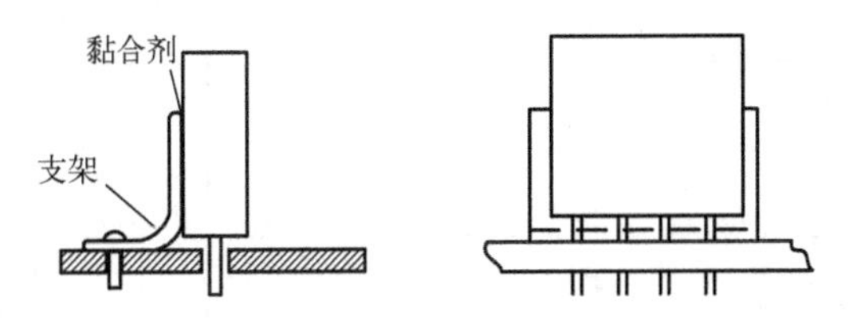

图 5-2-19　固定支架安装

（5）对于有高度限制时的安装，其安装形式如图 5-2-20 所示。元器件安装高度的限制一般在图纸上是标明的，通常处理的方法是垂直插入后，再朝水平方向弯曲。

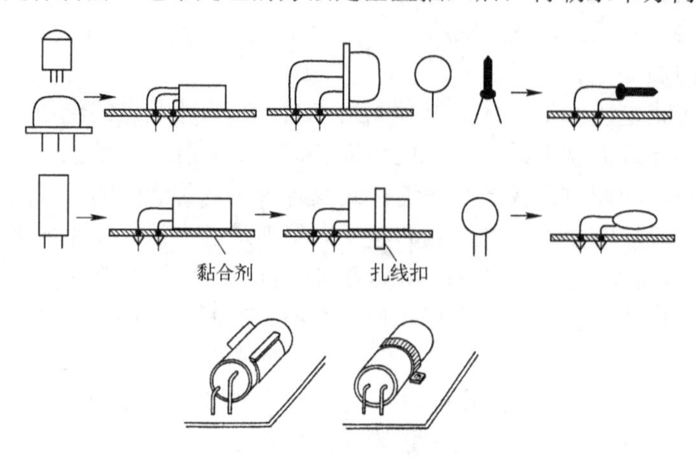

图 5-2-20　有高度限制时的安装

任务评价

表 5-2-4　印制电路板的组装评价表

项　　目	考 核 内 容	配　　分	评 价 标 准	评分记录
引脚成型	能按工艺要求对元器件引脚进行加工成型、搪锡	10	操作规范、熟练、质量高，不符合要求的扣 2 分/个	
多股芯线	能按工艺要求对其进行加工、搪锡	10	操作规范、质量高，不符合要求的扣 2 分/根	
屏蔽导线	能按工艺要求对其进行加工、搪锡	10	操作规范、质量高，不符合要求的扣 2 分/根	
电缆	能按工艺要求对其进行加工、搪锡	10	操作规范、质量高，不符合要求的扣 2 分/根	

任务 3　整机总装

操作 1：分组拆卸旧电器（如电视机、显示器、计算机、洗衣机等），观察其内部结构、各部件安装工艺，并做好记录；然后按照总装的基本顺序和要求，重新组装起来。将结果填入表 5-3-1 中。

表 5-3-1　整机总装记录表（装配工艺卡片）

<table>
<tr><td colspan="2">产 品 名 称</td><td colspan="2"></td><td>零部件名称</td><td colspan="3">整 机 总 装</td></tr>
<tr><td colspan="2">产 品 型 号</td><td colspan="2"></td><td>零部件图号</td><td colspan="3"></td></tr>
<tr><td colspan="2">班　　组</td><td>负　责　人</td><td colspan="2"></td><td>日　　期</td><td colspan="2"></td></tr>
<tr><td>工序号</td><td>工序名称</td><td colspan="2">工 序 内 容</td><td>装配部门（人）</td><td>设备或工具</td><td>辅 助 材 料</td><td>工时定额</td></tr>
<tr><td></td><td></td><td colspan="2"></td><td></td><td></td><td></td><td></td></tr>
<tr><td></td><td></td><td colspan="2"></td><td></td><td></td><td></td><td></td></tr>
<tr><td></td><td></td><td colspan="2"></td><td></td><td></td><td></td><td></td></tr>
</table>

续表

<table>
<tr><td colspan="2">产品名称</td><td colspan="2"></td><td>零部件名称</td><td colspan="3">整机总装</td></tr>
<tr><td colspan="2">产品型号</td><td colspan="2"></td><td>零部件图号</td><td colspan="3"></td></tr>
<tr><td colspan="2">班组</td><td></td><td>负责人</td><td></td><td>日期</td><td colspan="2"></td></tr>
<tr><td>工序号</td><td>工序名称</td><td colspan="2">工序内容</td><td>装配部门（人）</td><td>设备或工具</td><td>辅助材料</td><td>工时定额</td></tr>
<tr><td></td><td></td><td colspan="2"></td><td></td><td></td><td></td><td></td></tr>
<tr><td></td><td></td><td colspan="2"></td><td></td><td></td><td></td><td></td></tr>
<tr><td></td><td></td><td colspan="2"></td><td></td><td></td><td></td><td></td></tr>
<tr><td></td><td></td><td colspan="2"></td><td></td><td></td><td></td><td></td></tr>
<tr><td></td><td></td><td colspan="2"></td><td></td><td></td><td></td><td></td></tr>
</table>

操作 2：按照整机总装中的接线工艺要求，进行布线、扎线和连接操作，将结果填入表 5-3-2 中。

表 5-3-2　接线工艺记录表

序号	项目	导线名称	辅助材料	工艺要求	使用工具	工作质量
	布线					
	扎线					
	连接					

相关知识

电子产品的总装是指将组成整机的零部件、接插件等，按照设计要求进行装配、连接，再经整机调试、检验，形成一个合格的、功能完整的电子产品的过程。

一、总装的基本顺序与要求

1. 总装的基本顺序

电子产品的总装有多道工序，这些工序的完成顺序是否合理，直接影响产品的装配质量、生产效率和操作者的劳动强度。

确定电子产品总装顺序应遵循的原则：先轻后重、先小后大、先铆后装、先装后焊、先里后外、先下后上、先低后高，易碎易损坏后装，上道工序不得影响下道工序。

电子产品的总装工艺过程：装配准备→零部件装联→整机调试与老化→质量检验→包装→入库或出厂。

其中，装配准备包括技术准备和生产准备。技术准备工作主要是指阅读、了解产品的图纸资料和工艺文件，熟悉部件、整机的设计图纸、技术条件及工艺要求等；生产准备是

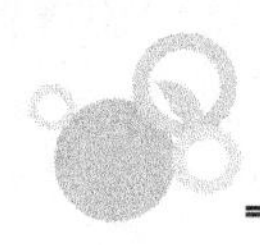

指根据工艺文件中的明细表，备好全部材料、零部件和各种辅助用料，以及工具、夹具和量具等。零部件装联是指电路板、机座、面板等部件的安装及连线。调试与老化是指对可调元器件进行调整、测试及老化试验。质量检验包括外观检查、装联的正确性检查和安全性检查等几个方面。

2. 整机总装的基本要求

电子产品的整机总装是把半成品装配成合格成品的过程。对整机装配的基本要求如下。

① 整机装配前，对组成整机的有关零部件或组件必须经过调试、检验，不合格的零部件或组件不允许投入生产线。检验合格的装配件必须保持清洁。

② 认真阅读工艺文件和设计文件，严格遵守工艺规程。装配完成后的整机应符合图纸和工艺文件的要求。

③ 严格遵循整机装配的顺序要求，注意前后工序的衔接。

④ 装配过程中，不得损伤元器件和零部件，避免碰伤机壳、元器件和零部件的表面涂覆层，不得破坏整机的绝缘性。保证安装件的方向、位置、极性的正确，保证产品的电性能稳定，并有足够的机械强度和稳定度。

⑤ 大批量生产的产品，其整机装配在流水线上按工位进行。每个工位除按工艺要求操作外，要求工位的操作人员熟悉安装要求和熟练掌握安装技术，保证产品的安装质量，严格执行自检、互检与专职调试检查的“三检”原则。装配中每一个阶段的工作完成后都应进行检查，分段把好质量关，从而提高产品的一次通过率。

二、整机总装中的接线工艺

1. 接线工艺要求

导线的作用是用于电路中的信号和电能传输，接线是否合理对整机性能影响较大。如果接线不符合工艺要求，轻则影响电路信号的传输质量，重则使整机无法正常工作，甚至会发生整机毁坏。整机装配时接线应满足以下要求。

① 接线要整齐、美观，在电气性能许可的条件下减小布线面积。例如对低频、低增益的同向接线尽量平行靠拢，分散的接线组成整齐的线扎。

② 接线的放置要可靠、稳固和安全。导线的连接、插头与插座的连接要牢固，连接线要避开锐利的棱角、毛边，避开高温元件，防止损坏导线绝缘层。传输信号的连接线要用屏蔽线导线，避开高频和漏磁场强度大的元器件，减少外界干扰。电源线和高电压线的连接一定要可靠、不可受力。

③ 接线的固定可以使用塑料的固定卡或搭扣，单根导线不多的线束可用胶黏剂进行固定。

2. 配线

配线是根据接线表要求准备导线的过程。 配线时需考虑导线的工作电流、线路的工作电压、信号电平和工作频率等因素。

3. 布线原则

整机内电路之间连接线的布置情况，与整机电性能的优劣有密切的关系，因此要注意连接线的走向。布线原则如下。

① 为减小导线间相互干扰，不同用途、不同电位的导线不要扎在一起，要相隔一定距离，或走线相互垂直交叉。例如，输入与输出信号线、低电平与高电平的信号线、交流

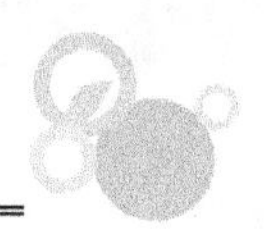

电源线与滤波后的直流反馈电线等。

② 连接线要尽量短，使分布电感和分布电容减至最小，尽量减小或避免产生导线间的相互干扰和寄生耦合。高频、高压的连接线更要注意此问题。

③ 从线把中引出分支接线到元器件的接点时，线把应避免在密集的元器件之间强行通过。线把在机内分布的位置应有利于分线均匀。

④ 与高频无直接连接关系的线把要远离高频回路，不要紧靠回路线圈，防止造成电路工作不稳定。

⑤ 电路的接地线要妥善处理。接地线应短而粗，地线按照就近接地原则，避免采用公共地线，防止通过公共地线产生寄生耦合干扰。

4. 布线方法

① 为保证导线连接牢固、美观，水平导线布设尽量紧贴底板，竖直方向的导线可沿框边四角布设。导线弯曲时保持其自然过渡状态。线把每隔 20～30cm 及在接线的始端、终端、转弯、分叉、抽头等部位要用线夹固定。

② 交流电源线、流过高频电流的导线，应远离印制电路底板，可把导线支撑在塑料支柱上架空布线，以减小元器件之间的耦合干扰。

③ 一般交流电源线采用绞合布线。

5. 扎线工艺

所谓扎线，就是用线扎搭扣将导线分组扎制成各种不同形状的线把，这样做可使机内走线整洁有序，少占空间，也有利于电路工作稳定，同时也便于检查维修。

线把扎制应严格按照工艺文件的要求进行。扎线应从线端开始，但线端要留有一定的长度，在线把分支处应扎线，如图 5-3-1 所示。线扣的距离如无特殊要求，可参照表 5-3-3 确定。

用线扎搭扣捆扎导线时，既可以用手工拉紧，也可用专用工具紧固，但不能拉得太紧，以免将其损坏。线把捆扎后应将搭扣的多余部分剪掉。

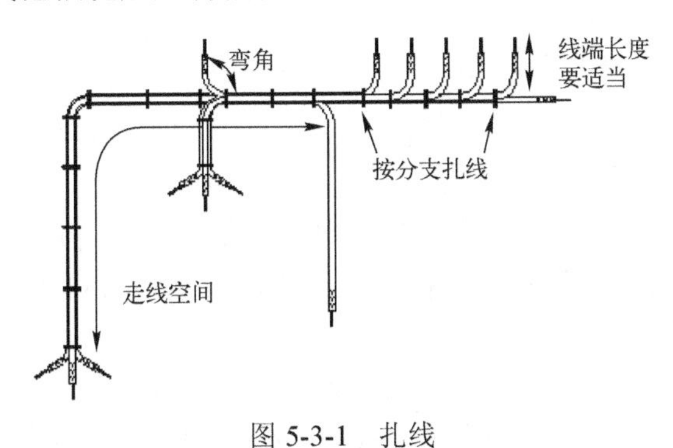

图 5-3-1　扎线

表 5-3-3　线把直径与线扣距离

线把直径	10mm 以下	10～30mm	30mm 以上
线扣距离	15～20mm	20～40mm	40～60mm

6. 导线的连接工艺

① 导线与接线端子的连接：导线与接线端子的连接方式分为绕焊、钩焊、搭焊三

种形式。

绕焊：把经过上锡的导线端头在接线端子上缠一圈，用钳子拉紧缠牢后进行焊接，如图 5-3-2（a）所示。绝缘层不要接触端子，导线以留 1～3mm 为宜。这种方式连接牢固。

钩焊：把经过上锡的导线端头弯成钩形，钩在接线端子上并用钳子夹紧后施焊，如图 5-3-2（b）所示，这种方法强度低于绕焊，但操作简便。

搭焊：把经过上锡的导线端头搭在接线端子上施焊，如图 5-3-2（c）所示，这种连接最方便，但强度可靠性最差，仅用于临时连接或不便于缠与钩的地方及某些接插件上。

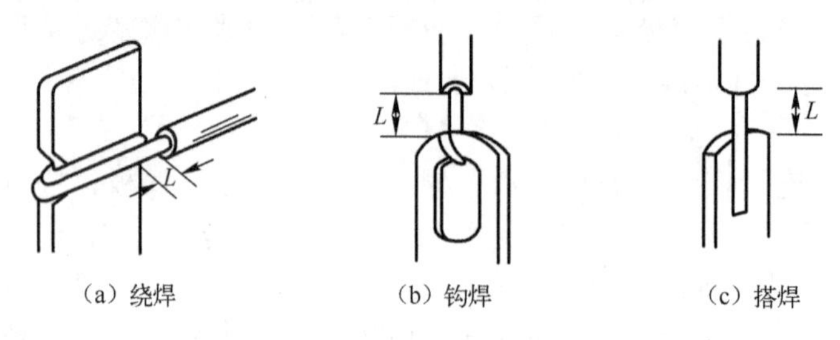

图 5-3-2　导线与接线端子的连接方式

② 导线与导线的连接：导线之间的连接以绕为主，如图 5-3-3 所示。

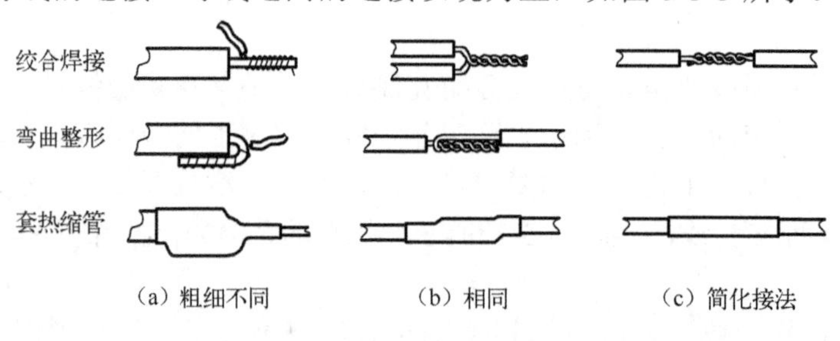

图 5-3-3　导线与导线的连接方式

三、整机总装中的机械安装工艺

整机装配的机械安装工艺在工艺设计文件、工艺规程上都有明确的规定，基本要求如下。

① 严格按照设计文件和工艺规程操作，保证实物与装配图一致。

② 交给该工序的所有材料和零部件均应经检验合格后方可进行安装，安装前应检查其外观、表面有无伤痕，涂敷有无损坏。

③ 安装时机械安装件的安装位置要对，方向要正，不歪斜。

④ 安装中的机械活动部分，如控制器、开关等，必须保证其动作平滑自如，不能有阻滞现象。

⑤ 当安装处是金属面时，应采用钢垫圈，以减小连接件表面的压强。仅用单一螺母固定的部件，应加装止动垫圈或内齿垫圈，防止松动。

⑥ 用紧固件安装接地焊片时，要去掉安装位置上的涂漆层和氧化层，保证接触良好。

⑦ 机械零部件在安装过程中不允许产生裂纹、凹陷、压伤和可能影响产品性能的其他损伤。

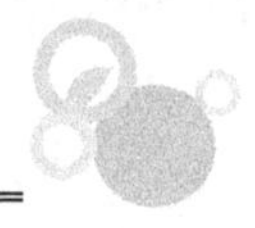

⑧ 工作于高频率、大功率状态的器件，用紧固件安装时，不许有尖端毛刺，以防尖端放电。

⑨ 安装时勿将异物掉入机内，安装过程中应随时注意清理紧固件、焊锡渣、导线头及元件、工具等异物。

⑩ 在整个安装过程中，应注意整机面板、机壳或后盖的外观保护，防止出现划伤、破裂等现象。

四、散热器的安装工艺

电流流过元器件时要产生热量，特别是一些大功率元器件，如大功率晶体管、功放集成电路等产生的热量很多，这将使整机温度上升。为确保整机的正常运行，必须对这些部件采取一定的散热措施。散热的方法有自然散热和强迫通风散热两种。自然散热是指利用发热件或整机与周围环境之间的热传导、对流及辐射进行散热。强迫通风散热是利用风机进行鼓风或抽风，以提高整机内空气流动的速度，达到散热的目的。例如，计算机中CPU上安装高速风扇，大功率晶体管加装散热片等。下面只简单介绍散热片的安装工艺。

1．常见的大功率元器件散热片

常见的大功率元器件散热片如图 5-3-4 所示，一般使用导热系数较高的铜、铝及合金按照一定的形状加工而成。现在铝型材散热器已标准化，使用时可参阅有关手册。

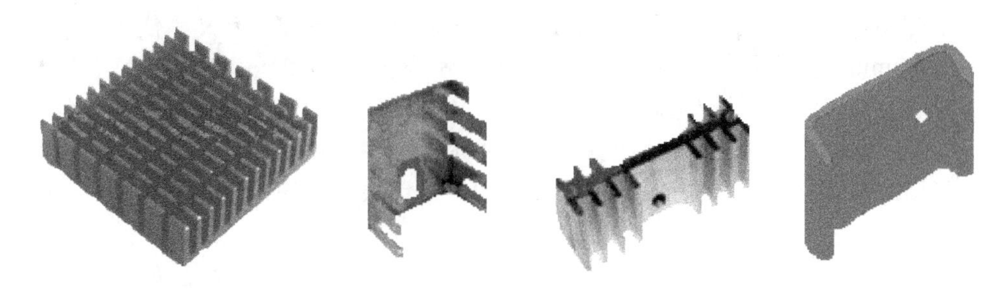

图 5-3-4　大功率元器件散热片

2．散热器的安装要求

① 元器件与散热片之间的紧固件要拧紧，且保证螺钉扭力一致，使元器件外壳紧贴散热片。

② 需在元器件与散热片之间垫绝缘片时，须采用低热阻材料，如硅脂、薄云母片或聚酯薄膜等。为提高散热效果，尽可能不用在管壳下垫绝缘片的方法，而采取在散热片与机架、印制电路板之间绝缘的方法。

③ 大批量组装元器件与散热片时，应使用装配模具。将螺母、散热片、元件、垫片和螺钉依次放入模具内，使用旋具将元器件紧固在散热片上，不能松动。

五、屏蔽罩的安装工艺

电子产品中有些器件需要加屏蔽罩，以减小电磁辐射。在用铆接与螺钉装配的方式安装屏蔽罩时，安装位置一定要清洁，漆层要刮净。如果其接触不良，产生缝隙分布电容，就起不到良好屏蔽的效果。

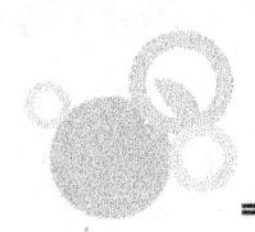

六、紧固件的装配工艺

在整机装配中，用来使零部件、元器件固定、定位的零件称为紧固件。常用的紧固件有螺钉、螺母、螺栓、螺柱、自攻螺钉、垫圈和铆钉等。

1. 螺钉的选用

十字槽螺钉外形美观、紧固强度高，有利于采用自动化装配。面板上尽量少用螺钉，必要时可采用半沉头或沉头螺钉，以保持平面整齐。当要求结构紧凑、连接强度高、外形平滑时，应尽量采用内六角螺钉或螺栓。如果安装部位是易碎零件（如瓷件、胶木件等）或是较软材料（如铝件、塑料件等）时，应使用大平垫圈。连接件中被拧入件是较软材料（如铝件、塑料件等）或金属薄板时，可采用自攻螺钉。

2. 拧紧方法

装配螺钉组时，应按顺序分步逐渐拧紧，以免发生结构件变形。拧紧长方形工件的螺钉组时，应从中央开始逐渐向两边对称扩展。拧紧方形工件和圆形工件的螺钉组时，应按交叉顺序进行。选择的螺钉旋具规格要合适，拧紧时旋具应保持垂直于安装孔表面。拧紧或拧松螺母或螺栓时，应尽量选用扳手或套筒，不要用尖嘴钳松紧螺母。拆卸已锈死的螺母、螺栓时，应先用煤油或汽油除锈，并用木锤等进行击打振动，然后进行拆卸。

3. 螺接工艺要求

紧固后的螺栓外露的螺纹长度一般不能小于 1.5 倍螺距。螺钉连接有效长度一般不能小于 3 倍螺距。沉头螺钉紧固后，其头部应与安装面保持平整，允许稍低于安装面，但不能超过 0.2mm。使用弹簧垫圈时，拧紧程度以弹簧垫圈切口压平为准。软、脆材料表面不能直接用弹簧垫圈，且拧紧时拧力要均匀，压力不能过大。弹簧垫圈应装在螺母与平垫圈之间。安装后，对于固定连接的零部件，不能有间隙和松动，活动连接的零部件，应能在规定方向和范围内活动。各零部件表面涂覆层（电镀或喷漆）不允许破坏。

七、电源的安装工艺

电源是整机的一个重要单元部件。一般的电源具有质量大、发热量较大等特点。为满足整机要求，电源装配时应注意以下几点。

① 体积较大、质量较大的元器件（如电源变压器、扼流圈等），应安装在整机的最下部，安装位置可在机壳骨架上。如果必须安装在印制电路板上，也应在印制电路板两端靠近支撑点处。这样有利于控制整机重心，保持整机平稳。

② 发热较大的元器件（如大功率变压器、整流管和调整管等）应安装在机壳通风孔附近，以便于对流换热。大功率整流管和调整管应使用散热器，并远离其他发热元件和热敏元件。

③ 某些整机的电源提供多种不同的电压，安装时对各电压生成通道应按要求严格调测，各电压的输出线要保持一定距离。特别要注意电源内带有高压的整机（如电视机），高压端子及高压导线与机壳或机架应充分绝缘，并远离其他导线和地线，以免发生短路。低压和高压电路接地通常称为冷地和热地，应注意用 RC 元件将冷地和热地隔离，防止电流互相串扰。

④ 电源变压器会产生 50Hz 泄漏磁场，对低频放大器有一定影响，会产生交流声。因此，电源部分应与低频放大器隔离或对电源变压器进行屏蔽。

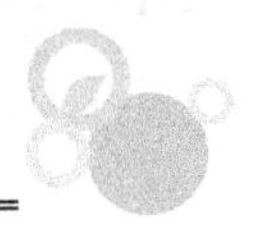

八、面板、机壳的装配工艺

面板用于安装电子产品的操纵和控制元器件、显示器件，又是重要的外观装饰部件。而机壳构成了产品的骨架主体，也决定了产品的外观造型，同时起着保护其他部件的作用。

1. 面板、机壳的装配要求

① 凡是面板、机壳接触的工作台面，均应放置塑料泡沫或橡胶垫，防止装配过程中划伤其表面。搬运面板、机壳时，要轻拿轻放，不能碰压。

② 为了保证面板、机壳表面的整洁，不能任意撕下其表面的保护膜，保护膜也可以防止装配过程中产生擦痕。

③ 面板、机壳间插入、嵌装处应完全吻合与密封。

④ 面板上各零部件（操纵和控制元器件、显示器件、接插部件等）应紧固无松动。

2. 面板、机壳的安装

① 面板、机壳内部预留有各种台阶及成型孔，用来安装印制电路板、扬声器、显像管、变压器等其他部件。装配时应符合先里后外、先小后大的程序。

② 面板、机壳上使用自攻螺钉时，螺钉尺寸要合适，防止面板、机壳被穿透或开裂。手动或机动旋具应与工件垂直，钮力矩大小适中。

③ 应按要求将商标、装饰件等贴在指定位置，并端正、牢固。

④ 机框、机壳合拢时，除卡扣嵌装外，用自动螺钉紧固时，应垂直，无偏斜、松动。

任务评价

表 5-3-4 整机总装评价表

项 目	考核内容	配 分	评价标准	评分记录
整机总装工艺	能按工艺要求对旧电器进行拆卸与组装	10	操作规范，质量高，损坏器件扣 5 分，一处不符合要求扣 1 分	
总装中的接线工艺	能按工艺要求进行布线、扎线及连接	10	操作规范，质量高，一处不符合要求扣 2 分	

任务 4 整机调试、老化试验与质量检查

操作 1：查阅有关资料，了解收音机的工作原理。然后，找一台超外差式收音机（或自己组装），参照整机调试工艺要求对其进行调试，将结果填入表 5-4-1 中。

表 5-4-1 整机调试记录表

收音机型号	调试项目	使用工具	标称技术参数	实际测量值	调试效果
	静态工作点				
	中频频率				
	频率范围（调覆盖）				
	跟踪统调				

操作 2：按照整机质量检查的基本要求，对新购电器进行开箱前、开箱后的全面检

查，包括外包装、内包装、附件、外观等，并加电试机，将结果填入表 5-4-2 中。

表 5-4-2 整机质量检查记录表

产品名称、型号	检查项目	检查内容	检查结果
	外包装	纸箱、封条、标签、工号印章	
	内包装	防水罩、防震泡沫、说明书、保修单、电源线、信号线及其他附件等，电器外观、标签等	
	加电试机	各种开关、旋钮、显示器件、遥控器及其设计功能、参数等	

相关知识

一、整机调试与老化试验

1. 整机调试的内容和程序

（1）调试工作的主要内容

调试一般包括调整和测试两部分工作。整机内有电感线圈磁芯、电位器、微调可变电容器等可调元件，也有与电气指标有关的机械传动部分、调谐系统部分等可调部件。调试的主要内容如下。

① 熟悉产品的调试目的和要求。

② 正确、合理地选择和使用测试所需要的仪器、仪表。

③ 严格按照调试工艺指导卡，对单元电路板或整机进行调试和测试。调试完毕，用封蜡、点漆的方法固定元器件的调整部位。

④ 运用电路和元器件的基础理论知识分析和排除调试中出现的故障，对调试数据进行正确处理和分析。

（2）整机调试的一般程序

电子整机因为各自的单元电路的种类和数量不同，所以在具体的测试程序上也不尽相同。调试的一般程序是：接线通电、调试电源、调试电路、全参数测量、温度环境试验、整机参数复调。

① 接线通电。按调试工艺规定的接线图正确接线，检查测试设备、测试仪器仪表和被调试设备的功能选择开关、量程挡位及有关附件是否处于正确的位置。经检查无误后，方可开始通电调试。

② 调试电源。调试电源分三个步骤进行，即电源的空载初调、等效负载下的细调和真实负载下的精调。

③ 电路的调试。电路的调试通常按各单元电路的顺序进行。

④ 全参数测试。经过单元电路的调试并锁定各可调元件后，应对产品进行全参数的测试。

⑤ 温度环境试验。温度环境试验用来考验电子整机在指定的环境下正常工作的能力，通常分低温试验和高温试验两类。

⑥ 整机参数复调。在整机调试的全过程中，设备的各项技术参数还会有一定程度的变化，通常在交付使用前应对整机参数再进行复核调整，以保证整机设备处于最佳技术状态。

2. 整机加电老化试验

（1）加电老化的目的

整机总装调试完毕后，通常要按一定的技术规定对整机实施较长时间的连续通电考验，即加电老化试验。加电老化的目的是通过老化发现并剔除早期失效的电子元器件，提高电子设备工作可靠性及使用寿命，同时稳定整机参数，保证调试质量。

（2）加电老化的技术要求

整机加电老化的技术要求有：温度、循环周期、积累时间、测试次数和测试间隔时间等几个方面。

① 温度。整机加电老化通常在常温下进行。有时需对整机中的单板、组合件进行部分的高温加电老化试验，一般分三级：40±2℃、55±2℃和70±2℃。

② 循环周期。每个循环连续加电时间一般为4h，断电时间通常为0.5h。

③ 积累时间。加电老化时间累计计算，积累时间通常为200h，也可根据电子整机设备的特殊需要适当缩短或延长。

④ 测试次数。加电老化期间，要进行全参数或部分参数的测试，老化期间的测试次数应根据产品技术设计要求来确定。

⑤ 测试间隔时间。测试间隔时间通常设定为8h、12h和24h几种，也可根据需要另定。

（3）加电老化试验大纲

整机加电老化前应拟制加电老化试验大纲作为试验依据，加电老化试验大纲必须明确以下主要内容：

① 老化试验的电路连接框图；

② 试验环境条件、工作循环周期和累积时间；

③ 试验需要的设备和测试仪器、仪表；

④ 测试次数、测试时间和检测项目；

⑤ 数据采集的方法和要求；

⑥ 加电老化应注意的事项。

（4）加电老化试验的一般程序

① 按试验电路连接框图接线并通电。

② 在常温条件下对整机进行全参数测试，掌握整机老化试验前的数据。

③ 在试验环境条件下开始加电老化试验。

④ 按循环周期进行老化和测试。

⑤ 加电老化试验结束前再进行一次全参数测试，作为加电老化试验的最终数据。

⑥ 停电后，打开设备外壳，检查机内是否正常。

⑦ 按技术要求重新调整和测试。

二、整机质量检查

产品的质量检查，是保证产品质量的重要手段。电子整机总装完成后，按配套的工艺和技术文件的要求进行质量检查。检查工作应始终坚持自检、互检、专职检验的“三检”原则，即先自检，再互检，最后由专职检验人员检验。整机质量的检查包括外观检查、装联的正确性检查和安全性检查等几个方面。

1. 外观检查

① 装配好的整机，应该有可靠的总体结构和牢固的机箱外壳。

② 整机表面无损伤，涂层无划痕、脱落，金属结构无开裂、脱焊现象，导线无损伤、元器件安装牢固且符合产品设计文件的规定。

③ 整机的活动部分活动自如。

④ 机内无多余物。

2. 装联的正确性检查

装联的正确性检查主要是指对整机电气性能方面的检查。检查的内容是：各装配件（印制电路板、电气连接线）是否安装正确，是否符合电原理图和接线图的要求；导电性能是否良好等。

3. 安全性检查

电子产品的安全性检查有两个主要方面，即绝缘电阻的检查和绝缘强度的检查。

（1）绝缘电阻的检查

整机的绝缘电阻是指电路的导电部分与整机外壳之间的电阻值。在相对湿度不大于80%、温度为250±50℃的条件下，绝缘电阻应不小于10MΩ；在相对湿度为25%±5%、温度为 250±50℃的条件下，绝缘电阻应不小于 2MΩ。一般使用兆欧表测量整机的绝缘电阻。

（2）绝缘强度的检查

整机的绝缘强度是指电路的导电部分与外壳之间所能承受的外加电压的大小。 一般要求电子设备的耐压应大于电子设备最高工作电压的两倍以上。

任务评价

表 5-4-3　整机调试、老化试验与质量检查评价表

项　目	考 核 内 容	配　分	评 价 标 准	评分记录
整机调试	能按工艺要求对收音机进行调试	10	操作规范，调试效果好，损坏器件扣5分，一项不符合要求扣1分	
加电老化试验	能说出加电老化试验的技术要求、一般程序	10	不了解则扣 5 分，不全面或错误酌情扣分	
质量检查	能按工艺要求对电器进行外观检查、加电试机，知道其他检查的内容和方法	10	外观检查中漏检一项扣 1 分，不能按使用说明书进行操作、试机扣 5 分	

【项目小结】

1. 电子产品的装配一般分为三级：元件级组装、插件级组装和系统级组装。

2. 手工装配印制电路板一般按如下工序进行：装配准备→贴片→贴片焊→插件→调整、固定位置→焊接→剪切引脚→检验。其中，安装、焊接元器件应遵循先贴片元件，再电阻器、电容器、二极管，然后安装集成电路、变压器的顺序。

3. 元器件引脚和导线的加工成型、搪锡、安装、焊接，以及总装中的布线、扎线、连接等都应按工艺要求进行。

4. 确定电子产品总装工序应遵循的原则：先轻后重、先小后大、先铆后装、先装后

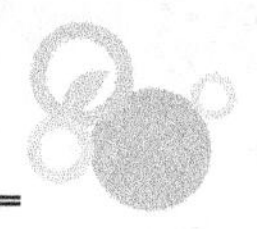

焊、先里后外、先下后上、先低后高，易碎易损坏的后装，上道工序不得影响下道工序。

5．电子产品的总装工艺过程：装配准备→零部件装联→整机调试与老化→质量检验→包装→入库或出厂。

6．调试一般包括调整和测试两部分工作。调试的一般程序是：接线通电、调试电源、调试电路、全参数测量、温度环境试验、整机参数复调。

7．整机质量检查包括外观检查、装联的正确性检查和安全性检查等几个方面。应坚持“三检”原则。

项目六

组装直流可调开关稳压电源

【项目分析】

当今社会人们极大地享受着电子设备带来的便利，而任何电子设备都有一个共同的电路——电源电路，所有的电子设备都必须在电源电路的支持下才能正常工作。可以说电源电路是一切电子设备的基础，没有电源电路就不会有如此种类繁多的电子设备。当然，这些电子设备中的电源电路的样式、复杂程度也千差万别。

由于电子技术的特性，电子设备对电源电路的要求就是能够提供持续稳定、满足负载要求的电能，而且通常情况下都要求提供稳定的直流电能。提供这种稳定的直流电能的电源就是直流稳压电源。直流稳压电源在电源技术中占有十分重要的地位。另外，很多电子爱好者在初学阶段首先遇到的就是要解决电源问题，掌握直流稳压电源的结构和工作原理，并拥有一个可调节输出电压的直流稳压电源，对今后的学习、生活和工作是非常有用的。

本项目要求利用现成的套件，自己动手组装一个直流可调开关稳压电源，该电源输出电压在 3～12V 之间可调，最大输出电流为 200mA。

【项目要求】

1．能读懂直流可调开关稳压电源的原理图、装配图和工艺文件。
2．能按照电子装配一般程序和工艺要求，正确分拣、测试、安装、焊接元器件和总装。
3．能熟练使用万用表对电路进行检查、测试。
4．掌握用示波器观测电信号波形、电压幅度和周期的方法。

【项目计划】

时间：8 课时。
地点：电子工艺实训室或装配车间。
方法：学生操作，教师指导、点评。

【项目实施】

任务 1　识读工艺文件

一、电路组成

本项目组装的直流可调开关稳压电源的电路如图 6-1-1 所示，主要由开关电源和稳压

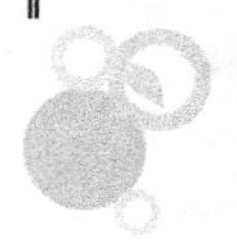

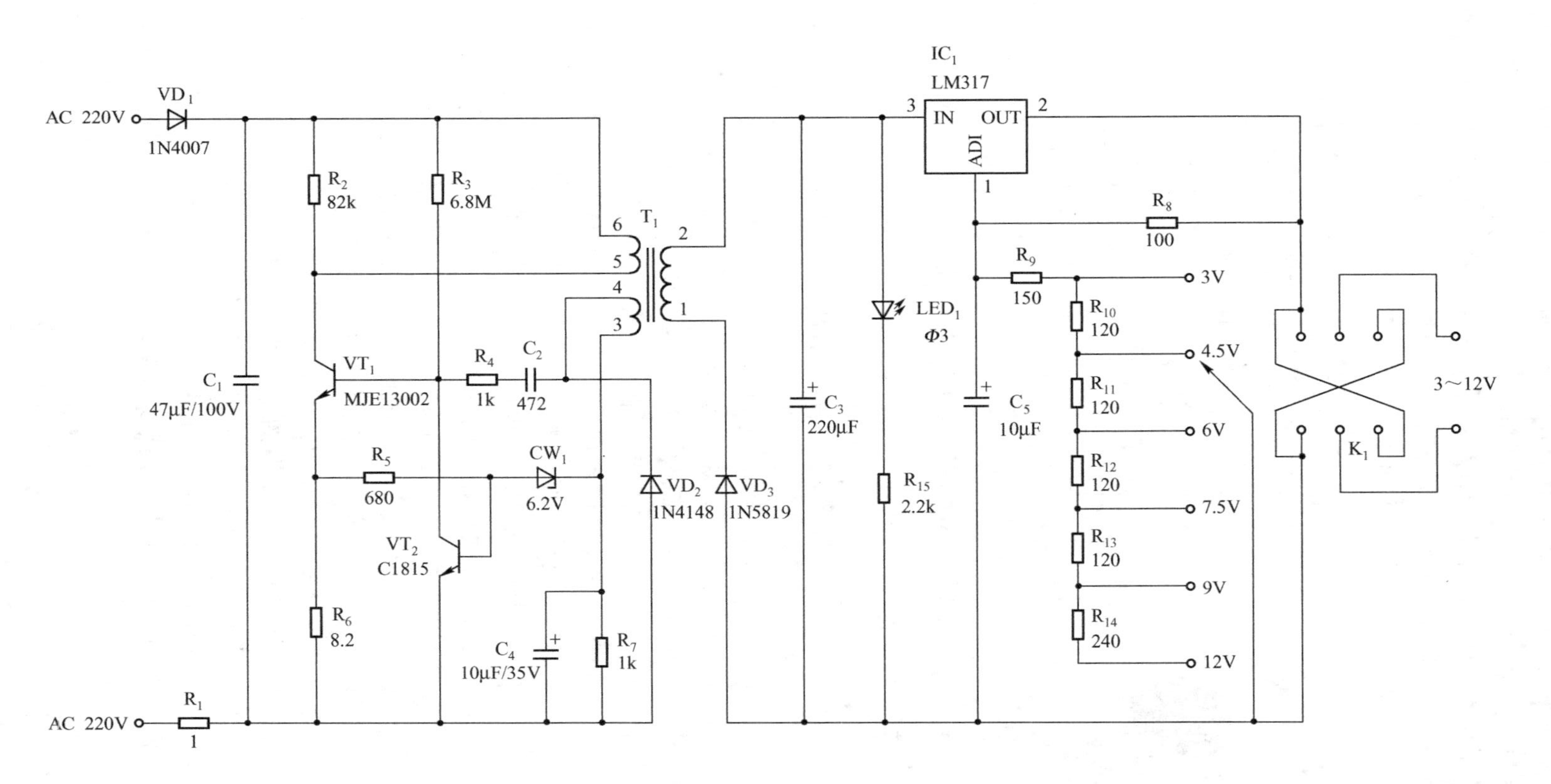

图 6-1-1　直流可调开关稳压电源的电路图

电路两部分组成，稳压电路采用了三端可调稳压集成电路 LM317 为主芯片，使得该稳压电源的电路非常简单。

在介绍电路的工作原理前，先介绍一下集成可调稳压电路 LM317 的工作原理。这块芯片的外形如图 6-1-2（a）所示，1 脚为控制端（Adjust），2 脚为输出端 V_{out}，3 脚为输入端 V_{in}；其典型应用电路如图 6-1-2（b）所示。

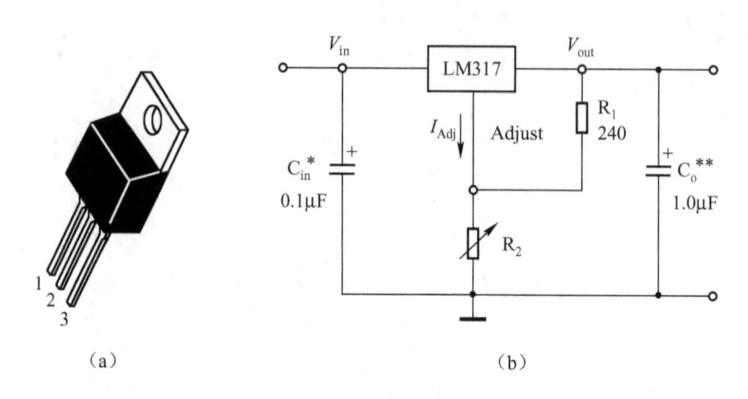

图 6-1-2　LM317 外形及典型应用电路

其输出电压与电阻的关系为：

$$V_{out} = 1.25V\left(1+\frac{R_2}{R_1}\right)+I_{Adj}R_2$$

从以上公式不难看出，当改变 R_2 的阻值时，就可以得到不同的输出电压值。

直流可调开关稳压电源的工作原理：由 VT_1、VT_2、开关变压器 T_1 等组成自激式开关电源。市电经 VD_1 半波整流、C_1 滤波后给开关电源供电。电源经 R_3 向 VT_1 基极提供电流，使其集电极电流增加，增加的电流在 T_1 的 3、4 脚间产生感应电压，经 C_2、R_4 正反馈到 VT_1 的基极，使其快速导通；当 VT_1 进入饱和状态后，集电极电流不再增加，这时经 VT_1 基极的正反馈电路作用，又很快促使 VT_1 截止，如此反复，形成自激振荡。而在 T_1 的次级则感应出与自激振荡频率一样高的感应电压，经 VD_3 整流、C_3 滤波后向稳压电路供电。开关电路中的 VT_2 与相关元件主要起稳压和保护的作用。当 C_4 两端电压升高到 CW_1 的稳压值以上时，其电流剧增，使 VT_2 进入饱和导通状态，VT_1 的基极电压被拉低，强制使 VT_1 截止，从而限制输出压。而当负载短路时，VT_1 的集电极电流过大，此时取样电阻 R_6 上的压降增大，经 R_5 反馈后使 VT_2 导通，促使 VT_1 强制关断，从而切断电压输出，起到保护作用。开关电源输出的电压加在三端稳压集成电路的输入端，调节控制端的电阻器，就能改变 LM317 控制端的对地电压值，从而在输出端得到不同的电压输出。LED 作为电源指示灯用，通过调节 LM317 控制端的电压值，可使输出端输出不同的电压值，从而实现可调稳压输出。在输出端该稳压电源还接有极性转换输出开关，通过选择，可使输出端得到相反的电压极性。

二、装配图

直流可调开关稳压电源印制电路板如图 6-1-3 所示。

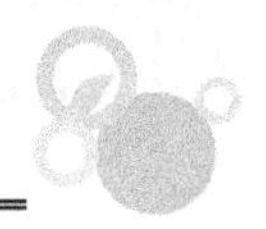

(a) 元件面

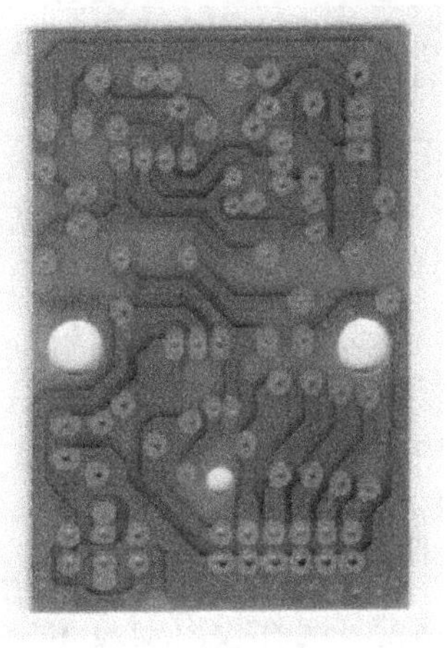

(b) 焊接面

图 6-1-3　直流可调开关稳压电源印制电路板

三、元件清单

直流可调开关稳压电源元件清单如表 6-1-1 所示。

表 6-1-1　直流可调开关稳压电源元件清单

序号	标　号	名　称	型号规格	数量	序号	标　号	名　称	型号规格	数量
1	R_1	电阻器	1Ω	1	17	VD_2	二极管	1N4148	1
2	R_2	电阻器	82kΩ	1	18	VD_3	二极管	1N5819	1
3	R_3	电阻器	6.8MΩ	1	19	CW_1	稳压二极管	15V	1
4	R_4、R_7	电阻器	1kΩ	2	20	LED_1	发光二极管	红 Φ3	1
5	R_5	电阻器	680Ω	1	21	VT_1	三极管	MJE13003	1
6	R_6	电阻器	8.2Ω	1	22	VT_2	三极管	C1815	1
7	R_8	电阻器	100Ω	1	23	T_1	高频变压器	—	1
8	R_9	电阻器	150Ω	1	24	IC_1	三端可调	LM317	1
9	R_{10}～R_{13}	电阻器	120Ω	4	25	K_1	波段开关	—	1
10	R_{14}	电阻器	240Ω	1	26	—	十字线	—	1
11	R_{15}	电阻器	2.2kΩ	1	27	—	外壳	—	1
12	C_1	电解电容器	4.7μF/400V	1	28	—	导线	0.1×6	2
13	C_2	瓷片电容器	472F	1	29	—	自攻螺钉	2.6×5	1
14	C_3	电解电容器	220μF/25V	1	30	—	自攻螺钉	3×14	2
15	C_4、C_5	电解电容器	10μF/35V	2	31	—	线路板	WFS-404	1
16	VD_1	二极管	1N4007	1	32	—	说明书	WFS404	1

四、工艺要求

① 电子元件安装时严格按电路板上的标识安装；对于极性元件，一定要注意方向；对于色环电阻器，若无法正确读取其阻值，可借助万用表进行测量，然后对照原理图正确安装。

② 安装三端稳压集成电路时，引脚应插到底后焊接，同时其具体的定位位置须与外

壳配合起来，让其高出部分伸入盒子最深处，否则容易顶到盒子。

③ 安装发光二极管时，其引脚长度应与盒子高度配合起来确定，正确的高度应为盒子盖上后，发光管正好伸出盒子上的孔位。

④ 安装 C_3 滤波电容器时，外壳不要与 IC_1 散热片相碰，否则长时间受热，容易损坏 C_3。

⑤ 安装 VT_1 时要注意方向，在无法确定时，可借助万用表进行测量，找出基极，然后对照原理图及线路板上的标识正确安装。

⑥ 十字插头线焊于印制电路板的焊接面，其焊接位置为极性转换开关两只中间的脚位。电源输出极性应与面板上所标极性一致，若焊好后测得输出电压极性与所标不一致，只要把两根线位置互换即可。

⑦ 电路通电测试时，可将开关电源和稳压电路两部分分开测试，先测开关电源电路。在测这部分电路前，可在没有安装 IC_1 前进行。操作时手不要直接去碰这部分电路元件中的任何金属部位，否则容易触电，有条件的最好配上隔离变压器后再进行测试。接通电源后，可看到发光管点亮，万用表测量 C_3 两端电压，正常应在 15V 左右。

⑧ 上一步正常后，再装上 IC_1，测十字输出线上的电压，拨动波段开关，依次输出不同的电压值。同时拨动极性转换开关，看是否正常，若不正常，应仔细查看焊接面是否有虚焊等现象，同时看波段开关是否有接触不良现象。

⑨ 外壳中的钻石塑料片与外壳不是同一体的，装入后用电烙铁熔化塑料胶粒，将钻石塑料片与外壳胶于一体，以备安装。

⑩ 以上几步完成后，便可以将印制电路板装于外壳中。在焊接电源线时，先对金属插片进行去氧化层的清洁处理，然后上锡。注意，上锡时间不能太长，否则容易使塑料外壳熔化。上好锡后将印制电路板上的进线引线焊于金属插片上，调整好十字输出线及指示灯和拨动开关的位置后，拧紧螺钉，贴上标识，制作便完成。

任务 2　安装与调试

一、元器件安装及总装

装配工艺卡片见表 6-2-1，以此作为作业指导书，进行元器件的检测、加工、插装、焊接、整机调试等工作。

表 6-2-1　装配工艺卡片

<table>
<tr><td colspan="2">产品名称</td><td colspan="2">直流可调开管稳压电源</td><td colspan="2">零部件名称</td><td colspan="3"></td></tr>
<tr><td colspan="2">产品型号</td><td colspan="2"></td><td colspan="2">零部件图号</td><td colspan="3"></td></tr>
<tr><td colspan="2">班　组</td><td></td><td>负责人</td><td colspan="2"></td><td>日　期</td><td colspan="2"></td></tr>
<tr><td>工序号</td><td>工序名称</td><td colspan="3">工序内容</td><td>装配部门（人）</td><td>设　备</td><td>辅助材料</td><td>工时定额</td></tr>
<tr><td>1</td><td>备料</td><td colspan="3">凭领料单向元件库领取本工艺所需的元器件。根据材料清单，检查各元器件外观质量、型号、规格，应符合要求</td><td></td><td></td><td></td><td></td></tr>
<tr><td>2</td><td>元器件检测</td><td colspan="3">根据材料清单，将所有要焊接的元器件检测一遍，并将检测结果填入表 6-2-2 中</td><td></td><td>万用表</td><td></td><td></td></tr>
<tr><td>3</td><td>引脚加工</td><td colspan="3">视元器件引脚的可焊性，先对引脚进行表面清洁和搪锡处理，并校直。然后，根据焊盘插孔和安装的要求弯折成所需要的形状</td><td></td><td>尖嘴钳</td><td>砂纸、焊锡、松香</td><td></td></tr>
</table>

续表

产品名称		直流可调开管稳压电源	零部件名称			
产品型号			零部件图号			
班　组		负　责　人		日　期		
工序号	工序名称	工序内容	装配部门（人）	设　备	辅助材料	工时定额
4	装配	按印制电路板装焊工艺，先电阻器、电容器、二极管、三极管，再集成块、变压器等次序，进行插装、焊接。插件型号、位置应准确。注意：先不要安装 IC_1，待测试后再安装		电烙铁	焊锡、松香	
		安装发光二极管时，其引脚长度应与盒子高度配合起来确定，正确的高度应为盒子盖上后，发光管正好伸出盒子上的孔位				
		安装滤波电容器 C_3 时，外壳不要与 IC_1 散热片相碰				
		安装 VT_1 时要注意三个极的对应位置				
5	切脚	用偏口钳切脚，切脚应整齐、干净		偏口钳		
6	接线	电源进线引线按通孔插装方式焊接。十字插头线焊于印制电路板的焊接面，其焊接位置为极性转换开关中间的两个脚位，电源输出极性应与面板上所标极性一致		电烙铁	焊锡、松香	
7	调试	接通电源，可看到发光管点亮，用万用表测量 C_3 两端电压，正常应在15V左右		万用表		
		开关电源正常后，装上 IC_1。安装 IC_1 时，引脚应插到底后焊接，以免顶到盒盖。组装好的印制电路板如图6-2-1所示。测十字输出线上的电压，拨动波段开关，依次输出不同的电压值。同时拨动极性转换开关，看是否正常，若不正常，应仔细查看焊接面是否有虚焊等现象，同时看波段开关是否有接触不良现象		万用表 电烙铁	焊锡、松香	
8	总装	用电烙铁对钻石塑料片加热，使其粘在外壳上成为一体，以备安装		电烙铁	焊锡、松香	
		将印制电路板装于外壳中。在焊接电源进线引线时，先对金属插片进行清洁、上锡，注意，上锡时间不能太长，以防塑料外壳熔化。然后将印制电路板上的进线引线焊于金属插片上。调整好十字输出线及指示灯和拨动开关的位置后，拧紧螺钉，贴上标识。安装好的成品如图6-2-2所示				

表6-2-2　元器件检测记录表

序　号	标　号	名　称	检测结果	序　号	标　号	名　称	检测结果
1	R_1	电阻器		18	C_3	电解电容器	
2	R_2	电阻器		19	C_4	电解电容器	
3	R_3	电阻器		20	C_5	电解电容器	
4	R_4	电阻器		21	VD_1	二极管	
5	R_5	电阻器		22	VD_2	二极管	
6	R_6	电阻器		23	VD_3	二极管	
7	R_7	电阻器		24	CW_1	稳压二极管	
8	R_8	电阻器		25	LED_1	发光二极管	
9	R_9	电阻器		26	VT_1	三极管	

续表

序　　号	标　　号	名　　称	检测结果	序　　号	标　　号	名　　称	检测结果
10	R_{10}	电阻器		27	VT_2	三极管	
11	R_{11}	电阻器		28	IC_1	三端稳压集成块	
12	R_{12}	电阻器		29	T_1	高频变压器	
13	R_{13}	电阻器		30	K_1	波段开关	
14	R_{14}	电阻器		31		十字线	
15	R_{15}	电阻器		32		导线	
16	C_1	电解电容器					
17	C_2	瓷片电容器					

图 6-2-1　组装好的印制电路板

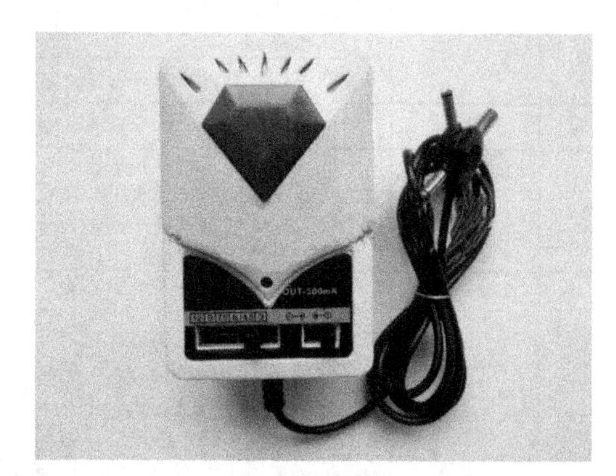

图 6-2-2　直流可调开关稳压电源

二、用示波器测量电压波形、幅度和周期

用双踪示波器观测 VD_1 输入端和输出端、IC_1 输入端和输出端的电压波形，测量上述各端点的电压幅度和周期，将结果填入表 6-2-3 中。

表 6-2-3　测量电压波形、幅度和频率记录表

观　测　点	波　　形	X量程范围	周期	Y量程范围	幅度

续表

观测点	波形	X量程范围	周期	Y量程范围	幅度

相关知识

示波器是一种用来观察信号波形并可测量信号幅度、周期或频率等参数的电子仪器。

示波器种类、型号很多，功能也不尽相同。在一般的电子实验和设备检测中使用较多的是 20MHz 或 40MHz 的双踪示波器，这些示波器用法大同小异。下面以 V-252 型号示波器（如图 6-2-3 所示）为例，介绍其常用功能和使用方法。

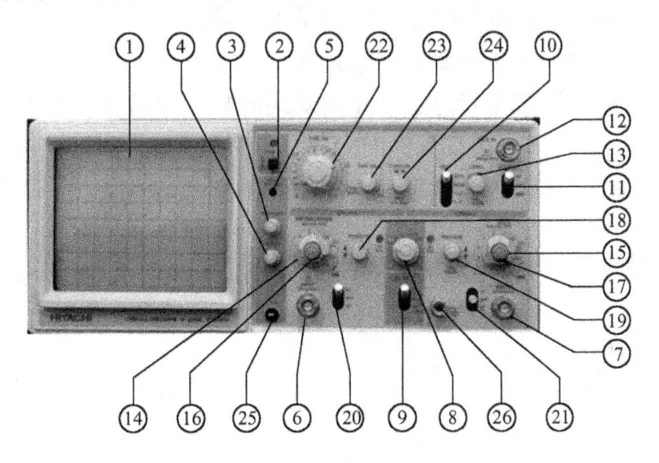

图 6-2-3　V-252 型双踪示波器

一、面板装置及功能

面板装置按其位置和功能通常可划分为三大部分：显示部分、垂直（*Y* 轴）偏转系统、水平（*X* 轴）偏转系统。下面以图 6-2-3 中的示波器为例，对各部分的功能进行详细介绍，其中，①～⑬属于显示部分，⑭～㉑属于垂直偏转系统，㉒～㉖属于水平偏转系统。

① 荧光屏。荧光屏是示波管的显示部分。屏上水平方向和垂直方向各有多条刻度线，指示出信号波形的电压和时间之间的关系。水平方向指示时间，垂直方向指示电压。水平方向分为 10 格，垂直方向分为 8 格，每格又分为 5 份。垂直方向标有 0%、10%、90%、100%等标志，水平方向标有 10%、90%标志，供测直流电平、交流信号幅度、延

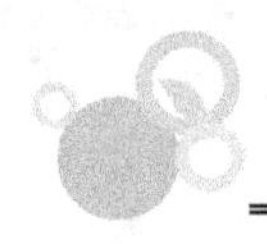

迟时间等参数使用。根据被测信号在屏幕上占的格数乘以适当的比例常数（V/DIV，TIME/DIV）能得出电压值与时间值。

② 电源（POWER）。示波器主电源开关位于荧光屏的右上角。当此开关按下时，电源指示灯亮，表示电源接通。

③ 辉度（INTENSITY）。旋转此旋钮能改变光点和扫描线的亮度。顺时针旋转，亮度增大。观察低频信号时可小些、高频信号时大些。以适合自己的亮度为准，一般不应太亮，以保护荧光屏。

④ 聚焦（FOCUS）。聚焦旋钮调节电子束截面的大小，将扫描线聚焦成最清晰的状态。

⑤ 辉线旋转旋钮（TRACE ROTATION）。受地磁场的影响，水平辉线可能会与水平刻度线形成夹角，用此旋钮可使辉线旋转，进行校准。

⑥ 通道 1（CH1）的垂直放大器信号输入插座（CH1 INPUT）。通道 1 垂直放大器信号输入 BNC 插座。当示波器工作于 *X-Y* 模式时作为 *X* 信号的输入端。

⑦ 通道 2（CH2）的垂直放大器信号输入插座（CH2 INPUT）。通道 2 垂直放大器信号输入 BNC 插座。当示波器工作于 *X-Y* 模式时作为 *Y* 信号的输入端。

⑧ 垂直轴工作方式选择开关（MODE）。输入通道有五种选择方式：通道 1（CH1）、通道 2（CH2）、双通道交替显示方式（ALT）、双通道切换显示方式（CHOP）、叠加显示方式（ADD）。

a．CH1：选择通道 1，示波器仅显示通道 1 的信号。

b．CH2：选择通道 2，示波器仅显示通道 2 的信号。

c．ALT：选择双通道交替显示方式，示波器同时显示通道 1 信号和通道 2 信号。两路信号交替地显示。用较高的扫描速度观测 CH1 和 CH2 两路信号时，使用这种显示方式。

d．CHOP：选择双通道交替显示方式，示波器同时显示通道 1 信号和通道 2 信号。两路信号以约 250Hz 的频率对两路信号进行切换，同时显示于屏幕。

e．ADD：选择两通道叠加方式，示波器显示两通道波形叠加后的波形。

⑨ 内部触发信号源选择开关（INT TRIG）。当 SOURCE 开关置于 INT 时，用此开关具体选择触发信号源。

a．CH1：以 CH1 的输入信号作为触发信号源。

b．CH2：以 CH2 的输入信号作为触发信号源。

c．VERT MODE：交替地分别以 CH1 和 CH2 两路信号作为触发信号源。观测两个通道的波形时，进行交替扫描的同时，触发信号源也交替地切换到相应的通道上。

⑩ 扫描方式选择开关（MODE）。扫描有自动（AUTO）、常态（NORM）、视频-行（TV-H）和视频-场（TV-V）四种方式。

a．自动（AUTO）：自动方式中，任何情况下都有扫描线。有触发信号时，正常进行同步扫描，波形静止。当无触发信号输入，或者触发信号频率低于 50Hz 时，扫描为自激方式。

b．常态（NORM）：仅在有触发信号时进行扫描。当无触发信号输入时，扫描处于准备状态，没有扫描线。触发信号到来后，触发扫描。观测超低频信号（25Hz）调整触发电平时，使用这种触发方式。

c．视频-行（TV-H）：用于观测视频-行信号。

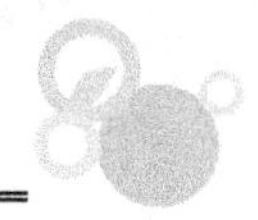

d．视频-场（TV-V）：用于观测视频-场信号。

注：视频-行（TV-H）和视频-场（TV-V）两种触发方式仅在视频信号的同步极性为负时才起作用。

⑪ 触发信号源选择开关（SOURCE）。要使屏幕上显示稳定的波形，需将被测信号本身或与被测信号有一定时间关系的触发信号加到触发电路。触发源选择确定触发信号由何处供给。通常有三种触发源：内触发（INT）、电源触发（LINE）、外触发（EXT）。

a．内触发（INT）：内触发使用被测信号作为触发信号，是经常使用的一种触发方式。由于触发信号本身是被测信号的一部分，在屏幕上可以显示出非常稳定的波形。以通道 1（CH1）或通道 2（CH2）的输入信号作为触发信号源。

b．电源触发（LINE）：电源触发使用交流电源频率信号作为触发信号。这种方法在测量与交流电源频率有关的信号时是有效的。特别是在测量音频电路、闸流管的低电平交流噪声时更为有效。

c．外触发（EXT）：TRIG INPUT 的输入信号作为触发信号源。外加信号从外触发输入端输入。外触发信号与被测信号间应具有周期性的关系。由于被测信号没有用做触发信号，所以何时开始扫描与被测信号无关。

⑫ 外触发信号输入端子（TRIG INPUT）。

⑬ 触发电平和触发极性选择开关（LEVEL）。触发电平调节又叫同步调节，它使得扫描与被测信号同步。电平调节旋钮调节触发信号的触发电平。一旦触发信号超过由旋钮设定的触发电平，扫描即被触发。顺时针旋转旋钮，触发电平上升；逆时针旋转旋钮，触发电平下降。当电平旋钮调到电平锁定位置时，触发电平自动保持在触发信号的幅度之内，不需要电平调节就能产生一个稳定的触发。当信号波形复杂，用电平旋钮不能稳定触发时，用释抑（Hold Off）旋钮调节波形的释抑时间（扫描暂停时间），能使扫描与波形稳定同步。

极性开关用来选择触发信号的极性。拨在“+”位置上时，在信号增加的方向上，当触发信号超过触发电平时就产生触发。拨在“-”位置上时，在信号减少的方向上，当触发信号超过触发电平时就产生触发。触发极性和触发电平共同决定触发信号的触发点。

⑭ 通道 1（CH1）的垂直轴电压灵敏度开关（VOLTS/DIV）。

⑮ 通道 2（CH2）的垂直轴电压灵敏度开关（VOLTS/DIV）。

双踪示波器中每个通道各有一个垂直偏转因数选择波段开关。

在单位输入信号作用下，光点在屏幕上偏移的距离称为偏移灵敏度，这一定义对 X 轴和 Y 轴都适用。灵敏度的倒数称为偏转因数。

垂直灵敏度的单位是 cm/V、cm/mV 或 DIV/mV、DIV/V，垂直偏转因数的单位是 V/cm、mV/cm 或 V/DIV、mV/DIV。实际上因习惯用法和测量电压读数的方便，有时也把偏转因数当灵敏度。一般按 1，2，5 方式从 5mV/DIV 到 5V/DIV 分为 10 挡。波段开关指示的值代表荧光屏上垂直方向一格（1cm）的电压值。例如，波段开关置于 1V/DIV 挡时，如果屏幕上信号光点移动一格，则代表输入信号电压变化 1V。使用 10∶1 探头时，请将测量结果进行×10 的换算。

⑯ 通道 1（CH1）的可变衰减旋钮/增益×5 开关（VAR,PULL×5GAIN）。

⑰ 通道 2（CH2）的可变衰减旋钮/增益×5 开关（VAR,PULL×5GAIN）。每一个电压

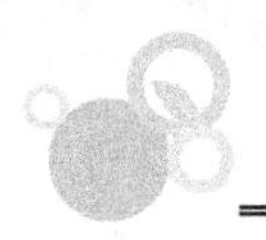

灵敏度开关上方还有一个小旋钮，微调每挡垂直偏转因数。将它沿顺时针方向旋到底，处于“校准”位置，此时垂直偏转因数值与波段开关所指示的值一致。逆时针旋转此旋钮，能够微调垂直偏转因数。垂直偏转因数微调后，会造成与波段开关的指示值不一致，这点应引起注意。许多示波器具有垂直扩展功能，当微调旋钮被拉出时，垂直灵敏度扩大 5 倍（偏转因数缩小为原来的 1/5）。例如，如果波段开关指示的偏转因数是 1V/DIV，采用×5扩展状态时，垂直偏转因数是 0.2V/DIV。

⑱ 通道 1（CH1）的垂直位置调整旋钮/直流偏移开关（POSITION）。旋转垂直位置调整旋钮上下移动信号波形。顺时针旋转辉线上升，逆时针旋转辉线下降。观测大振幅的信号时，拉出此旋钮可对被放大的波形进行观测。通常情况下，应将此旋钮按入。

⑲ 通道 2（CH2）的垂直位置调整旋钮/反相开关（POSITION）。旋转垂直位置调整旋钮上下移动信号波形。顺时针旋转辉线上升，逆时针旋转辉线下降。拉出此旋钮时，CH2 的信号将被反相。便于比较两个极性相反的信号和利用 ADD 叠加功能观测 CH1 与 CH2 的差信号。通常情况下，应将此旋钮按入。

⑳ 通道 1（CH1）垂直放大器输入耦合方式切换开关（AC-GND-DC）。

a．AC：经电容器耦合，输入信号的直流分量被抑制，只显示其交流分量。

b．GND：垂直放大器的输入端被接地，用于确定输入端为零时轨迹所在位置。

c．DC：直接耦合，输入信号的直流分量和交流分量同时显示。当需要观察信号的直流成分或信号频率较低时应选此方式，在数字电路中一般用“DC”挡位观察信号的绝对电压值。

㉑ 通道 2（CH2）垂直放大器输入耦合方式切换开关（AC-GND-DC）（功能与“20”相同）。

㉒ 扫描速度切换开关（TIME/DIV）。扫描速度切换开关通过一个波段开关实现，按 1、2、5 方式把时基分为若干挡。波段开关的指示值代表光点在水平方向移动一个格（1cm）的时间值。例如在 1μs/DIV 挡，光点在屏上移动一格代表时间值 1μs。

㉓ 扫描速度可变旋钮（SWP VAR）。扫描速度可变旋钮为扫描速度微调旋钮，微调旋钮用于时基校准和微调。沿顺时针方向旋到底处于校准位置时，屏幕上显示的时基值与波段开关所示的标称值一致。逆时针旋转旋钮，则对时基微调。旋钮拔出后处于扫描扩展状态。通常为×10 扩展，即水平灵敏度扩大 10 倍，时基缩小到 1/10。例如，在 2μs/DIV 挡，扫描扩展状态下荧光屏上水平一格（1cm）代表的时间值等于 2μs×(1/10)=0.2μs。

㉔ 水平位置旋钮/扫描扩展开关（POSITION）。水平位移旋钮调节信号波形在荧光屏上的水平位置。旋转该旋钮左右移动信号波形。

㉕ 探头校正信号的输出端子（CAL）：示波器内部标准信号，输出 0.5V/1Hz 的方波信号。

㉖ 接地端子（GND）：示波器接地端。

二、使用方法

示波器探头上有一双位开关，此开关拨到×1 位置时，被测信号无衰减送到示波器，从荧光屏上读出的电压值是信号的实际电压值。当拨到×10 位置时，被测信号衰减为 1/10 送到示波器，读出的数值再乘以 10 才是实际的电压值。在使用示波器时，要将示波器探头上的地与被测电路的地连接在一起。

操作步骤如下。

第一步：通电前，将灰度、聚焦电位器和扫描速度及衰减电位器调至最左端。

第二步：打开电源开关通电预热 3～5min。

第三步：将灰度旋钮顺时针调至荧光屏上亮点可见，缓慢调节聚焦旋钮，使亮点圆而细。调节扫描速度旋钮，使亮点变成一条水平亮线。如果出现偏斜，就用小一字螺丝刀轻轻调节扫描水平线校正微调电位器，使之水平。

第四步：示波器方波校正。在示波器的 CH1 或 CH2 端口连上示波器探头，将探头挂在校正信号输出端（CAL），适当调节扫描速度和衰减旋钮，使屏幕上出现清晰可见的方波。

第五步：测量参数。

① 测量电压。首先测量交流电压，方法如下。

a．将待测信号送至（CH1 或 CH2）输入端。

b．把输入耦合开关置于“AC”位置。

c．调整垂直灵敏度开关（V/div）于适当位置，垂直微调旋钮置“CAL”位置（顺时针到头）。

d．分别调整水平扫描速度开关和触发同步系统的有关开关，使荧光屏上能显示一个周期以上的稳定波形。

e．计算峰-峰值：U=峰值偏转刻度数×偏转灵敏度。

然后测量直流电压，方法如下。

a．将待测信号送至（CH1 或 CH2）输入端。

b．将输入耦合开关（AC-GND-DC）置于“GND”位置，显示方式置于“AUTO”。

c．旋转扫描速度开关和辉度旋钮，使荧光屏上显示一条亮度适中的时基线。

d．调节示波器的垂直位移旋钮，使得时基线与一水平刻度线重合，此线的位置作为零电平参考基准线。

e．把输入耦合开关置于“DC”位置，垂直微调旋钮置“CAL”位置（顺时针到头），此时就可以在荧光屏上按刻度进行读数了。U=偏转刻度数×偏转灵敏度。

② 测量周期，方法如下。

a．将待测信号送至（CH1 或 CH2）输入端。

b．调整垂直灵敏度开关（V/div）于适当位置，使荧光屏上显示的波形幅度适中。

c．选择适当的扫描速度，并将扫描微调置于“校准”位置，使被测信号的周期占有较多的格数。

d．调整“触发电平”或触发选择开关，显示出清晰、稳定的信号波形。

e．记录一个周期两点间的格数。计算周期：$T=t$/div×格数。由公式 $f=1/T$，可计算出频率。

任务评价

表 6-2-4　直流可调开关稳压电源安装与调试评价表

项　　目	考 核 内 容	配分	评 价 标 准	评分记录
元器件识别与检测	1．准确识别元器件及参数； 2．检测方法正确、操作熟练； 3．测量结果准确	10	1．识别、识读每错一项扣 1 分； 2．方法不正确、不熟练，扣 2 分； 3．结果不准，每项扣 1 分	
安装	各元器件安装符合规范	10	工艺不良，每项扣 2 分	

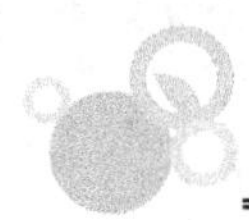

续表

项　　目	考 核 内 容	配分	评 价 标 准	评分记录
焊接	焊点符合标准，剪脚留 1mm	20	焊点、剪脚不良，每处扣 1 分	
总装	连线、总装无差错，工艺规范	10	连线、总装工艺不符合要求，每处扣 2 分	
调试与检测	1．熟练使用万用表，检测输出电压； 2．正确使用示波器观察波形、测量电压幅度及周期	20	1．使用万用表不熟练，扣 2 分；测量结果错误，每项扣 2 分 2．使用示波器不正确，扣 5 分；测量结果错误，每项扣 2 分	
使用功能	具有正常的功能	20	功能不合要求或一次未成功，扣 5～20 分	
安全、文明生产	1．遵守安全操作规范； 2．无短路、损坏仪器等事故发生； 3．工具、元器件等摆放整齐、合理，遵守 5S 管理法	10	1．操作不规范，扣 2 分； 2．发生损坏事故，扣 5 分； 3．工具、元器件摆放不整齐，扣 2 分	
满分		100	总分	

【项目小结】

1．直流可调开关稳压电源主要由开关电源和稳压电路两部分组成。

2．进行整机安装时，首先要读懂工艺文件，其次是清点、检测元器件，然后实施安装。

3．按照印制电路板装焊工艺要求，一般遵循先电阻器、电容器、二极管、三极管，再集成块、变压器等次序，进行插装、焊接。

4．示波器可用来观察电信号波形并可测量电信号幅度、周期或频率等参数，是非常重要的电子测量仪器。

项目七

组装超外差收音机

【项目分析】

青少年学习电子技术往往是从收音机的装配开始的，这不仅是因为收音机的装配制作过程充满了乐趣，同时还因为在一台完整的收音机中几乎包含了各种基本的单元电路，如变频（混频）、振荡、中频调谐放大、检波、低频电压放大和功率放大等，通过收音机的装配可以比较全面地学习电子技术。一台标准的收音机电路通常是以超外差方式工作的，不仅是收音机，其他各种接收机如电视机和遥控遥测装置等也大多采用超外差工作方式，装好超外差式收音机对进一步学习其他更复杂的电子装置大有好处。

本项目要求利用 DS05-7B 型套件组装七管超外差式调幅收音机。本机具有造型新颖、结构简便、灵敏度高、选择性好、音质清晰、放音洪亮等特点。该机电路设计简洁合理，且采用通用元器件，选材、装配、调试、维修都很方便。

【项目要求】

1．熟悉超外差式收音机的工作原理，能读懂超外差式收音机的原理图、装配图和工艺文件。

2．能按照电子装配的一般程序和工艺要求，正确分拣、测试、安装、焊接元器件和总装。

3．掌握收音机的调试方法与步骤。

4．熟练掌握信号发生器的使用方法。

【项目计划】

时间：8 课时。

地点：电子工艺实训室或装配车间。

方法：学生操作，教师指导、点评。

【项目实施】

任务 1　识读工艺文件

一、电路组成

DS05-7B 型超外差式收音机的电路方框图如图 7-1-1 所示，电路原理图如图 7-1-2

所示。它由输入调谐回路、混频与本机振荡电路、中频放大电路、检波电路、自动增益控制电路、前置放大电路、功率放大电路等部分组成。该电路共有七只三极管，其中 VT_1 为变频三极管，VT_2、VT_3 为中频放大三极管，VT_4 为检波三极管，VT_5 为前置低频放大三极管，VT_6、VT_7 组成变压器耦合推挽低频功率放大器。该机的主要技术指标如下。

频率范围：535～1605kHz。

中频频率：465kHz。

灵敏度：≤1.5mV/m。

选择性：≥20dB±9kHz。

工作电压：3V（2 节 5 号电池）。

静态电流：无信号时≤20mA。

输出功率：≥180mW（10%失真度）。

外形尺寸：124mm×76mm×27mm。

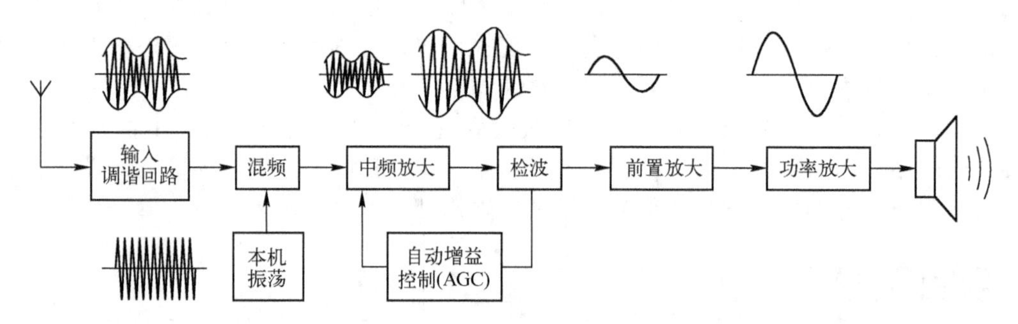

图 7-1-1　DS05-7B 型超外差式收音机电路方框图

超外差收音机的工作原理如下。

1. 输入调谐回路

T_1 是磁性天线，输入调谐回路由双联可变电容器的 CA 联和 T_1 的初级绕组组成，它是一个并联谐振电路。从磁性天线（磁棒）上感应出的电台信号，经输入调谐回路选择后，选出需要的电台信号，该信号耦合给 T_1 的次级绕组并送至 VT_1 的基极和发射极。由于调谐回路阻抗高，约为 100kΩ，三极管输入阻抗低，为 1～2kΩ，要使它们的阻抗匹配，使信号输出最大，就必须适当选择 T_1 初级绕组与次级绕组的匝数比，一般初级绕组为 60～80 圈，次级绕组为初级的 1/10 左右。

2. 变频电路

在超外差收音机中，用一只晶体管同时产生本振信号和完成混频工作，这种电路称为变频电路。它的作用是将天线回路的高频调幅信号变成频率固定的中频调幅信号。

图 7-1-2 中，T_2 是振荡线圈，其初、次级绕组绕在同一磁芯上，CB 是双联电容器的另一联。由 VT_1、T_2、CB 等元件组成本机振荡电路，它的任务是产生一个比输入信号频率高 465kHz 的等幅高频振荡信号。由于 C_1 对高频信号相当于短路，T_1 次级绕组的电感量又很小，对高频信号提供了通路，所以本机振荡电路是共基极电路，振荡频率由 T_2、CB 控制。由 VT_1 的集电极输出的放大了的振荡信号通过 T_2 以正反馈的形式耦合到振荡回路，本机振荡的电压由 T_2 的初级的抽头引出，通过 C_2 耦合到 VT_1 的发射极上。

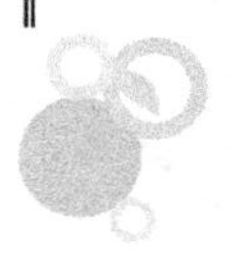

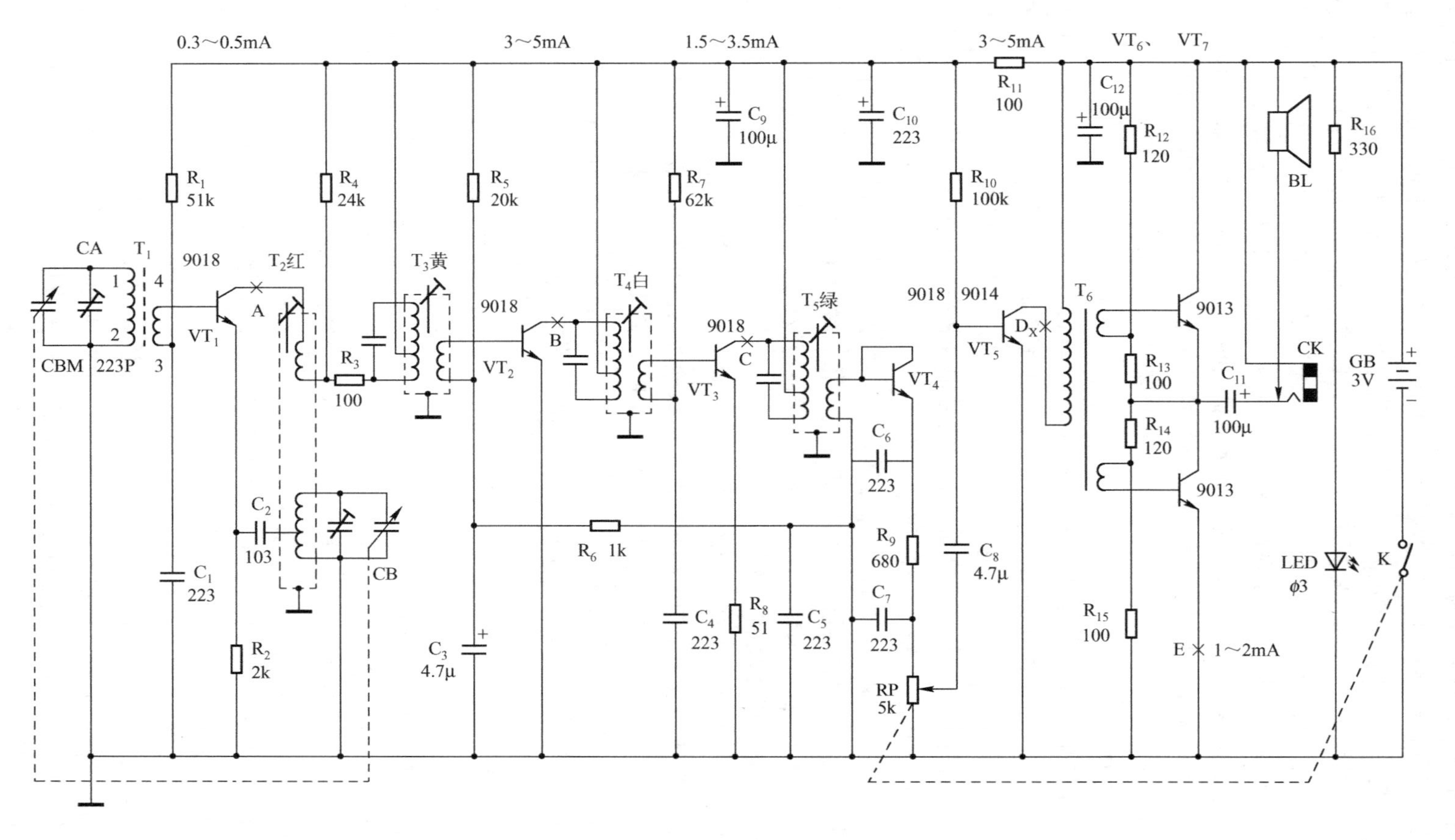

图 7-1-2　DS05-7B 型超外差式收音机电路原理图

混频电路由 VT_1、T_3 的初级绕组等组成，是共发射极电路。其工作过程是：通过输入调谐回路选出的电台信号，经 T_1 的次级绕组送到 VT_1 的基极，本机振荡信号又通过 C_2 送到 VT_1 的发射极，两种频率的信号在 VT_1 中进行混频，产生各种频率的信号。其中有一个是本机振荡频率 $f_{振}$ 与电台信号频率 $f_{外}$ 的差值，即差频 $f_{中}=f_{振}-f_{外}$=465kHz。由 B_3 的初级绕组和内部电容组成的选频回路选出该差频，并通过 T_3 的次级绕组耦合到下一级。

在本机振荡回路中可变电容 CB（简称振荡联）两端并联一个微调电容器，它的主要作用是调整收音机波段高端的覆盖范围，其功能与输入调谐回路中的电容器一样。收音机波段低端的覆盖范围调整是调节 B_2 本机振荡线圈的磁芯，将 T_2 中的磁芯越往下旋（用无感螺丝刀顺时针转动磁芯），线圈的电感量就越大，这时本机振荡频率就越低，对应接收的信号频率也越低。

3. 中频放大电路

中频放大电路的主要任务是放大来自变频级的 465kHz 中频信号。在图 7-1-2 中，T_3、T_4 和 T_5 分别是第一中频变压器、第二中频变压器和第三中频变压器，它们都是单调谐中频变压器（俗称中周），初级绕组分别与各自电容器组成并联谐振电路，谐振频率为 465kHz。在电路中它们主要起选频、中频信号耦合和阻抗匹配的作用。来自变频三极管 VT_1 集电极的中频信号，经 T_3 选频后，由 T_3 次级绕组输出，送往 VT_2 的基极。该信号经 VT_2 放大后由集电极输出，并再经 T_4 选频进一步滤除非中频信号后，由 T_4 次级绕组耦合输出。同样，T_4 输出的中频信号送往 VT_3 的基极，经 VT_3 再一次放大后由集电极输出，送往 T_5 中频变压器，经 B_5 再一次选频后，送往检波电路进行解调处理。

4. 检波器及自动增益控制电路

在调幅广播中，从振幅受到调制的载波信号中取出原来的音频调制信号的过程叫做检波，也叫解调。完成检波作用的电路叫检波电路或检波器。在图 7-1-2 中，检波电路主要由检波三极管 VT_4、滤波电容器 C_6 和检波电阻器 R_9、音量调节电位器 RP 组成。来自 T_5 次级绕组经中频放大器放大的中频信号送往三极管 VT_4 的基极和发射极，发射结相当于二极管，检波后输出信号的变化规律和高频调幅波包络线基本一致。

自动增益控制电路简称 AGC 电路，它的作用是当输入信号电压变化很大时，保持收音机输出功率几本不变。因此，要求在输入信号很弱时，自动增益控制不起作用，收音机的增益最大，而在输入信号很强时，自动增益进行控制，使收音机的增益减小。为了实现自动增益控制，必须有一个随输入信号强弱变化的电压或电流，利用这个电压或电流去控制收音机的增益，通常从检波器得到这一控制电压。检波器的输出电压是音频信号电压与直流电压的叠加值。其中直流分量与检波器的输入信号载波振幅成正比，在检波器输出端接一个 RC 低通滤波器就可获得其直流分量，即所需的控制电压。在图 7-1-2 中，R_6 和 C_3 构成低通滤波器，AGC 控制电压经 R_6 加到中放管 VT_2 的基极上，来控制它的基极偏置，从而改变其增益大小。

5. 前置低放电路

检波后的音频信号由电位器 RP、C_8 送到前置低放管 VT_5，经过低放可将音频信号电压放大几十到几百倍，但是音频信号经过放大后带负载能力还很差，不能直接带动扬声器工作，还需进行功率放大。旋转电位器 RP 可以改变 VT_5 的基极对地的信号电压的大小，达到控制音量的目的。

6. 功率放大器（OTL 电路）

功率放大器不仅要输出较大的电压，而且能够输出较大的电流。本电路采用无输出变

压器功率放大器，可以消除输出变压器引起的失真和损耗，频率特性好，还可以减小放大器的体积和重量。

VT_6、VT_7 组成同类型晶体管的推挽电路，R_{12}、R_{13} 和 R_{14}、R_{15} 分别是 VT_6、VT_7 的偏置电阻器。变压器 T_6 做倒相耦合，C_{11} 是隔直电容器，也是耦合电容器。为了减少低频失真，电容器 C_{11} 选得越大越好。无输出变压器的功率放大器的输出阻抗低，可以直接推动扬声器工作。

二、装配图

DS05-7B 型超外差式收音机装配图如图 7-1-3 所示。DS05-7B 型超外差式收音机印制电路板如图 7-1-4 所示。

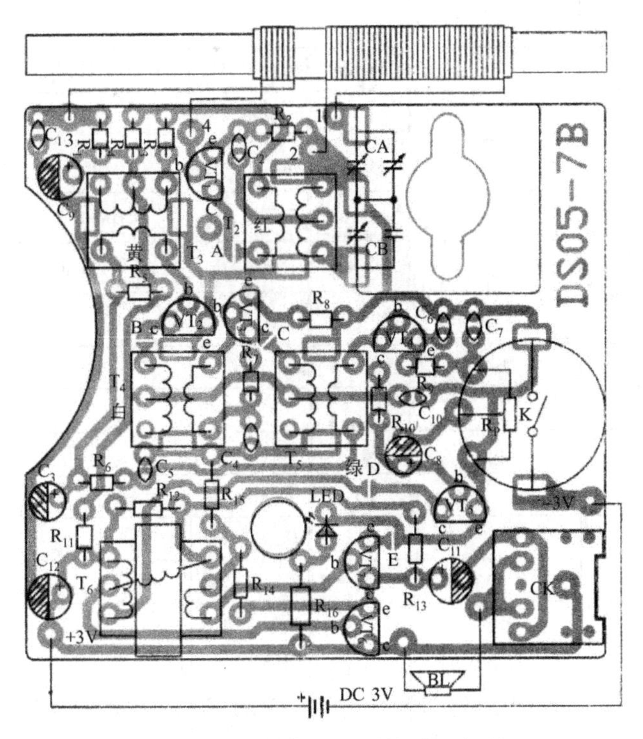

图 7-1-3　DS05-7B 型超外差式收音机装配图

（a）安装元件面

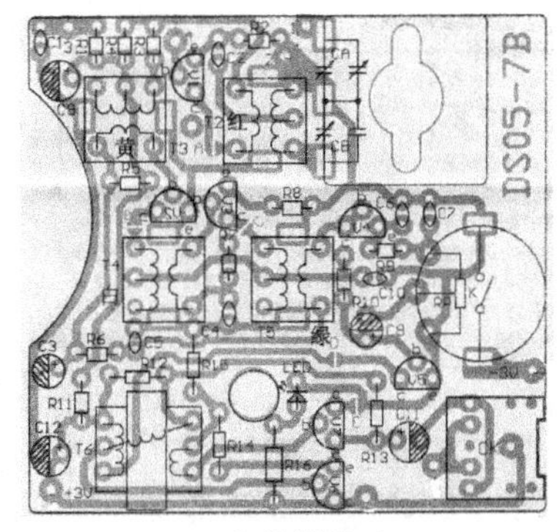

（b）焊接面

图 7-1-4　DS05-7B 型超外差式收音机印制电路板

三、元件清单

DS05-7B 型超外差式收音机元件清单如表 7-1-1 所示。

表 7-1-1 DS05-7B 型超外差式收音机元件清单

名 称	型号规格	标 号	数 量	名 称	型号规格	标 号	数 量
三极管	9018	VT_1、VT_2、VT_3、VT_4	4 只	电阻器	120Ω	R_{12}、R_{14}	2 只
三极管	9014	VT_5	1 只	电阻器	330Ω	R_{16}	1 只
三极管	9013	VT_6、VT_7	2 只	电位器	5kΩ（带开关插脚式）	RP	1 只
发光二极管	$\Phi 3$	LED	1 只	瓷片电容器	223F	C_1、C_4、C_5、C_6、C_7、C_{10}	6 只
磁棒线圈	5mm×13mm×55mm	T_1	1 套	瓷片电容器	103F	C_2	1 只
振荡线圈	TF10-920（红色）	T_2	1 只	电解电容器	4.7μF	C_3、C_8	2 只
中频变压器	TF10-921（黄色）	T_3	1 只	电解电容器	100μF	C_9、C_{11}、C_{12}	3 只
中频变压器	TF10-922（白色）	T_4	1 只	双联电容器	CBM-223pF	CA	1 只
中频变压器	TF10-923（绿色）	T_5	1 只	耳机插座	$\Phi 2.5$mm		1 个
输入变压器	E 型 六个引脚	T_6	1 只	机壳前盖			1 个
扬声器	$\Phi 58$mm、8Ω	BL	1 个	机壳后盖			1 个
电阻器	51kΩ	R_1	1 只	刻度板			1 块
电阻器	2kΩ	R_2	1 只	调谐拨盘			1 个
电阻器	100Ω	R_3、R_{11}、R_{13}、R_{15}	4 只	电位器拨盘			1 个
电阻器	24kΩ	R_4	1 只	磁棒只架			1 个
电阻器	20kΩ	R_5	1 只	印制电路板			1 块
电阻器	1kΩ	R_6	1 只	装配说明书			1 份
电阻器	62kΩ	R_7	1 只	电池正负极簧片			1 套
电阻器	51Ω	R_8	1 只	螺钉			5 粒
电阻器	680Ω	R_9	1 只	导线			4 根
电阻器	100kΩ	R_{10}	1 只				

四、工艺要求

① 在装配前应根据元件清单对所有元器件进行清点、检测，确保元件数量、规格型号与清单一致，元件无损坏。

② 印制电路板上标明了各个元件的安装位置，安装时可对照电路图从套件中找出相应的元件，并将其对号入座即可。安装顺序应遵循先电阻器、瓷片电容器、电解电容器，再二极管、三极管，然后是中周、输入变压器、电位器、双联可变电容器、天线线圈、耳机、喇叭导线、电源线等原则。同类元件应对照电路图上的标号按由小到大的顺序进行。

③ 本套件中电阻器的安装有卧式安装和立式安装，在电路板上有明显示标识，插件时要注意符号。电解电容器、二极管和三极管都有极性之分，安装时一定要区分极性。所有元件安装高度要符合工艺要求，力求美观，并且不要超过中周高度，否则机壳盖子将无法盖上。

④ 振荡线圈和中周一套四只，磁芯帽上涂有不同的颜色，以示区别。其中，红色的为振荡线圈 T_2，黄色的为第一中周 T_3，白色的为第二中周 T_4，绿色的为第三中周 T_5，切勿错装。振荡线圈、中周和输入变压器的引线脚是固定在塑料框架上的，焊接时千万要小心，以免塑料受热软化导致引脚脱落。

⑤ 电位器的安装位置以装上电位器拨盘、印制电路板和机壳后，拨盘不擦碰到机壳为宜。

⑥ 安装双联可变电容器时，先用螺钉将其固定在印制电路板上，然后再焊接引脚。

⑦ 磁性天线的安装：将尼龙磁棒架从印制电路板没有铜箔的一面插入固定圆孔，用电烙铁加热将其固定在印制电路板上。穿入磁棒，套上天线线圈，注意将次级绕组放于磁棒里面位置，初级绕组靠近磁棒的端部。将加工好的线圈引线，按通孔插装方式焊接，四个线头要对号入座。区分初级绕组和次级绕组的方法是：初级绕组匝数多，次级绕组匝数少，线头 1、2、3、4 的顺序按同一绕向进行确定。

天线线圈为多股漆包线且线径很细，安装时要特别小心，一旦碰断，将非常麻烦。天线线圈的两个绕组是密绕在骨架上的，安装过程中不要将其松动，否则将影响接收灵敏度。一般情况下，天线线圈的引线都留有合适的长度且已镀锡，可不处理。若引线过长，可剪去一部分，但要保证线圈在磁棒上有足够的调节距离，加工线头时可先用火柴烧漆包线，再用小刀将线头的漆轻轻刮去，然后镀锡。

⑧ 电源线和喇叭线均按通孔插装方式焊接在印制电路板上。

⑨ 元件安装完毕后，仔细检查有无虚焊、错焊，有无短路现象，确认无误后，再进行下一步的工作。

⑩ 安装调谐拨盘和电位器拨盘，并用螺钉紧固。由于调谐拨盘离印制电路板很近，所以在它下面和周围的元器件引脚要剪切得尽可能短些，以免影响其转动。

⑪ 将刻度盘固定在机壳上；将电源线焊接在电池正、负极簧片上，并将簧片安装在机壳电池卡槽的相应位置处；将喇叭安装在机壳上并焊好喇叭线。

⑫ 所有部件安装完毕，并检查无误后，方可通电调试。电路原理图所标各级工作电流为参考值，装配中可根据实际情况而定，以不失真、不啸叫、声音洪亮为准，整机静态工作电流约 11mA。振荡线圈和中频变压器的磁芯不要轻易调整，以免调乱。

⑬ 调试完毕，用蜡烛将天线封住，将印制电路板装入机壳，这样一台收音机便制作完成了。

 任务 2　安装与调试

一、元器件安装及总装

装配工艺卡片见表 7-2-1，以此作为作业指导书，进行元器件的检测、加工、插装、焊接、整机调试等工作。

表 7-2-1　装配工艺卡片

产品名称	DS05-7B 型超外差式收音机		零部件名称			
产品型号			零部件图号			
班　组		负　责　人		日　期		
工序号	工序名称	工序内容	装配部门（人）	设　备	辅助材料	工时定额
1	备料	凭领料单向元件库领取本工艺所需的元器件。根据元件清单，检查各元器件外观质量、型号、规格，应符合要求				
2	元器件检测	根据元件清单，将所有要焊接的元器件检测一遍，并将检测结果填入表 7-2-2 中		万用表		
3	引脚加工	视元器件引脚的可焊性，先对引脚进行表面清洁和搪锡处理，并校直。然后，根据焊盘插孔和安装的要求弯折成所需要的形状		尖嘴钳	砂纸、焊锡、松香	
4	装配	按印制电路板装焊工艺，先电阻器、电容器、二极管、三极管，再变压器、电位器、双联可变电容器、天线线圈等次序，进行插装、焊接。插件型号、位置应准确，特别注意振荡线圈和中频变压器不要错装		电烙铁	焊锡、松香	
		安装发光二极管时，其引脚长度应与盒子高度配合起来确定，正确的高度应为盒子盖上后，发光管正好伸出盒子上的孔位				
		安装电位器时，以拨盘不与外壳擦碰为宜。安装双联可变电容器要先用螺钉固定在印制电路板上，再焊接其引脚				
		安装天线线圈时，先用电烙铁加热尼龙磁棒架，将其固定在印制电路板上，然后穿入磁棒，套上线圈，初级绕组要靠近磁棒的端部。将加工好的线圈引线，按通孔插装方式焊接，四个线头要对号入座				
5	切脚	用偏口钳切脚，切脚应整齐、干净		偏口钳		
6	接线	电源线和喇叭线要按通孔插装方式焊接		电烙铁	焊锡、松香	
7	总装与调试	安装调谐拨盘和电位器拨盘，并用螺钉紧固		螺丝刀	螺钉	
		将刻度盘固定在机壳上；将电源线焊接在电池正、负极簧片上，并将簧片安装在机壳电池卡槽的相应位置处；将喇叭安装在机壳上并焊好喇叭线		电烙铁	焊锡、松香	
		收音机机芯装配完后，即可进行整机调试。调试的主要内容有：三极管静态工作点调整；中频频率调整；接收频率范围调整；统调。具体调试方法另行介绍		万用表、示波器、信号发生器、无感螺丝刀		
		调试完毕，将天线用蜡烛封住，将印制电路板装于外壳中并用螺钉固定，调整好指示灯、调谐拨盘和电位器拨盘的位置后，扣上后盖，一台收音机便安装好了		电烙铁	蜡烛	

表 7-2-2　元器件检测记录表

名　称	型号规格	标　号	检测结果	名　称	型号规格	标　号	检测结果
三极管	9018	VT_1、VT_2、VT_3、VT_4		电阻器	20kΩ	R_5	
三极管	9014	VT_5		电阻器	1kΩ	R_6	

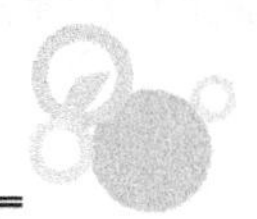

续表

名　称	型号规格	标　号	检测结果	名　称	型号规格	标　号	检测结果
三极管	9013	VT_6、VT_7		电阻器	62kΩ	R_7	
发光二极管	Φ3	LED		电阻器	51Ω	R_8	
磁棒线圈	5mm×13mm×55mm	T_1		电阻器	680Ω	R_9	
振荡线圈	TFl0-920（红色）	T_2		电阻器	100kΩ	R_{10}	
中频变压器	TFl0-921（黄色）	T_3		电阻器	120Ω	R_{12}、R_{14}	
中频变压器	TFl0-922（白色）	T_4		电阻器	330Ω	R_{16}	
中频变压器	TFl0-923（绿色）	T_5		电位器	5kΩ（带开关插脚式）	RP	
输入变压器	E 型 六个引脚	T_6		瓷片电容器	223F	C_1、C_4、C_5、C_6、C_7、C_{10}	
扬声器	58mm	BL		瓷片电容器	103F	C_2	
电阻器	51kΩ	R_1		电解电容器	4.7μF	C_3、C_8	
电阻器	2kΩ	R_2		电解电容器	100μF	C_9、C_{11}	
电阻器	100Ω	R_3、R_{11}、R_{13}、R_{15}		双联电容器	CBM-223pF	CA	
电阻器	24kΩ	R_4		耳机插座	Φ2.5mm		

二、收音机的调试

收音机机芯装配完后，即可进行整机调试。调试的主要内容有以下几个方面。

三极管静态工作点调整：通过调整三极管上偏置电阻器的阻值，使其工作在最佳状态。

中频频率调整：通过调整中频变压器的电感量，使其谐振频率为 465kHz。

接收频率范围调整（也称频率覆盖调整）：通过调整振荡线圈的电感量和本机振荡回路的微调电容器来实现收音机接收的中波频率范围为 535～1605kHz。

统调（也称跟踪调整）：通过调整天线线圈在磁棒上的位置（改变天线线圈的电感量）和输入回路微调电容器，使双联可变电容器无论旋转到任何角度，天线线圈的谐振频率和本机振荡回路的频率差值都等于 465kHz，即 $f_{振}-f_{外}$=465kHz。

调试三极管静态工作点的方法，通常用万用表测量三极管集电极的静态电流。后三项的调试方法主要有两种：一是在具备高频信号发生器和示波器的条件下，使用仪器进行准确调试；二是在没有专业仪器的情况下，利用接收到的电台信号进行粗略调试。

1. 测量三极管的静态工作点

收音机质量的优劣与三极管静态工作点的关系很大，因此，进行收音机的调整首先必须调整好各级静态工作点。

测量三极管静态工作点是在无输入信号的状态下进行的，因此，测量低频放大器时应将电位器调到音量最小的位置，测量变频、中放电路时需用一根导线将天线线圈的次级绕组短路。调整的顺序应从功放开始，由后向前逐级进行。

本收音机的各级静态电流的参考值已标注在电路图中。为了测试方便，还在印制电路板上设置了五处测量断点（电路图中画“×”的位置），用于对各级电流的测量。

（1）静态工作点测试前的检查

静态工作点测试前的检查也称通电前检查，其目的是防止收音机元件装错或元器件不良，在通电时引起整机总电流太大而将电池耗尽或将元件损坏。检查方法是：在不装电池的状态下，打开电位器开关，用万用表 R×100 挡测量电池极板，红表笔接负极板，黑表笔接正极板，正常电阻值约为 700Ω；若电阻值接近 0Ω，说明电路板中有短路现象。在电阻值基本正常的情况下，可进一步测量整机电流，方法是：关闭电位器开关，装入电池，将万用表拨置直流电流 50mA 挡，将表笔并联于电源开关两端（黑表笔接电池负极，红表笔接开关的另一端），正常电流值为 11mA 左右。

（2）测量各级静态电流

打开电位器开关，将电位器调到音量最小位置，万用表置于直流电流挡，从功放级开始，分别依次测量 E、D、C、B、A 五个断点处的电流值，并将测量结果填入表 7-2-3 中。

表 7-2-3　各级静态工作点

静态电流名称	参考范围（mA）	实　测　值（mA）	备　　注
VT_7-I_c	0.3～0.5		
VT_5-I_c	3～5		
VT_3-I_c	1.5～3.5		
VT_2-I_c	3～5		
VT_1-I_c	1～2		
整机电流	约 11		

若测得的电流均在电路图中所标的范围内，则说明各级静态工作点正常；若测得某级电流不正常，应查看这部分元件是否有短路、断路现象，或者偏置电阻器、三极管错装。

各级静态工作点调整好以后，应将五个测试断点用焊锡连通，并且将天线线圈次级绕组的短路线焊下。此时，在正常情况下都能收到一些电台信号。

2．中频频率调整

调整中频，就是调整各中频变压器的电感量，使它与其相并联的电容器组成的谐振电路谐振在 465kHz 中频频率上。一般中频变压器出厂时都已校准过，但新安装的收音机由于与它相并联的电容器存在容量误差、印制电路板线路间存在分布电容，所以会将造成各中频变压器不同时谐振在同一个频率上，因此需要对中频变压器进行调整。这种调整原则上是微调，不可大范围地调整中频变压器的磁芯位置，以免调乱。

（1）使用仪器调整

断开 VT_1 的测试点 A，调整信号发生器，使其输出 465kHz 的中频调幅信号，将该信号注入中频变压器 T_3 的输入端，将示波器探头接到 VT_4 基极，负极线接地。用无感螺丝刀先调节中频变压器 T_5，边调节边观察示波器的波形，可以看到波形幅度的变化，调到某一位置时，波形幅值最大，这时说明中频变压器 T_5 的谐振频率被调整到了 465kHz 上。照此方法，再分别调节 T_4 和 T_3，均使输出波形幅值最大，这样中频频率就调整好了。调试完毕，将断点焊好，以便进行下一步的工作。

（2）利用电台信号调整

打开收音机，随便收听一个电台，用螺丝刀把双联调谐电容器的两组定片分别对地短路。无论短路哪一组，收音都应立即停止，这说明变频电路工作正常，收到的广播是经过差频送到后面去的，这时调中频才有意义。如果短路本机振荡后还能收到广播，说明通过中放级的不是差频后的中频信号，而是串过去的，这时若对中频变压器进行调整，不但调

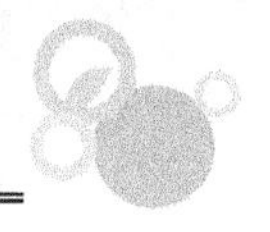

不出谐振点，反而会把中频变压器调乱，所以在调整前要先分辨清楚。

确认变频电路工作正常后，收听一个弱信号电台，由末级中频变压器 T_5 开始，依次向前，用无感螺丝刀微调中频变用器的磁帽，一边调整，一边听声音大小，调到听起来声音最大为止。按照上述方法，反复调几遍就可以了。

3. 频率覆盖调整

覆盖是指收音机能够接收高频信号的频率范围，本收音机的频率覆盖范围在 535～1605kHz 之间，对应的本机振荡频率范围为 1.0～2.07MHz。中频变压器谐振频率校准后，将调谐拨盘直接紧固在双联可变电容器的轴柄上，然后用螺钉紧固好，将机芯装入机壳内并用螺钉将它紧固在机壳上，这样即可进行频率覆盖调整了。

（1）使用仪器调整

将示波器探头接到 C_{11} 正极端，负极接地。

① 低端。

调节信号发生器，输出 520kHz 调幅信号，并将其输出端靠近收音机磁性天线。将双联可变电容器全部旋入（逆时针旋到底），用无感螺丝刀调整 T_2 的磁芯，使收音机收到此信号。此时扬声器中发出“呜呜”声，从示波器上可观察到音频信号的波形。慢慢地左右旋动磁芯，直到声音最响、波形幅值最大为止。频率值取 520kHz 是为了留出 3%的余量。

② 高端。

调节信号发生器，输出 1640kHz 调幅信号，将双联可变电容器全部旋出（顺时针旋到底）。调整双联可变电容器 CB 联的微调电容器（称为垫整电容器），直到扬声器声音最响、示波器波形幅值最大为止。高端频率值取 1640kHz 也是为了留出 3%的余量。

按上述方法重复调整一次，即可使频率范围正好能覆盖 535～1605kHz 的中波段。

（2）利用电台信号调整

调整调谐拨盘，确认指针指示范围为 535～1605kHz。接通电源，旋转调谐拨盘，使拨盘指针指示在刻度盘低频端正在播音的电台频率上（可取一架成品收音机进行比较），如 640kHz，用无感螺丝刀调整振荡线圈 T_2 的磁芯，使收音机收到该电台信号并且声音最大。同样，旋转调谐拨盘，使拨盘指针指示在刻度盘高频端正在播音的电台频率上，如 1330kHz，调整双联可变电容器 CB 联的垫整电容器，使收音机收到该电台信号并且声音最大。这样反复调整几次，则收音机接收信号就基本覆盖了 535～1605kHz 的频率范围。

4. 统调

统调也叫“跟踪”调整，目的是使双联可变电容器无论旋转任何角度，天线线圈的谐振频率和本机振荡回路的频率差值都等于 465kHz，即 $f_{振}-f_{外}$=465kHz。满足这种关系时，称两个谐振回路同步。这样就可在下一级中频放大器中得到最大放大量，从而得到最高灵敏度。

但是，在实际调整中要做到两个谐振回路同步是很困难的。所以一般只要在三点频率上即低频端 600kHz 附近、中频端 1000kHz 附近、高频端 1500kHz 附近实现同步，就可以认为在整个中波接收范围内基本同步。调整方法如下。

（1）使用仪器调整

将示波器探头接到 C_{11} 正极端，负极接地。

① 低频端的统调。

调节信号发生器，输出 535kHz 调幅信号，并将其输出端靠近收音机天线。将双联可变电容器全部旋入，使指针对准 535kHz 位置。调整天线在磁棒上的位置，直接听到扬声

器中发出“呜呜”声，从示波器上可观察到音频信号的波形，其频率为 1kHz，幅度随调整而变化。慢慢地左右旋动磁芯，直到声音最响、波形幅值最大为止。

② 高频端的统调。

将信号发生器调到 1605kHz，将调谐指针调到 1605kHz 处，调整双联可变电容器 CA 联的微调电容器（称为补偿电容器），直到收到的 1kHz 音频信号声音最响、波形幅值最大为止。

③ 中端的统调。

将信号发生器调到 1000kHz，通过调整 CB 的垫整电容器，使声音最响、波形幅值最大。在使用密封双联的收音机中，因电路设计时已保证了中间频率的统调，高、低端调试好后，中端一般就不用调了。

按照上述方法反复调整几次，完成统调。最后将中周和天线线圈用蜡封住。

（2）利用电台信号调整

在刻度盘频率低端选一个电台，如 640kHz 的电台，听到该电台的播音后，移动天线线圈在磁棒上的位置，使收到的广播声音最大为止。

在刻度盘频率高端选一个电台，如 1330kHz 的电台，听到这个电台的播音后，调整双联可变电容器 CA 联的补偿电容，直到声音最大为止。

因为高端、低端的调整相互之间有影响，所以高低端统调要反复几次，使高端、低端都达到最佳状态。在统调时，应注意随时调节音量电位器，使扬声器发出合适的音量，以便能够清楚地分辨出声音大小的变化。

相关知识

一、信号发生器

信号发生器又称信号源，它能产生不同频率、不同幅度的线性或非线性的波形信号。在实际应用中，信号发生器能给测试、研究和调整电子电路及电子整机产品提供符合一定技术要求的电信号。

信号发生器类型很多，按频率和波段可分为低频信号发生器、高频信号发生器和脉冲信号发生器等。在电子整机产品装调中高频信号发生器使用较多，下面以 ZN1060 型高频信号发生器为例说明其性能和使用方法。

ZN1060 型高频信号发生器全部采用数字显示，其输出频率和输出电压的有效范围宽，频率调节采用交流伺服电动机传动系统，调谐方便，仪器内部有频率计，可对输出频率进行显示，提高了输出频率的准确度。它适用于工厂、学校、科研单位进行科学研究和调试测试各种接收设备和放大器系统。

1. ZN1060 型高频信号发生器的主要性能指标

① 频率范围：10kHz～40MHz 10 个波段，分为等幅、调幅。

② 电调制信号：内部为 400Hz、1kHz；外部为 50Hz～3kHz。

③ 调幅系数范围：0%～80%连续可调。

④ 调幅失真：≤3%。

⑤ 载波频率误差：四位数码显示±1 个字（预热 30min）。

⑥ 衰减器：×10dB 的范围是 0～110dB，分 11 挡；×1dB 的范围是 0～10dB，分 10 挡。

⑦ 输出电压有效范围：0～120dB（1μV～1V）。

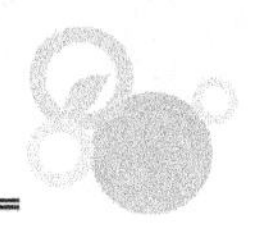

⑧ 输出最大电压有效误差：±1dB。

⑨ 信号源内阻：50Ω。

2. ZN1060 型高频信号发生器的面板结构

ZN1060 型高频信号发生器的面板结构如图 7-2-1 所示。

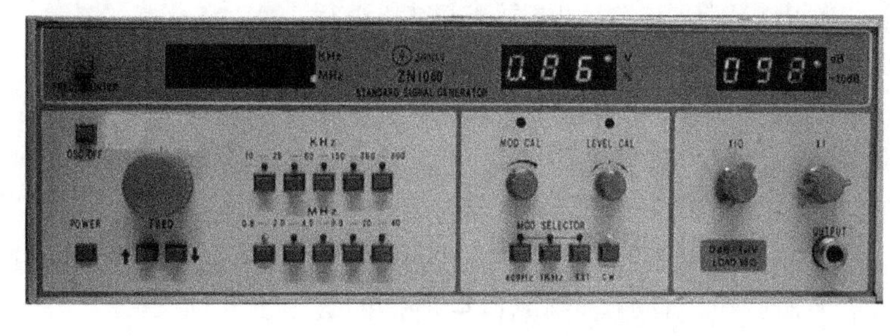

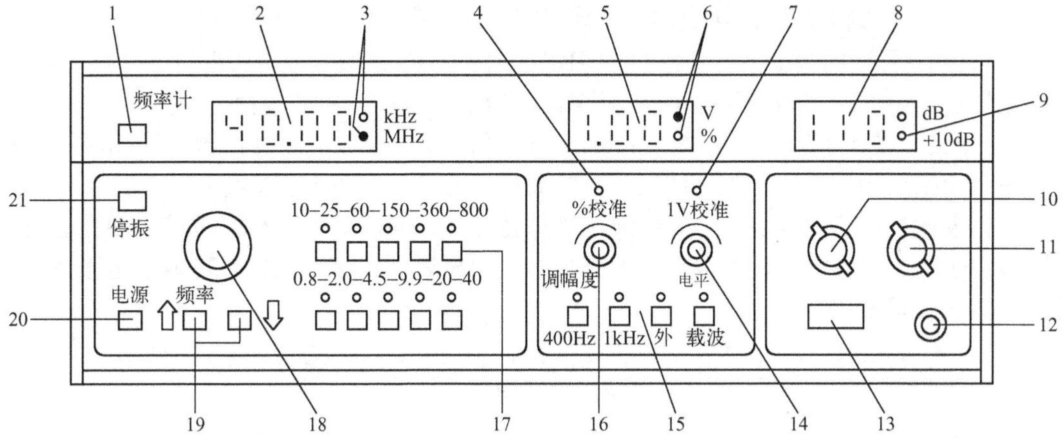

注：1—频率计开关；2—频率计显示；3—频率单位显示；4—调幅度调节校准；5—电压、调幅显示；6—工作状态显示；7—载频电压校准；8—衰减器 dB 显示；9—+10dB 显示；10—×10dB 显示；11—×1dB 显示；12—输出插座；13—终端负载显示电阻（0dB=1μV）；14—电平调节旋钮；15—工作选择按键；16—调幅度调节旋钮；17—波段按键；18—频率手调旋钮；19—频率电调按键；20—电源开关；21—停振按键。

图 7-2-1 ZN1060 型高频信号发生器

3. ZN1060 型高频信号发生器的功能

ZN1060 型高频信号发生器有载波、调幅两种信号输出状态，能产生频率为 10kHz～40MHz 连续可调的高频等幅正弦波和调幅波，能为各种调幅接收装置提供测试信号，也可作为测量、调整各种高频电路的信号源。

① 载波工作状态。波段按键 17 用来改变信号发生器输出载波的波段，根据需要的信号频率，按下相应波段按键，指示灯即亮，表示仪器工作于该波段。

频率电调按键 19，标有“↑”符号表示按下此键频率往高调节，标有“↓”符号表示按下此键频率往低调节；频率手调旋钮 18 用于微调输出信号频率，将信号频率精确地调到所需数值；停振按键 21 起开关作用，用来中断测试过程中本仪器的输出信号。

② 调幅工作状态。工作选择按键 15 有“400Hz”、“1kHz”、“外”3 个键，按下对应按键分别输出由 400Hz、1kHz、外输入信号调制的调幅波；载波按键，按下此键后仪器输出高频载波信号；电平调节旋钮 14，调节载波输出幅度；调幅度调节旋钮 16 用来调节

调幅波的调幅度大小，调幅度的数值由数字电压表显示。

③ 衰减器部分。“×10dB”衰减器 10 从 0～110dB 分 11 挡；“×1dB”衰减器 11 从 0～10dB 分 10 挡，衰减的分贝数由“衰减器 dB 数显示”读出。

④ 频率计开关。在测试过程中，如果被测设备受频率计干扰大时，可以按动频率计开关 1 使之弹出，停止频率计工作，保证测试顺利进行。

4. ZN1060 型高频信号发生器的使用方法

① 按下频率计开关、0.8～2MHz 波段开关和载波开关，将调幅度调节旋钮、电平调节旋钮逆时针旋至最小位置，衰减器置于最大衰减位置。

② 按下电源开关，预热 30min 即可正常使用。

③ 根据所需要的输出频率，按下相应的波段后再按动频率电调按键的“↑”或“↓”，并调节频率手调旋钮，使输出频率符合所需的数值。

④ 调节电平调节旋钮，使数字电压表显示为 1V。

⑤ 根据所需要的输出电压，将“×10dB”和“×1dB”衰减器置于所需的分贝数（dB）。在使用过程中电压表应始终保持 1V，以保证仪器输出电压值的准确性。

⑥ 根据需要的调幅频率，按“400Hz”或“1kHz”按键，此时仪器处于调幅工作状态，调节调幅度调节旋钮可改变调幅系数的大小，并在电压表上直接显示 M%。

电压表所显示的调幅度，只有载波电平保持在 1V 的情况下 M%才是准确的。若要检查载波电平是否在 1V 上，可按下载波开关，则电压表再次显示电压，可调节电平调节旋钮，使电压表显示 1V。

提示：在使用信号发生器时必须对调幅度和载波电压进行校对。

二、毫伏表

测量交流电压时，自然会想到万用表，可是有许多交流电用普通万用表却难以胜任电压测量工作。因为交流电的频率范围很宽，高到数千兆赫兹的高频信号，低到几赫兹的低频信号，而万用表是以测量 50Hz 交流电的频率为标准设计生产的；其次，有些交流电的幅度很小，甚至可以小到毫微伏，再高灵敏度的万用表也无法测量；还有，交流电的波形种类多，除了正弦波外，还有方波、锯齿波、三角波等。因此上述这些交流电压，必须用专门的电子电压表即毫伏表来测量。

毫伏表的种类很多，根据测量信号频率的高低可分为低频毫伏表、高频毫伏表和超高频毫伏表。现以 DA-16 型低频晶体管毫伏表为例说明其使用方法。

DA-16 型晶体管毫伏表是一种常用的低频电子电压表，它的电压测量范围为 100μV～300V，共分 11 挡量程。各挡量程上并列有分贝数（dB），可用于电平测量。被测电压的频率范围为 20Hz～1MHz，输入阻抗大于 1MΩ。

1. DA-16 型毫伏表的面板功能

图 7-2-2 所示是 DA-16 型毫伏表的外形图。它与普通万用表有些相似，由表头、刻度面板和量程转换开关等组成，不同的是它的输入线不用万用表那样的两支表笔，而用同轴屏蔽电缆，电缆的外层是接地线，其目的是减小外来感应电压的影响，电缆端接有两个鳄鱼夹子，作为输入接线端。毫伏表的背面连着 220V 的电源线，使用 220V 交流电经降压整流后，供毫伏表作为工作电源。

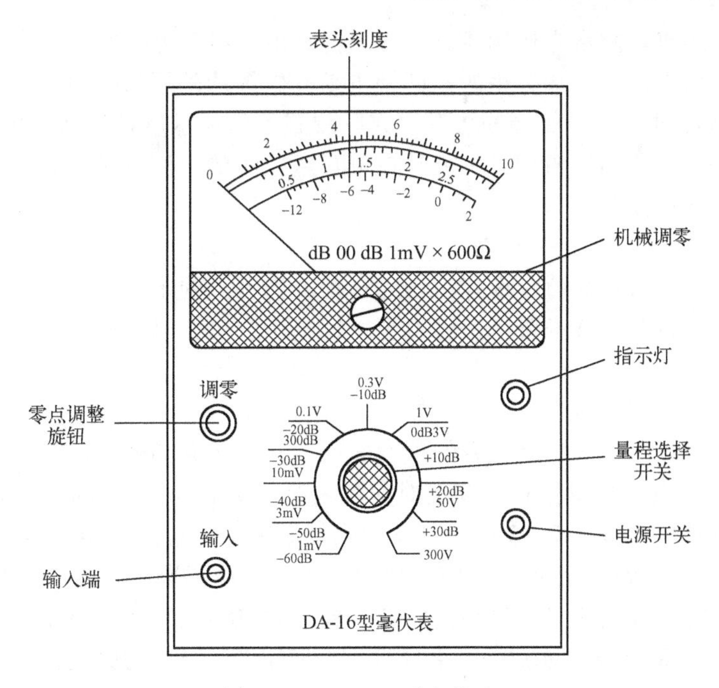

图 7-2-2　DA-16 型毫伏表

面板各旋钮功能如下。

① 量程选择开关。选择被测电压的量程，它共有 11 挡。量程括号中的分贝数供仪器作电平表时读分贝数用。

② 输入端。采用一同轴电缆作为被测电压的输入引线。在接入被测电压时，被测电路的公共地端应与毫伏表输入端同轴电缆的屏蔽线相连。

③ 零点调整旋钮。当仪器输入端信号电压为零时（输入端短路），毫伏表指示应为零，否则需调节该旋钮。

④ 表头刻度。表头上有 3 条刻度线，供测量时读数用。第三条（-12dB～+2dB）刻度线作为电平表用时的分贝（dB）读数刻度。

⑤ 机械调零。毫伏表未接上电源时，可利用旋具调整该旋钮使指针指向零点。

⑥ 电源开关和指示灯。插好外插头（接交流 220V），当电源开关拨向上时，该红色指示灯亮，表示已接通电源，预热后可以准备进行测量。

2. DA-16 型毫伏表的使用方法

（1）机械调零

将毫伏表立放在水平桌面上，通电前，先检查表头指针是否指示零点，若不指零，可用旋具调整表头上的机械调零旋钮使指示为零。

（2）电气调零

将毫伏表的输入夹子短接，接通电源，待指针摆动数次至稳定后，校正电气调零旋钮，使指针在零位，此时即可进行测量（有的毫伏表有自动电气调零功能，无须人工调节）。

（3）连接测量电路

DA-16 型毫伏表灵敏度较高，为了保护毫伏表以避免表针被撞击损坏，在接线时一定要先接地线（即电缆的外层，要接到低电位线端），再接另一条线（高电位线端），接地线要选择良好的接地点。测量完毕拆线时，应先拆高电位线，再拆低电位线。

DA-16 型毫伏表的输入端采用的是同轴电缆，电缆的外层为接地线，安全起见，在测量毫伏级电压量程时，接线前最好将量程式开关置于低灵敏度挡（即高电压挡），接线完毕再将量程开关置于所需的量程。另外，在测量毫伏级的电压量时，为避免外部环境的干扰，测量导线应尽可能短。

（4）测量

根据被测信号的大概数值，选择适当的量程。当所测的未知电压难以估计大小时，就需要从大量程开始试测，逐渐降低量程直至表针指示在 2/3 以上刻度盘时，即可读出被测电压值。

（5）读数

图 7-2-3 所示为 DA-16 型毫伏表的刻度面板，共有 3 条刻度线，第一、二条刻度线用来观察电压值指示数，与量程转换开关对应起来时，标有 0～10 的第一条刻度线适用于 0.1、1、10 量程挡位，标有 0～3 的第二条刻度线适用于 0.3、3、30、300 量程挡位。

例如，量程开关指在 1mV 挡位时，用第一条刻度线读数，满度 10 读做 1mV，其余刻度均按比例缩小，若指针指在刻度 6 处，即读做 0.6mV（600μV）；若量程开关指在 0.3V 挡位，用第二条刻度线读数，满度 3 读做 0.3V，其余刻度也均按比例缩小。

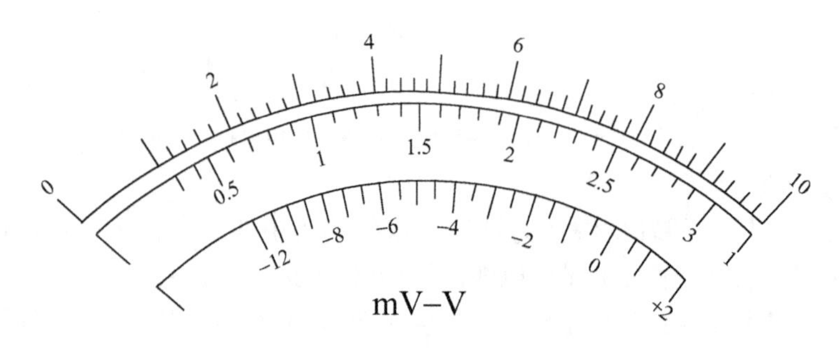

图 7-2-3　DA-16 型毫伏表的刻度面板

毫伏表的第三条刻度线用来表示测量电平的分贝值，它的读数与上述电压读数不同，是以表针指示的分贝读数与量程开关所指的分贝数的代数和来表示读数的。例如，量程开关置于+10dB（3V），表针指在−2dB 处，则被测电平值为+10dB+(−2dB)=8dB。

DA-16 型毫伏表使用注意事项如下。

由于毫伏表的灵敏度很高，因此接地点必须良好。毫伏表的地线应与被测电路的地线接在一起，以免引入干扰电压，影响测量精度。所测交流电压中的直流分量不得大于 300V。测 220V 市电时，相线接输入端，零线接地线端，不得接反。

3. 毫伏表在收音机调试过程中的应用

超外差式收音机的灵敏度和选择性与中频变压器的调试有很大的关系，而业余爱好者通常不具备调中频变压器的专用仪器。往往借助简易高频信号源，凭耳朵听音频调制声来调“中频变压器”。事实上，人耳对声音强弱的分辨能力较迟钝。如果在收音机扬声器两端跨接一只毫伏表，当各级中频变压器都调谐在 465kHz 时，收音机声音最响，毫伏表指示也将最大。耳听再加眼观，效果更佳。调频率覆盖及三点跟踪同样也可用毫伏表来监视。

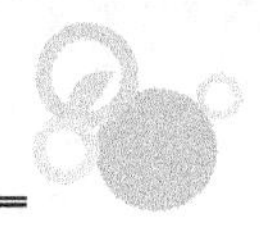

任务评价

表 7-2-4　超外差收音机安装与调试评价表

项　　目	考 核 内 容	配分	评 价 标 准	评分记录
元器件筛选	能从所给定的元器件中筛选出所需的全部元器件	10	漏选或错选一个扣 1 分	
安装	元器件引脚成型符合要求；元器件装配到位，装配高度、装配形式符合规范	10	工艺不良，每项扣 2 分	
焊接	焊点符合标准，剪脚整齐，无损坏元器件，无焊盘翘起、脱落	20	焊点、剪脚不良，每处扣 1 分；损坏元器件，每个扣 2 分；焊盘损坏，每处扣 2 分	
总装	连线、总装无差错，无烫伤导线、塑料件、外壳，外壳及紧固件装配到位、不松动、不压线，拨盘灵活	10	总装工艺不符合要求，每处扣 2 分	
调试	1．能熟练使用万用表测量静态工作点； 2．会用两种方法进行中频频率调整、覆盖调整和统调	20	1．测量方法不正确、结果错误，每项扣 1 分； 2．中频调整方法不正确扣 2 分，调乱或损坏中周扣 2 分； 3．频率覆盖调整方法不正确扣 2 分，误差大扣 2 分； 4．统调方法不正确扣 2 分，效果不佳扣 2 分	
使用功能	整机性能好，声音清晰、洪亮	20	整机性能不好或一次未成功，扣 5～20 分	
安全、文明生产	1．遵守安全操作规范； 2．无短路、损坏仪器等事故发生； 3．工具、元器件等摆放整齐、合理，遵守 5S 管理法	10	1．操作不规范，扣 2 分； 2．发生损坏事故，扣 5 分； 3．工具、元器件摆放不整齐，扣 2 分	
满分		100	总分	

【项目小结】

1．超外差调幅收音机通常由输入调谐回路、混频与本机振荡电路、中频放大电路、检波电路、自动增益控制电路、前置放大电路、功率放大电路等部分组成。

2．超外差调幅收音机的中频频率是本机振荡频率与输入信号频率的差频，即 $f_{中}=f_{振}-f_{外}$。我国规定超外差调幅收音机的中频频率为 465kHz。

3．关于调制、调制信号、载波信号、已调波信号、解调及调幅、调幅波、检波等概念，可查阅有关资料。

4．收音机的调试包括四个方面，即调工作点、调中频、调覆盖、调跟踪。

5．调试收音机常用的仪器仪表有：万用表、毫伏表、高频信号发生器和示波器等。

项目八

组装数字万用表

【项目分析】

万用表是电工电子专业人员常用的测量仪器，通过前面几个项目的实训，读者对指针式万用表和数字万用表的面板结构和使用方法已经比较熟悉了。然而，万用表的内部结构怎样？它是怎样工作的？相信读者还比较陌生。

本项目要求利用 DT830B 数字万用表套件，亲手组装一台数字万用表。DT830B 数字万用表采用了 CMOS 大规模集成电路 ICL7106、双面印制电路板和液晶显示器件，内部结构紧凑，属于小型的、机电一体化的电子设备。通过对本表的安装与调试实训，进一步了解数字万用表的特点，掌握较精密的机电一体化电子设备的装调工艺，培养严谨的工作作风。

【项目要求】

1．了解数字万用表的组成和基本工作原理。
2．认识双面印制电路板、液晶显示器件和 COB 封装的元器件。
3．能按照电子装配一般程序和工艺要求，正确分拣、测试、安装、焊接元器件和总装。
4．掌握数字万用表的调试方法。

【项目计划】

时间：8 课时。
地点：电子工艺实训室或装配车间。
方法：学生操作，教师指导、点评。

【项目实施】

任务 1 识读工艺文件

一、电路组成

DT830B 数字万用表的工作原理方框图如图 8-1-1 所示，电路原理图如图 8-1-2 所

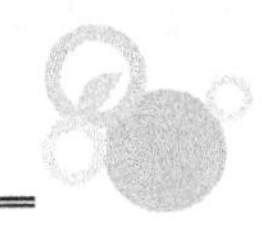

示。它由功能与量程选择开关、交流整流电路、电阻转换电路、电流分流器、分压器、模数（A/D）转换芯片、液晶显示屏等部分组成。其中，A/D 转换芯片采用典型数字集成电路 ICL7106，已固化在电路板上，配三位半（3½位）LCD 液晶显示屏，表内使用一只电位器来调节精度，一节 9V 电池做电源，量程开关兼做电源开关。

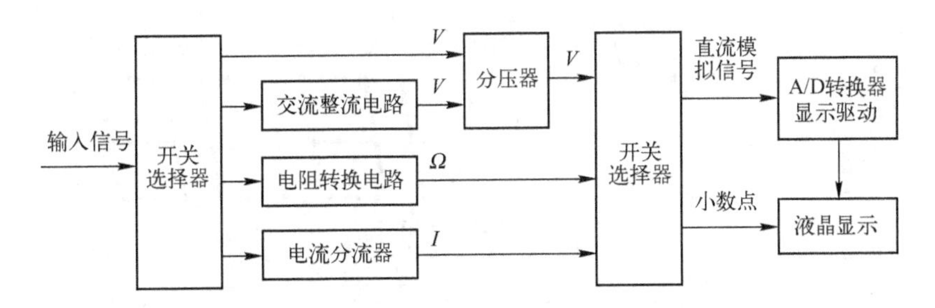

图 8-1-1　DT830B 数字万用表的工作原理方框图

DT830B 数字万用表工作原理如下。

DT830B 数字万用表的核心是 ICL7106 A/D 转换器，它的实质是与液晶显示器一起构成一个满量程为 200mV 的数字电压表。输入 ICL7106 的模拟直流电压信号，经 A/D 转换器，转换成数字信号，然后经过译码器转换成驱动 LCD 的 7 段码，在液晶屏上显示出来。

由此可见，送到 ICL7106 输入端的信号，必须是 0～200mV 范围内的直流电压。这项变换工作是由量程选择开关来完成的。

1. 测量直流电压

多量程直流电压测量电路如图 8-1-3 所示，它有 200mV、2V、20V、200V、1000V 五个量程。在 200mV 挡，由 ICL7106 直接测量，其余各挡输入电压被分压电阻分压（分压电阻之和为 1MΩ），每挡分压比为 1/1、1/10、1/100、1/1000、1/10000。被测电压经分压器衰减成 0～200mV 的电压，再由基本表进行测量，否则将过载显示，过载显示为最高位显示“1”，其余位数不显示。使用 1000V 挡时，液晶显示器的左上角显示“HV”，提示高压。

2. 测量交流电压

测量交流电压的电路如图 8-1-4 所示，被测交流电通过二极管 VD3 半波整流，输出脉动直流电压，经过分压器分压后，送入 ICL7106，测量出交流电压的有效值。

为了节省元件，交流电压表与直流电压表公用一套分压电阻器，最高挡为 750V，此时液晶显示器的左上角显示 HV 提示高压。

3. 测量直流电流

测量直流电流的电路如图 8-1-5 所示。被测电流流过电阻器产生压降，实现 *I-V* 转换，以此为基本表的输入电压。电流表有 200μA、2mA、20mA、200mA、10A 五个量程。200μA 挡所需分流电阻为 1kΩ，其余各挡的分流电阻依次为 100Ω、10Ω、1Ω和 0.01Ω。该表可把 0～10A 范围内的直流电流转换成 0～200mV 的电压，利用基本表测量并直接显示电流的大小。

200 mA 及其以下电流挡位串联有 0.5A 熔断器，10A 挡位使用 10A 专用输入插孔，且不经熔断器。

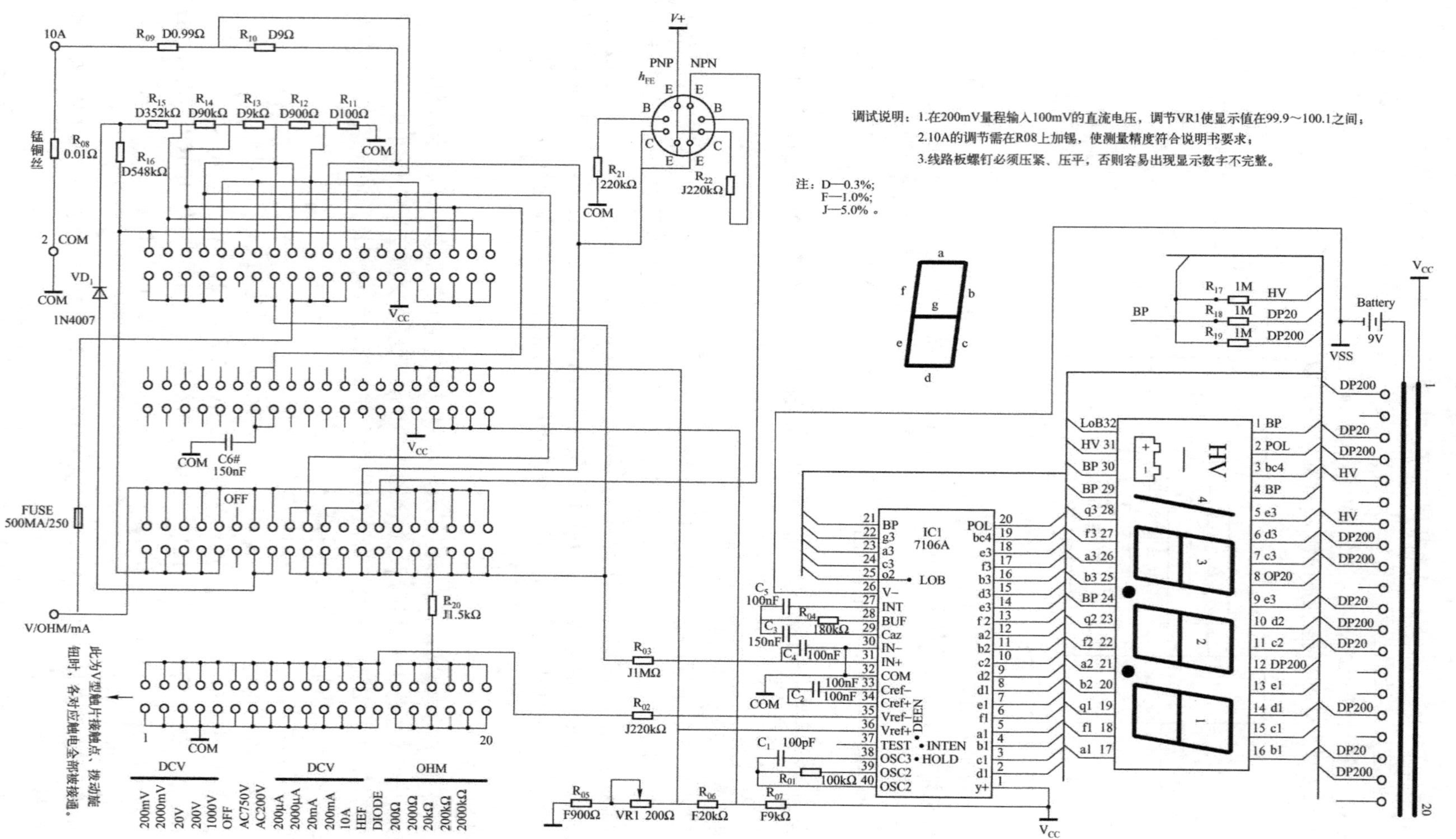

图 8-1-2　DT830B 数字万用表电路原理图

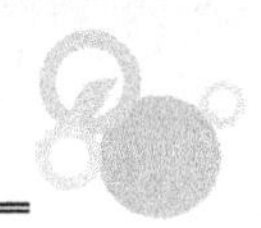

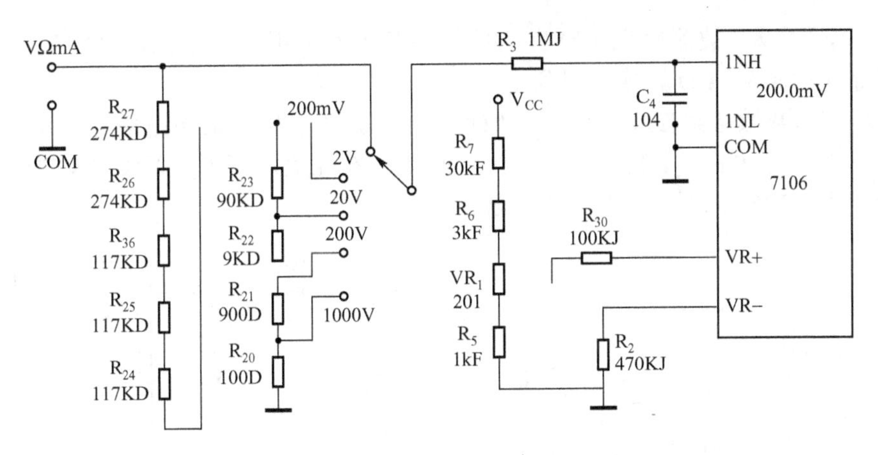

图 8-1-3　多量程直流电压测量电路

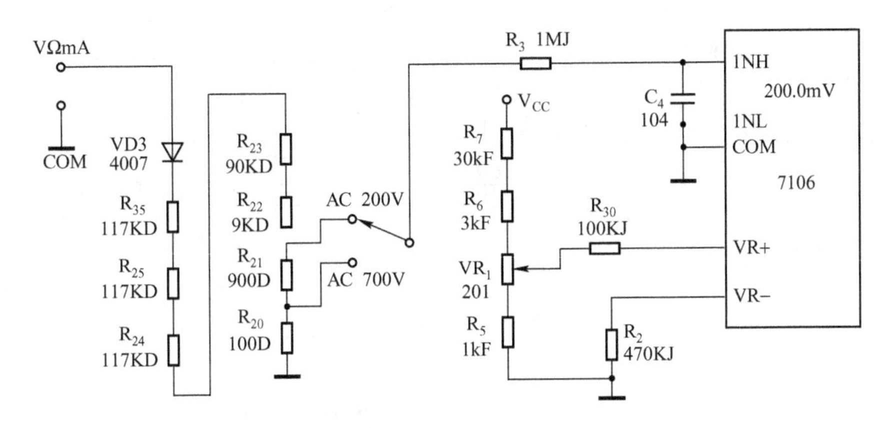

图 8-1-4　交流电压测量电路

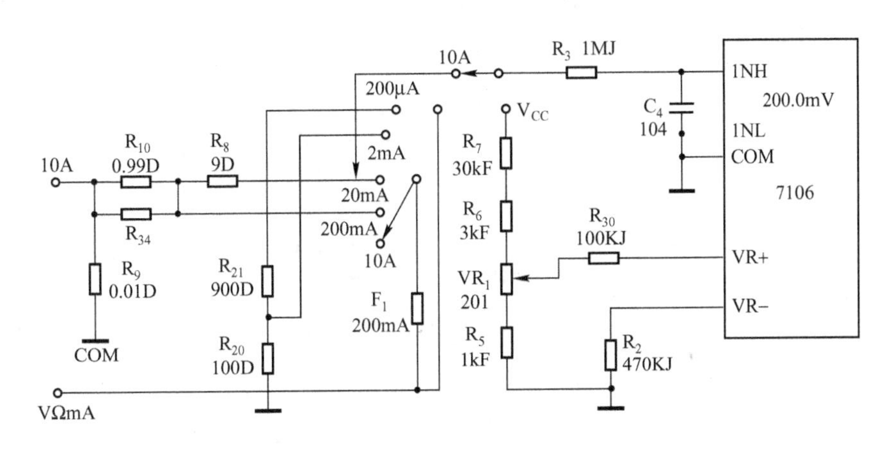

图 8-1-5　直流电流测量电路

4．测量电阻

电阻测量电路如图 8-1-6 所示，有 200Ω、2kΩ、20kΩ、200kΩ、2MΩ五个量程，基准电阻依次为 100Ω、1kΩ、10kΩ、100kΩ、1MΩ，与电压测量分压器公用。图中开关位置为 200Ω量程，基准电阻直接，其余各挡均接有限流电阻 R_7。由于被测电阻上通过的电

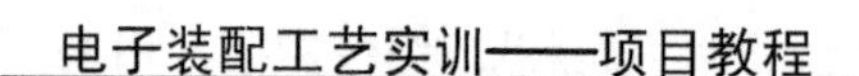

流是恒定的，所以在被测电阻上产生的压降与其阻值成正比，由此可确定被测电阻的阻值，测量结果直接由 A/D 转换器得到。

R_{32} 为 2kΩ热敏电阻与 Q19013 组成保护电路，当误用电阻挡测量电压或电流时，通过 R_{32} 与 VT_1 形成回路，VT_1 被软击穿，电压维持在几伏，而 R_{32} 因通电发热阻值急剧增大，使 VT_1 和 7106 芯片得到保护而不被烧坏。

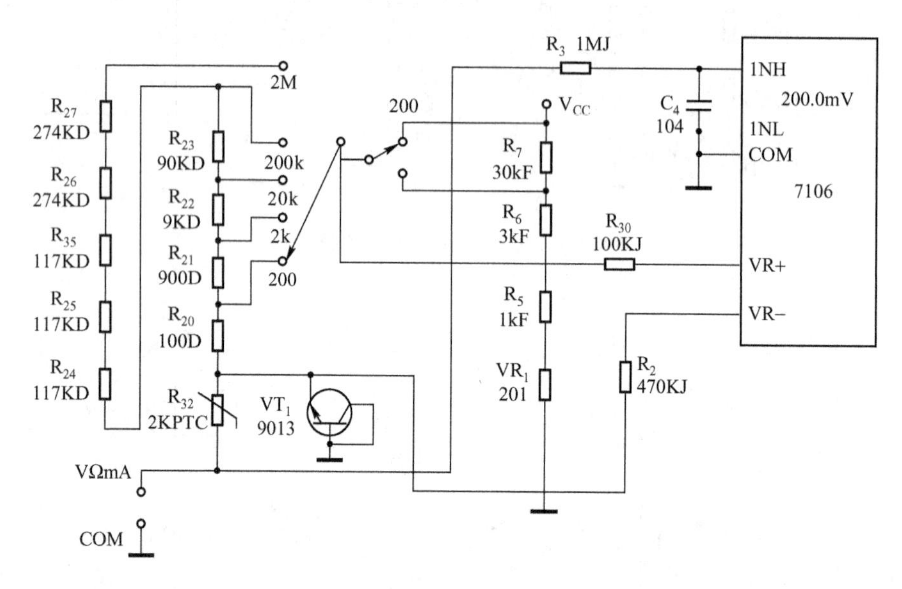

图 8-1-6　电阻测量电路

5. 测量二极管

二极管测量电路如图 8-1-7 所示。取 $R_{21}+R_{20}$ 即 1kΩ电阻上的压降为基准电压，二极管的正、负极分别与 VΩmA 插孔（红表笔）和 COM 插孔（黑表笔）相接，万用表直接显示二极管的正向压降。

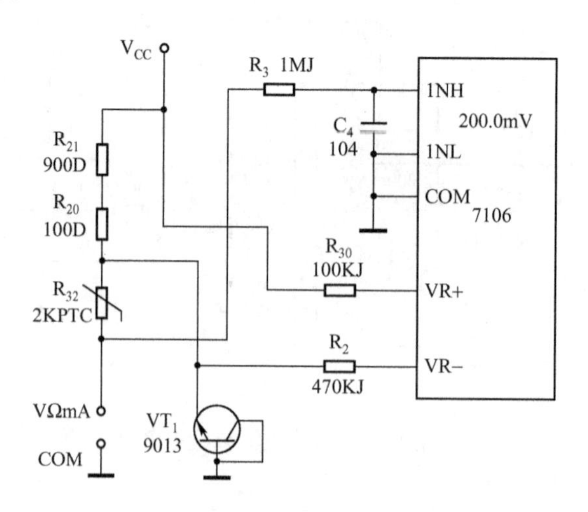

图 8-1-7　二极管测量电路

6. 测量三极管 h_{FE}

图 8-1-8 所示是晶体三极管 h_{FE} 的测量电路。取样电阻 $R_8+R_9+R_{10}$ 上的电压作为基本

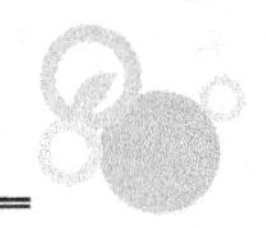

表的输入电压，可直接显示被测结果。

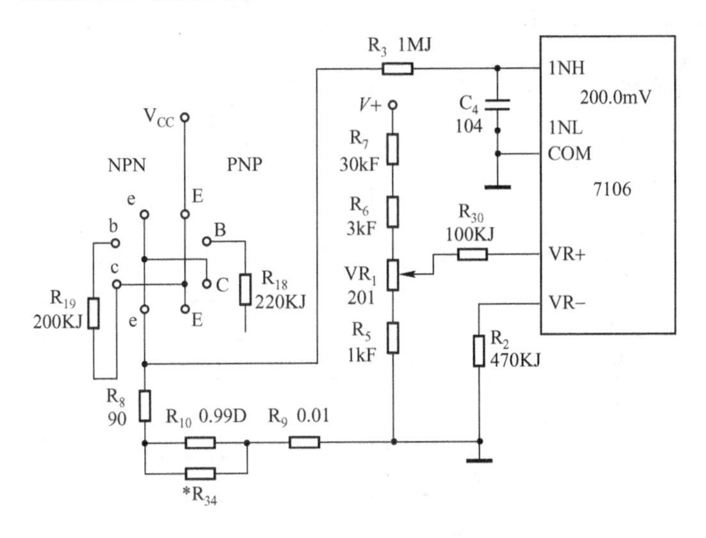

图 8-1-8　晶体三极管 h_{FE} 的测量电路

二、装配图

DT830B 数字万用表印制电路板如图 8-1-9 所示。

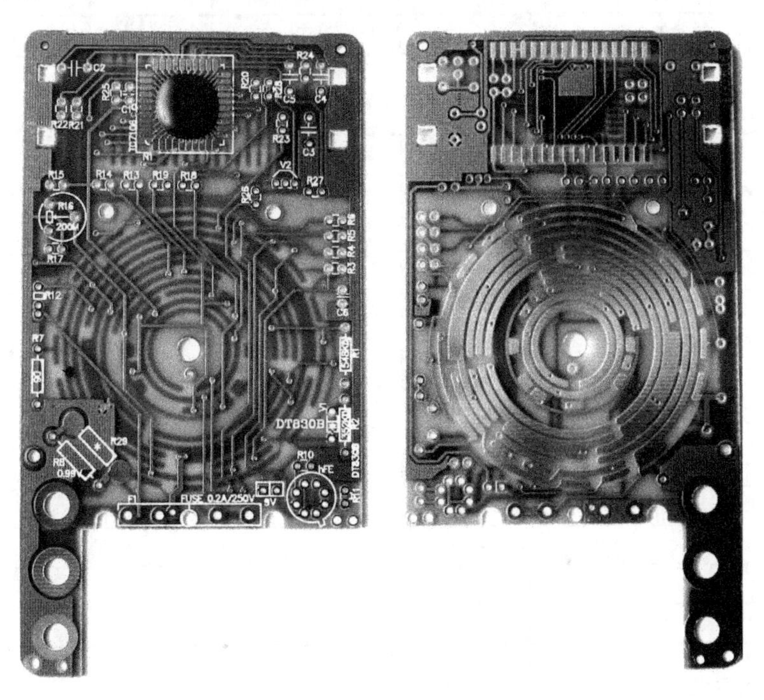

图 8-1-9　DT830B 数字万用表双面印制电路板

三、元件清单

元件清单如表 8-1-1 和表 8-1-2 所示。

表 8-1-1　DT830B 数字万用表元件清单（一）

标　　号	参　　数	精　　度	标　　号	参　　数	精　　度
R_{10}	0.99Ω	0.5%	R_{19}	220kΩ	5%
R_{8}	9Ω	0.3%	R_{12}	220kΩ	5%
R_{20}	100Ω	0.3%	R_{13}	220kΩ	5%
R_{21}	900Ω	0.3%	R_{14}	220kΩ	5%
R_{22}	9kΩ	0.3%	R_{15}	220kΩ	5%
R_{23}	90kΩ	0.3%	R_{2}	470kΩ	5%
R_{24}	117kΩ	0.3%	R_{3}	1MΩ	5%
R_{25}	117kΩ	0.3%	R_{32}	2kΩ	20%
R_{35}	117kΩ	0.3%		—	
R_{26}	274kΩ	0.3%	C_{1}	100pF	—
R_{27}	274kΩ	0.3%	C_{2}	100nF	—
R_{5}	1kΩ	1%	C_{3}	100nF	—
R_{6}	3kΩ	1%	C_{4}	100nF	—
R_{7}	30kΩ	1%	C_{5}	100nF	—
R_{30}	100kΩ	5%	C_{6}	100nF	—
R_{4}	100kΩ	5%		—	
R_{1}	150kΩ	5%	D_{3}	1N4007	—
R_{18}	220kΩ	5%	VT1	9013	—

表 8-1-2　DT830B 数字万用表元件清单（二）

类　　别	名　　称	数　　量	类　　别	名　　称	数　量
表壳部分	表壳前后盖	各 1 个		电池扣	1 个
	液晶片	1 片		导电胶条	2 个
	液晶片支架	1 个		滚珠	2 个
	转换开关	1 个		定位弹簧 2.8×5	2 个
	屏蔽纸	1 张		接地弹簧 4×13.5	1 个
	功能面板（已装好）	—		2×6 自攻螺钉（固定线路板）	3 个
线路板部分	IC：7106　（已装好）	—		5×9 自攻螺钉（固定底壳）	2 个
	表笔插孔柱	3 个		电位器 221（VR_{1}）	1 个
袋装部分	熔断器及卡座	1 套		锰铜丝电阻器（R_{9}）	1 个
	h_{FE} 插座	1 个	附件	表笔	1 付
	V 型触片	6 片		安装说明	1 张
	9V 电池	1 个		电路图	1 张

四、工艺要求

1．印制电路板的装配

DT830B 数字万用表印制电路板为双面板，电路板焊接面圆形的印制铜导线是万用表量程转换开关的印制电路，它被划伤或有污迹，将对整机性能产生很大的影响，安装时必须小心。

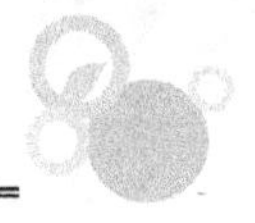

① 在装配前应根据元件清单对所有元器件进行清点、检测，确保元件数量、规格型号与清单一致、元件无损坏。

② 安装电阻器、电容器、二极管、三极管等。安装电阻器时，如果安装孔距＞8mm（如 R_8/R_9/R*/R_{21} 等，丝印图画“一”或电阻器符号），应卧式安装；如果孔距＜5mm，应立式安装（板上其他电阻器、丝印图画“0”）。

③ 安装电位器 VR_1、康铜丝电阻器 R_9、熔断器卡座、屏蔽弹簧等。康铜丝电阻器 R_9 要从元件面插入印制电路板的相应的焊盘孔中，在焊接面外露 2mm，两面焊接。两个熔断器卡座从元件面插入印制电路板对应孔，确认熔断器卡座上的挡片朝外，两面焊接。将屏蔽弹簧焊接在印制电路板元件面的焊盘上。焊接这些元件时，注意掌握好焊接时间和上锡量。

④ 安装电池线。先用万用表测量红线与正极扣、黑线与负极扣是否相通，确认无误后，将两导线从焊接面穿过电源线孔，再从元器件面将红线和黑线分别插入 V+、V−的焊盘孔中，然后在焊接面焊接电源线。

⑤ 安装三极管 h_{FE} 测量插座。该插座从印制电路板的焊接面插装，插座外围有一个定位凸条，该凸条要与表壳前盖上的凹槽相对应，在另一面焊接。焊接时间要短，否则塑料插座受热易变形。

⑥ 安装表笔插孔。将表笔插孔细的一端从印制电路板焊接面装入焊盘孔，两面焊接，焊锡要布满整个焊盘，确保焊接牢固。

2. 液晶屏的安装

液晶屏组件由液晶片、导电胶条及固定架组成。液晶片镜面为正面，白色面为背面，透明条上可看到条状引出线，通过导电胶条与印制电路板上镀金印制导线实现电连接。由于这种连接靠表面接触导电，被污染或接触不良都会引起电路故障，表现为显示缺笔画或显示乱字符。安装时可用酒精将引出电极擦拭干净，并仔细对准引线位置。

安装方法如下：表壳前盖正面向下置于桌面，将液晶屏放入面壳窗口内，白面向上，方向标记在右方；装入导电胶条固定架，平面向下；用镊子把导电胶条放入支架横槽中。

3. 转换开关的安装

用镊子将 6 个 V 型簧片装到转换开关背面的 6 根筋条上，如图 8-1-10（a）所示。将转换开关正面朝上，先在两个弹簧孔中放入一些凡士林，再将两只定位弹簧分别装入孔内，如图 8-1-10（b）所示。凡士林的作用是在安装转换开关时，能将弹簧和滚珠粘住，防止脱落。

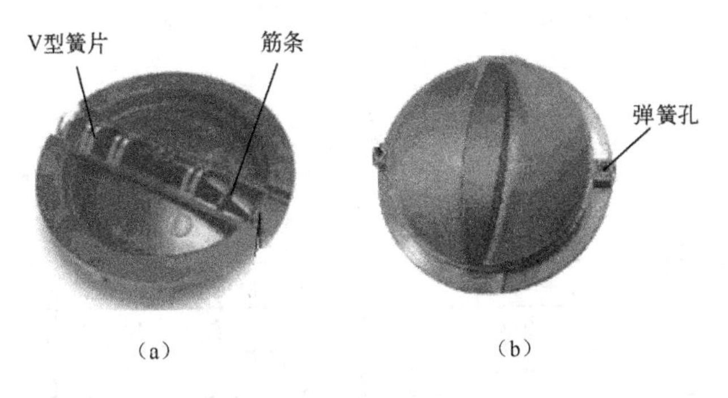

图 8-1-10 安装 V 型簧片及定位弹簧

4. 总装

① 将两只滚珠涂抹少许凡士林，对称放置在表壳前盖的滚动槽中，然后，将转换开关的弹簧孔对准表壳上的滚珠放好，如图 8-1-11 所示。

② 固定印制电路板。先用酒精将印制电路板上的各引出电极擦拭干净，再使元件面朝上，将前端插入表壳内的凸块下面，转换开关中心轴插入印制电路板定位孔中，然后用三只螺钉紧固印制电路板。

③ 安装熔断器和电池。

④ 将功能面板牌的衬底剥离并贴在面盖上，检查转换开关转动是否灵活、挡位是否准确。

⑤ 将屏蔽膜上的保护纸揭去，露出不干胶面，将其贴在后盖内侧的中间位置，扣上盖后该屏蔽膜应与印制电路板上的屏蔽弹簧相接触。注意：待调试完毕后，再扣上后盖。

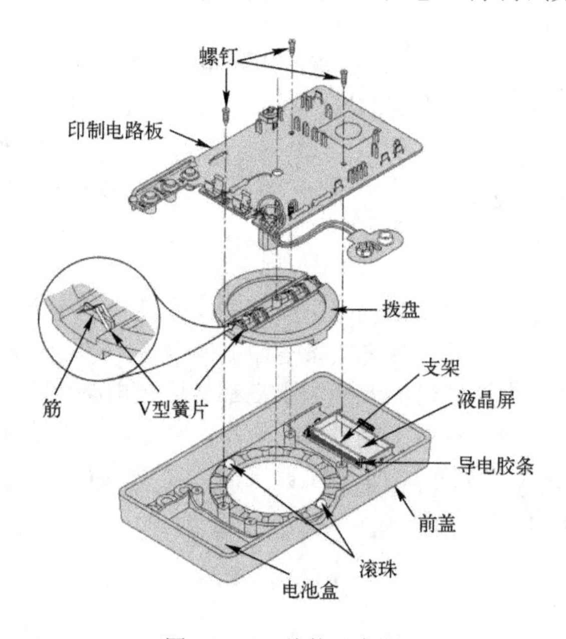

图 8-1-11　总装示意图

5. 测试与校准

（1）显示测试

不连接测试表笔，转动转换开关，观察液晶屏显示的数字。正常情况下，各挡位的读数如表 8-1-3 所示，其中，“B”表示空白。

表 8-1-3　DT830B 数字万用表各挡位的读数

功能与量程		显 示 数 字	功能与量程		显 示 数 字
DCV	200mV	00.0	10A		0.00
	2V	000	h_{FE}		000
	20V	0.00	▶|		1 BBB
	200V	00.0	Ω	200Ω	1BB.B
	1000V	000		2kΩ	1BBB

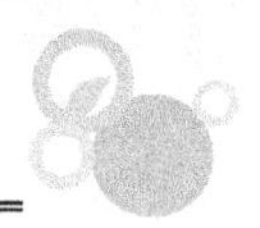

续表

功能与量程		显示数字	功能与量程		显示数字
ACV	750V	000		20kΩ	1B.BB
	200V	00.0		200kΩ	1BB.B
DCA	200μA	00.0		2MΩ	1BBB
	2mA	000	—	—	—
	20mA	0.00	—	—	—
	200mA	00.0	—	—	—

如果各挡显示与表 8-1-3 中所列不符，应做以下检查。

检查电池电量是否充足，连接是否可靠；检查各电阻器的阻值是否正确；检查各电容器的值是否正确；检查印制电路板是否有短路、虚焊、漏焊；检查滑动触片是否接触良好；检查液晶屏、电路板各引出电极与导电胶条是否正确连接等。

（2）校准

正规厂家生产的数字万用表，都通过专业设备对仪表的每一项功能进行检测，以确保产品质量。在业余条件下，可用一台标准表和一节新的 1.5V 电池进行校准。

将标准表和本表均置于 DC 2V 挡位，先用标准表测量 1.5V 电池的电压，并记下测量值。再用本表测量该电池，调节校准可调电阻器 VR_1，使本表显示结果与标准表相同即可。其他量程的精度由相应元器件的精度和正确安装来保证。

校准直流 10A 电流挡，需要一个负载能力大约 5A、电压 5V 左右的直流标准源（有输出电流指示）和一个 1Ω、25W 的电阻器。将本表的转换开关转到“10A”位置，按照直流标准源正极-红表笔-黑表笔-电阻器-直流标准源负极的顺序串联在一起。如果本表显示大于 5A，则在康铜丝上镀锡，使康铜丝电阻略微减小，直到读数为 5A 为止。如果显示小于 5A，则可用斜口钳将康铜丝掐细，可在多点位置上操作，或用锉刀将康铜丝锉细，从而使康铜丝电阻略微增大，使得读数为 5A 即可。还可以通过调整康铜丝长度的办法校准该挡。10A 挡位校准比较复杂，且测试电流较大，操作时需要注意安全。如果使用要求精度不高，可不必校准。

测试、校准完毕，最后将后盖扣上，并用两只螺钉紧固即可。

任务 2　安装与调试

装配工艺过程卡片见表 8-2-1，以此作为作业指导书，进行元器件的检测、加工、插装、焊接、总装和调试等工作。

表 8-2-1　装配工艺过程卡片

产品名称		DT830B 数字万用表		零部件名称			
产品型号				零部件图号			
班　组			负　责　人		日　期		
工序号	工序名称	工序内容		装配部门（人）	设　备	辅助材料	工时定额
1	备料	凭领料单向元件库领取本工艺所需的元器件。根据元件清单，检查各元器件外观质量、型号、规格，应符合要求					

续表

产品名称	DT830B 数字万用表		零部件名称			
产品型号			零部件图号			
班组		负责人		日期		
工序号	工序名称	工序内容	装配部门（人）	设备	辅助材料	工时定额
2	元器件检测	根据元件清单，将所有要焊接的元器件检测一遍，并将检测结果填入表 8-2-2 中		万用表		
3	引脚加工	视元器件引脚的可焊性，先对引脚进行表面清洁和搪锡处理，并校直。然后，根据焊盘插孔和安装的要求弯折成所需要的形状		尖嘴钳	砂纸、焊锡、松香	
4	装配	按印制电路板装焊工艺，先电阻器、电容器、二极管、三极管，再电位器 VR_1、康铜丝电阻器 R_9、熔断器卡座、屏蔽弹簧、电池线、h_{FE} 插座等次序，进行插装、焊接，插件型号、位置应准确		电烙铁镊子	焊锡、松香、凡士林、酒精	
		康铜丝电阻器 R_9 要从元件面插入印制电路板的相应的焊盘孔中，在焊接面外露 2mm，两面焊接。两个熔断器卡座从元件面插入印制电路板对应孔，确认熔断器卡座上的挡片朝外，两面焊接。将屏蔽弹簧焊接在印制电路板元件面的焊盘上				
		安装电池线时，将两导线从焊接面穿过电源线孔，再从元器件面将红线和黑线分别插入 V+、V-的焊盘孔中，然后在焊接面焊接				
		三极管 h_{FE} 插座从印制电路板的焊接面插装，插座外围有一个定位凸条，该凸条要与表壳前盖上的凹槽相对应，在另一面焊接，焊接时间要短				
		将表笔插孔细的一端从焊接面装入焊盘孔，两面焊接，焊锡要布满整个焊盘				
		将液晶屏放入面壳窗口内，白面向上，方向标记在右方；装入导电胶条固定架，平面向下；用镊子把导电胶条放入支架横槽中				
		用镊子将 6 个 V 型簧片装到转换开关背面的 6 根筋条上。将转换开关正面朝上，在两个弹簧孔中放入一些凡士林，将两只定位弹簧分别装入孔内				
5	切脚	用偏口钳切脚，切脚应整齐、干净		偏口钳		
6	总装	将两只滚珠涂抹少许凡士林，对称放置在表壳前盖的滚动槽中。将转换开关的弹簧孔对准表壳上的滚珠放好		镊子	凡士林	
		先用酒精将印制电路板上的各引脚擦拭干净，再使元件面朝上，将前端插入表壳内的凸块下面，转换开关中心轴插入电路板定位孔中，然后用三只螺钉紧固电路板。装好熔断器和电池		螺丝刀	酒精	
		将功能面板牌的衬底剥离并贴在面盖上				
		将屏蔽膜贴在后盖内侧中间位置				
7	测试与校准	不连接测试表笔，转动转换开关，观察液晶屏显示的数字是否与表 8-2-3 所示一致				
		用一台标准表和一节新的 1.5V 电池对本表进行校准。调试好后，扣上后盖，并用两只螺钉固定。至此，数字万用表组装完毕		螺丝刀		

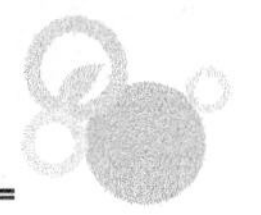

表 8-2-2 元器件检测记录表

标 号	标 称 值		实 测 值	标 号	标 称 值		实 测 值
R_{10}	0.99Ω	0.5%		R_{19}	220kΩ	5%	
R_{8}	9Ω	0.3%		R_{12}	220kΩ	5%	
R_{20}	100Ω	0.3%		R_{13}	220kΩ	5%	
R_{21}	900Ω	0.3%		R_{14}	220kΩ	5%	
R_{22}	9kΩ	0.3%		R_{15}	220kΩ	5%	
R_{23}	90kΩ	0.3%		R_{2}	470kΩ	5%	
R_{24}	117kΩ	0.3%		R_{3}	1MΩ	5%	
R_{25}	117kΩ	0.3%		R_{32}	2kΩ	20%	
R_{35}	117kΩ	0.3%					
R_{26}	274kΩ	0.3%		C_{1}	100pF		
R_{27}	274kΩ	0.3%		C_{2}	100nF		
R_{5}	1kΩ	1%		C_{3}	100nF		
R_{6}	3kΩ	1%		C_{4}	100nF		
R_{7}	30kΩ	1%		C_{5}	100nF		
R_{30}	100kΩ	5%		C_{6}	100nF		
R_{4}	100kΩ	5%					
R_{1}	150kΩ	5%		VD_{3}	1N4007		
R_{18}	220kΩ	5%		VT1	9013		

任务评价

表 8-2-3 DT830B 数字万用表安装与调试评价表

项 目	考 核 内 容	配分	评 价 标 准	评分记录
元器件筛选	能从所给定的元器件中筛选所需的全部元器件	10	漏选或错选一个扣 1 分	
安装	元器件引脚成型符合要求；元器件装配到位，装配高度、装配形式符合规范	10	工艺不良，每项扣 2 分	
焊接	焊点符合标准，剪脚整齐，无损坏元器件，无焊盘翘起、脱落	20	焊点、剪脚不良，每处扣 1 分；损坏元器件，每个扣 2 分；焊盘损坏，每处扣 2 分	
总装	总装顺序合理、无差错；机械部件组装正确，无损坏；外壳及紧固件装配到位、不松动，拨盘灵活	20	总装工艺不符合要求，每处扣 2 分	
调试	会对照 DT830B 数字万用表显示数字表进行挡位测试，会借助一台标准表进行精度校准	10	不会读数扣 5 分；读数错误，每项扣 1 分；不会校准扣 5 分	
使用功能	功能完备，符合要求	20	功能不全或一次未成功，扣 5～20 分	
安全、文明生产	1．遵守安全操作规范； 2．无短路、损坏仪器等事故发生； 3．工具、元器件等摆放整齐、合理，遵守 5S 管理法	10	1．操作不规范，扣 2 分； 2．发生损坏事故，扣 5 分； 3．工具、元器件摆放不整齐，扣 2 分	
满分		100	总分	

【项目小结】

1．数字万用表一般由功能与量程选择开关、交流整流电路、电阻转换电路、电流分

流器、分压器、模数（A/D）转换芯片、液晶显示屏等部分组成。

2．DT830B 数字万用表的核心是 ICL7106A/D 转换器，它的实质是与液晶显示器一起构成一个满量程为 200mV 的数字电压表。表的各项功能和多量程的实现，都是通过转换开关和相应的电路配合来完成的。

3．DT830B 数字万用表是一种机电一体化设备，用到了双面印制电路板、液晶显示组件和一些机械部件，安装时一定要按步骤进行，而且要细心。

4．安装完毕后，转动转换开关，即可测试各挡位显示数字是否正确。

5．业余条件下，可用一台标准表和一节 1.5V 新电池对本表进行校准。